브레인 트러스트
BRAIN TRUST

당신의 색다른 삶을 위한 지식의 향연

가스 선뎀 지음 | 이현정 옮김

브레인 트러스트

BRAIN TRUST

진성북스
JINSUNGBOOKS

강의와 연구로 바쁜 일상에서
삶의 비결을 알려준 130여 명의 위대한 과학자들에게 바칩니다.

흩어진 삶을 정리해 보자!

　　　　이 책에는 과학과 삶이 만났을 때 벌어지는 이야기가 담겨 있다. 실험으로 증명된 반짝이는 아이디어들이다. 이 일류 과학자들 중 일부가 오랜 세월에 걸친 기조연설, 수업, 초청 강의, 그리고 정식 인터뷰를 통해 단련되었다는 점을 잠깐 잊는다면 이런 과학자들도 우리와 똑같은 일반인이라는 사실을 알게 될 것이다. 심리학자인 스티븐 그린스펀은 어머니의 술수에 넘어가서 당시 여자친구와 결혼했고, 이언 스튜어트 수학 교수의 아내는 회전 역학을 이용해 오작동하는 고양이를 네 발로 착지하게 만들려고 했다. 모두 이 책에 나오는 이야기다. 이뿐만이 아니다. MIT 보철 연구자인 휴 헤르가 절단된 다리 대신 직접 만든 의족을 차고 세계에서 가장 험준한 암벽을 성공적으로 등반한 감동 일화에다, 물리학자인 찰스 에드먼슨이 도로의 기하학을 이용해 성능이 뒤지는 닷지 네온을 몰고 터보 엔진을 단 포르쉐를 따라잡은 재미있는 이야기도 나온다.

　　알고 보면 오늘날 가장 훌륭한 과학의 뿌리는 과학자들의 뒤죽박죽인 조수석에 있었다. 다시 말해, 이 책에 등장하는 과학은 아주 실제적인 경험과 과학자들 자신의 문제에서 비롯되었다.

이 사람들은 상아탑에 앉은 날카로운 눈의 지성인들이라기보다는 자신의 전문 분야에 넘치는 호기심과 열정을 갖고, 마치 아이돌에게 열광하는 여학생들처럼 수다 떨기 좋아하는 사람들이었다. (이 책에서 너무나 멋진 스티브 스트로가츠 교수가 크리켓, 다리, 고등학교 수학 선생님에 관해 들려주는 이야기는 절대 놓치지 마시라.) 과학자들에게 자신의 연구와 발견에 관해 직접 이야기하라고 하고 그것을 책으로 만들면 그 책은 흥미진진한 모험담이 될 것이다. 나는 이 책이 딱 그랬으면 좋겠다.

하지만 내가 이렇게 그럴싸하게 말한다고 해서 이 책을 만만하게 보지 않기를 바란다. 이 책은 흥미롭고 실용적이면서 알려진 법칙들에 대한 정보를 가장 잘 집약하고 있다.

조금 과장해서 말하면 그렇다는 이야기다. 하지만 속도를 늦추고, 이 70가지의 항목들을 찬찬히 들여다보면 그들이 모여 최첨단 연구 전체가 되어 엄청난 효과를 나타낸다는 사실을 깨닫게 될 것이다.

나는 이 책을 집필하면서 정말이지 즐거웠다. 자유로운 복장을 하고 자동차의 조수석에 앉아서 커피를 마시면서 스티븐 핑커 교수가 들려주는 경찰 매수법을 들을 수 있는 사람이 얼마나 될까? 하지만 솔직히 말하면 아침부터 노벨상, 맥아더 지니어스상, 국립 과학상을 탄 사람들 서너 명과 대화를 나누는 것은 보통 일이 아니었다.

각 과학 분야가 똑똑하고 열정이 넘칠 뿐만 아니라 괴짜 같은 사람들을 자석처럼 잡아당기거나, 아니면 그런 사람들을 만들어내는 것 같다는 생각이 드는 것도 무리가 아니다. 예를 들어, 컴퓨터학과 교수들은 이메일을 받으면 즉각 답신하든가 반대로 아예 감감무소식이었다. 물리학자들의 경우는 거의 대부분 농구, 자동차 경주, 항해, 또는 카드트릭 등에 진지한 호기심이 있었다. (리처드 파인만의 영향일까?) 사회심리학자들은 주제를 정하지 않은 자유로운 대화를 좋아했지만 그러면서도 자기들 이야기가 어딘가에 잘못 인용될까 봐 전전긍긍했다. 수학자들은 내가 자기들한테 연락을 했다는 사실 자체에 놀라는 듯했고, 마치 물에 발을 담가 보듯 조심스럽게 대화를 했다. 하지만 내가 처음 5분간 아주 조금이라도 이해하는 기색을 보이면 그 뒤로 몇 시간이고 즐겁고 흥미가 넘치는 이야기를 들려주었다. 경제학자들은 자신들의 이론이 실제 세계에서 나왔다는 점을, 생물학자들과 인류학자들은 자신들이 현장에서 얻은 관찰 결과가 실험실에서 재현될 수 있다는 점을 빼놓지 않고 강조했다.

이러니 130여 번의 인터뷰를 한 나에게 괴짜 같은 습성이 나타나는 것도 당연하다면 당연한 노릇이다. 가령, 행동경제학자들과 응용수학자들과 아주 심도 있는 대화를 하다 보니, 어느 날에는 내가 앞으로는 뭐가 떨어질지에 관해 통계학적인 깨달음이라도 얻으려는 듯 차에서 떨어지는 물건들의 차트를 그리고 있지 않은가.

사실, 지금 내 머리는 과학이 공상을 만난 최첨단의 영역에서 튀어나온 생각들 때문에 아주 혼란스럽다. 정리정돈 안 된 내 삶과 이 과학자들과의 대화가 한데 엉켜서 더 뒤죽박죽 되어버리는 것은 어쩔 수 없는 운명일지도 모르겠다.

나는 매일 해질 녘마다 우리 집 근처에 모이는 비둘기들에 대해 알고 싶다. 클리프 리^{미국의 야구선수}가 속구를 특히 잘 맞히는 타자에게 그래도 광속구를 던질지 알고 싶다. 아이들이 타고 노는 장난감들을 이베이에 어떻게 올려야 다들 입찰에 열을 올리게 만들 수 있을지 알고 싶다. 우리 아이들이 비오는 날 빗물받이 홈통에서 갖고 노는 탁구공들이 그릇에 담긴 시리얼마냥 서로 들러붙는 이유가 뭔지 알고 싶다.

그렇다. 여러분은 이 책을 읽으면 과학을 통해 자신의 삶을 어떻게 향상시킬 수 있는지 알게 될 것이다. 다이어트와 데이트, 운전, 또 도박에서 베팅을 더 잘하는 법을 알게 될 것이다. 복권에서 당첨확률을 높이는 법, 학습효과를 높이는 법, 차를 도둑맞지 않는 법, 포커 게임에서 이기는 법, 백주 대낮에 범죄를 저지르고서 무사히 빠져나가는 법까지 알게 될 것이다. 하지만 무엇보다도, 이 책을 다 읽었을 때 여러분이 궁금한 것에 대한 답을 전부 알게 되기보다는, 나처럼, 내가 그랬듯이 호기심에 가득한 눈으로 세상 만물을 대하게 되었으면 좋겠다. 자전거와 버스표를 가지고 시내의 빵집을 전부 거쳐가는 가장 효율적인 방법은 무엇일까? 내가 비둘기 배설물을 맞을 확률과 길거리에서 20달러 지폐를 주울 확률 중 어느 쪽이 더 높을까? 거의 만차가 된 주차장에서 주차하려면 한 곳에서 가만히 기다리는 편이 나을까, 아니면 돌아다니면서 찾는 편이 나을까? 우리 집 개의 머리에는 뭐가 들어 있길래 모자 쓴 사람들을 싫어하는 걸까?

삶은 뒤죽박죽이다. 그러나 과학의 도움을 받아 정리하기 시작하면 삶이 얼마나 굉장하고 거침없고 흥미진진하며 서로 유기적으로 맞물려 있는지 깨닫게 될 것이다.

차례

2부 알수록 **부자가 되는** 생활 속의 **과학**

3부 즐거운 생활도 과학이면 통한다

1부

과학적 원리로 삶을 윤택하게 만들자

001

유혹에도 워밍업이 필요하다

스티븐 핑커(Steven Pinker),
하버드대학교, 인지심리학

"운전하다가 경찰에게 걸렸다고 칩시다." 스티븐 핑커 교수가 상황을 설정한다. 교수는 하버드 대학 심리학과에 재직중이고 여러 권의 저서를 발표했으며 브리태니커 선정 "역사상 가장 영향력 있는 100대 과학자"에 꼽히기도 했다. 경찰에게 걸렸을 때 여러분은 경찰이 적인지 아군인지, 즉 뇌물이 통할지가 알고 싶을 것이다. 그렇다고 다짜고짜 뇌물 이야기를 꺼내는 것은 금물이다. 이 상황에서 교수가 알려주는 대처법은 이렇다. "뇌물 이야기 대신 날씨 이야기를 먼저 꺼내세요. 그리고 난 다음, 경찰 월급으로 생활하려면 좀 쪼들리지 않나요? 하면서 화제를 돌리는 겁

@Arne9001

	부정직한 경찰	정직한 경찰
뇌물 거부	딱지발부	딱지발부
뇌물 수락	보내주기	체포하기
간접 제안	보내주기	딱지발부

니다." 즉 아주 두루뭉술한 주제로 대화를 시작한 다음 한단계 한단계 본론으로 밟아 들어가는 것이다. 그렇게 하면 경찰은 매 단계마다 그 접근을 수락하든가 거절하든가 해야 하는 상황에 놓이게 된다. 뇌물을 받을 생각이 없는 경찰이라면 날씨 이야기를 할 때 알아서 끊어주면 좋을 것이다. 그래야 여러분에게 뇌물공여 혐의가 추가되지 않을 테니까.

핑커 교수는 이 상황을 게임 이론을 통해 설명한다.

직장동료를 유혹해서 같이 자려고 할 때도 마찬가지다.

교수는 이렇게 말한다. "대화를 한 단계씩 차례로 이끌어나가야 하는데, 클래런스 토머스는 단계를 건너뛰어 버렸기 때문에 문제가 된 겁니다." 클래런스 토머스 대법관은 "애니타 힐에게 자신을 존칭이 아닌 그냥 이름으로 부르라고 부탁"하거나 "조금 더 편안한 어투"를 사용하든가 해서, 본론을 앞두고 준비를 해야 할 단계에서 포르노 비디오 이야기를 바로 꺼냈던 것이다. 이런 행동은 앞서 경찰에게 걸린 예에서 경찰을 보자마자 50달러를 쥐어 주는 것과 다를 바 없다. 그러니 성추문이 더 불거져 명예가 실추된 것은 물론 근 100년 내 가장 아슬아슬한 표 차이로 간신히 인준된 것이 아닌가.

따라서 상황에 맞는 적절한 언어를 선택해야 한다. 핑커 교수는 "이런 게 바로 전략입니다."라고 말한다. 상황에 맞지 않으면 불편한 갈등을 초래하게 된다. 아일랜드 출신 코미디언인 데이브 앨런은 그런 상황을 이용해서 코미디를 만든다. 유튜브에 올라와 있는 그의 코미디를 보라. 처음 만나는 사람들에게 친한 척한답시고 "형씨", "여보게", "친구"라고 말을 건네니 예의없고 공격적인 사람 취급을 받게 되지 않는가. 그것은 마치 미국인이 런던의 술집에서 영국식 영어를 어설프게 흉내 내거나, 그곳 서퍼들에게 다가

클래런스 토머스는 1991년 대법관 인준 청문회에서 애니타 힐이 그에게 성희롱을 당했다고 증언하여 실제 찬성 52표, 반대 48표로 부결될 뻔한 위기를 넘기고 흑인 최초의 미국 대법관이 되었다.

가 "어이 친구들, 파도 잡으러 어디 가나?"라고 인사하는 거나 마찬가지다. 어떤 식으로든 관계를 망가뜨리는 언어, 이것은 마치 지하철에서 생전 처음 본 사람의 손을 덥썩 잡으려 하는 것처럼 황당한 일이다.

하지만 더 중요한 것은 핑커 교수가 지적했듯이 "언어는 관계를 반영할 뿐만 아니라 관계를 만들 수도, 또 바꿀 수도 있다"는 점이다. 따라서 경찰에게든 매력적인 동료에게든, 두루뭉술한 주제에서 말하고 싶은 본론으로 차분히 단계를 밟아가다 보면 관계의 본질을 발견할 수 있을 뿐 아니라 관계를 잘 발전시킬 수도 있다.

그러니 각본을 잘 짜보라. "오늘 회의에서 뵙게 되어 참 반갑네요."처럼 관계를 망칠 확률이 거의 없는 말로 시작하라. 그리고는 "와, 헤어스타일이 아주 멋진데요."와 같이 아주 천천히 중간 지점으로 옮겨가라. 그 후에 진짜 하고 싶은 주제로 대화를 이끌어보자. 가령, 핑커 교수가 든 예처럼 "언제 시간 나면 제 미술작품 구경하러 한 번 들르시겠어

요?"라고 물어볼 수도 있을 것이다. 단계를 건너뛰지 않고 상황에 맞게 밟아 가면 이런 친밀한 언어를 통해 실제로도 가까워질 수 있다.

자, 이 책의 첫 이야기는 과학을 연구하면서 흔히 접하는 윤리적 딜레마에 관한 것이었다. 이런 예시를 든다고 해서 실제로 경찰에게 뇌물을 주거나 직장 동료를 유혹하라고 부추기는 것은 당연히 아니다. 할 수 있다고 다 해야 하는 건 아니니까.

002

·

포기도 선택이다

시나 아이엔가(Sheena Iyengar),
컬럼비아 비즈니스 스쿨, 사회심리학

컬럼비아 비즈니스 스쿨의 사회심리학 교수인 시나 아이엔가는 미국 사회에서 선택은 그저 결정을 뜻하는 게 아니라고 말한다. 미국 사회에서는 선택에 대한 열망이 너무도 강한 탓에, 선택을 뜻하는 'choice'라는 단어가 그 자체로 좋은 것을 묘사하는 형용사가 되어버렸다. 예를 들어 고급 닭가슴살을 뜻하는 "초이스 닭가슴살 a choice chicken breast" 같은 표현이 있을 정도다.

"본능적으로 우리는 태어날 때부터 선택에 대한 열망을 갖고 있습니다. 하지만 선택을 하는 법은 태어날 때부터 알지 못하죠." 대신, 문화 속에서 선택하는 법을 익히게 된다.

넓게 비교를 해보자면, 미국 문화에서는 사람들에게 개인적으로 선택하라고 하는 반면, 아시아 문화에서는 다른 사람들과 상의하여 선택을 하도록 가르친다. 교수는 그 차이에 관해 "미국에서는 우리의 꿈, 배우자, 먹는 음식을 스스로 결정하지만, 일본에서는 어떤 옷을 입고, 누구와 결혼하는지가 가족 등 중요한 사람들과 의논한 후에 결정해야 할 중대한 선택"이라고 설명한다.

아이엔가 교수는 다음과 같은 일화로 그것을 설명한다. 일본에서 교수가 녹차를 주문하면서 설탕을 같이 주문했더니 웨이터가 녹차를 그렇게 주문하는 사람은 아무도 없다고 말했다. 교수는 자신은 녹차를 달게 먹겠다고 고집했고, (말하자면) 먹이사슬을 밟아올라가 레스토랑 매니저까지 부르게 되었다. 매니저

@Oana Stoica

는 아쉽게도 설탕이 다 떨어졌다고 했고, 교수는 그렇다면 녹차 대신 커피를 마시겠다고 했다. 그런데 아이러니하게도 교수가 주문한 커피에는 크림과 설탕 두 봉지가 딸려나왔다.

이 경우에, 그리고 이 문화에서는 교수 자신이 선택을 한다고 해서 차에 설탕을 넣는 부적절한 행위를 마음대로 할 수 있는 것이 아니었다. 그녀가 너무나 분명한, 최선의 선택(교수 자신은 그 사실을 모르지만)을 하도록 만드는 것은 집단의 책임이었다.

교수는 이런 것이 종교의 본디 기능이라고 말한다. 즉 우리의 '이드[id]'가 내키는 대로 설탕을 먹도록 내버려 두지 않고서, 중요한 전두엽 피질에서 나오는 정보로 결정을 내리도록 하는 것이다. 늘 사라지지 않는 자제력 문제를 정복하기 위해서 우리는 신에게 살해, 탐욕, 일요일에

@Ekaterina Makarova

풋볼 경기 보기, 음식을 만들고 먹는 법을 정할 권리를 맡긴 것이 아닌가.

여기에서 문제는, 우리 같은 미국의 신新 이교도들이 우리의 이드를 멋대로 풀어놓고 어르신들의 조언이나 종교적 금칙을 무시하곤 한다는 것이다. 예를 들어서, 교수가 녹차에 설탕을 넣기 일보 직전이었는데, 레스토랑 매니저의 신속하고도 결단력 있는 중재가 없었다고 치자. 그러면 교수는 분명히 녹차에 설탕을 넣어 마셨을 것이다. 이 간단한 예는 사실 중요한 의미를 담고 있다. 그런데 이렇게 현명한 매니저의 행동이나 종교적인 규칙이 없다면 우리의 행동이 바람직한지 어떻게 스스로 알 수 있을까?

자신만의 율법을 만드는 것도 한 가지 방법이다. 교수는 "우리 스스로 규칙을 만들 수 있어요. 공자님 말씀을 보세요."라고 조언한다. 예를 들면, "집에서는 케이크를 먹지 않겠어," "일주일에 운동을 세 번 못하면 말도 안 되는 단체에 20달러를 기부하겠어," 또는 "아무리 훌륭한 외모에 매력이 철철 넘친다 해도 내 친구의 전 애인하고는 사귀지 않겠어" 같은 것도 포함될 수 있으리라. 이런 규칙들을 자신의 선택보다 앞세워 여러 번 사용하면 습관으로 굳힐 수 있다.

이 예를 들으니 나는 저명한 물리학자이면서 유머 감각이 풍부한 재담꾼이기도 했던 리처드 파인만Richard Feynman이 자서전(내가 가장 좋아하는 도서 목록에서 늘 빠지지 않는)에 썼던 일화가 떠올랐다. 매일 어떤 디저트를 먹을지 고민하던 메사추세츠 공대 학생 시절, 어느 날부터는 늘 아이스크림을 먹기로 규칙을 정하자 디저트 고민이 사라졌다는 것이다. 그러자 가령 열쇠 없이 자물쇠를 따는 법이라든가, 또는 자기가 세상의 모든 언어를 구사할 수 있다는 거짓말을 어떻게 동료들이 믿게 만들까 같은 더 중요한 일에 더 신경을 쓸 수 있게 되었다고 한다.

그러니 자문해보자. 여러분의 선택이 그저 31가지 아이스크림 중 하나를 고르는 선택인가, 아니면 설탕이 잔뜩 들어 맛있지만 몸에 좋지 않은 아이스크림과 몸에 좋은 과일 중 하나를 고르는 선택인가. 만약 전자라면 그냥 여러분이 원하는 것을 선택하라. 하지만 후자라면 여러분의 규범집에 선택을 맡기자. 아무런 문화적, 종교적 경계선이 없는 세상에서, 가장 좋은 것은 자신의 규범에 따라 사는 것인지도 모른다.

● ● 아이엔가 교수의 속담풀이

교수는 "원하는 것을 갖는 게 성공이라면 가진 것에 만족할 줄 아는 게 행복이다."라는 속담을 취업시장에 뛰어들려는 대학 예비졸업자들을 대상으로 살펴보았다. 엄청난 연구 끝에 직장을 구한 최대의 만족을 추구하는 학생들은 그보다 시장 조사도 덜 하고 연봉도 더 적은 직업에 종사하는 현실만족형 학생들보다 연봉이 평균 20퍼센트 더 높았다. 그런데 자신들의 직업에 더 만족감을 느끼는 쪽은 후자였다. 그 이유는 아마도 전자들이 일자리를 구할 때 성공 기준을 자신보다는 외부의 평가에 더 의존하고, 놓쳐버린 기회를 못내 마음에서 털어버리지 못했기 때문이 아닐까.

003

멀티태스킹은 누구나 할 수 있을까?

데이비드 스트레이어(David Strayer),
유타 대학교, 인지과학

나는 멀티태스킹_{한 번에 여러 가지 일을 동시에 하는 것}을 하지 않는다. 내가 멀티태스킹에 워낙 소질이 없다 보니, 한다고 해 봤자 그 일들이 전부 엉망진창으로 뒤섞여 난장판이나 안 되면 다행이기 때문이다. 아무튼 이 때문에 아내는 내게 끝도 없이 실망한다. 아내는 라디오 방송을 들으며 달력에 기록을 하는 동시에 전기톱으로 저글링(멋진 트릭인 동시에 섹시하기도 하다!)을 하면서 문자메시지를 보내는 이 모든 일들을 비치볼 위에 올라선 채로 할 수 있다. 반면 나는 한 번에 하나씩 모노태스킹을 해야만 여러 가지 일을 제대로 할 수 있는 사람이다.

@Triggerjoy

내 아내 크리스티는 석기시대 이후를 살아가려면 멀티태스킹은 필수적인 능력이며, 모노태스킹을 하는 사람들은 모아서 정부가 마련한 지하 시설에 가서 재교육이라도 받아야 한다고 열변을 토한다.

내가 던지고 싶은 질문은 바로 이것이다. '내가 좀 서투르더라도 멀티태스킹 능력을 길러야 할까, 아니면 아예 포기해야 할까?'

유타 대학교의 응용인지 연구소 소장인 데이비드 스트레이어는 사람들이 운전 중에 한눈을 파는 것을 연구한 결과, "98퍼센트의 사람들은 멀티태스킹을 할 수 없으며, 하려고 하면 한 가지도 제대로 하지 못한다는" 사실을 밝혀냈다. 하지만 흥미로운 점은 2퍼센트의 사람들은 공을 떨어뜨리지 않으면서도 저글링을 할 수 있다는 사실이다. 실제로 다른 업무 능력이 떨어지지도 않았다. 멀티태스킹 때문에 조금도 지장을 받지 않았다. 소장은 이 사람들, 이른바 "슈퍼태스커supertasker"들이 대체 어떤 사람들인지 궁금해졌다.

소장은 그것을 알아내려고 슈퍼태스커들에게 뇌영상 촬영 및 유전자 검사 등 여러 실험을 했다. 아니나 다를까, 이들의 뇌 구조는 나머지 98퍼센트와 달랐다. 소장은 "보통 사람들과 다른 영역이, 인간과 그 외의 영장류가 차이를 보이는 영역과 동일합니다."라고 설명했다. 즉 진화론적으로 더 앞서 있다는 말이다. 그의 표현을 빌리자면 "진화의 최첨단에 있는 사람들"이었던 것이다. 교수는 구체적으로 그들의 전두엽의 특정 영역이 매우 흥미로운 방식으로 구성되어 있다고 한다. 알고 보면 이 특별한 사람들이 멀티태스킹을 할 때, 이 영역들은 보통 사람들, 포유류, 나 같은 지구인들의 뇌의 동일한 영역에 비해 오히려 덜 활성화된다.

멀티태스킹은 두 개까지가 한계다. 그 이유는 인간의 뇌가 좌뇌와 우뇌로 나뉘어 있기 때문.
@Cammeraydave

그러니 '모 아니면 도'다. 이 영역을 잘 쓰든가, 아니면 못 쓰든가. 우리는 슈퍼태스커가 아니면 모노태스커일 수밖에 없다. 나 같은 평범한 사람이거나, 아니면 내 아내처럼 슈퍼태스킹에 능하면서 피를 마시고 변신하는 파충류 외계인 같은 사람이거나, 둘 중 하나다.

여러분이 슈퍼태스커라면 스스로가 이미 알고 있을 것이다. 그렇다면 얼마든지 한 손으로는 운전을 하고 한쪽 눈으로는 길을 보면서 이 책을 끝까지 읽어 내려가도 좋다. 그러나 슈퍼태스커가 아니라면, 그냥 일찌감치 포기하시라! 수많은 과학적 증거에서 나온 이 조언을 따르시라. 일을 여러 가지 할수록 능률은 떨어진다. 그러니 제대로 해내고 싶으면 삶의 계획을 하나씩 짜시라. 그러면 여러분의 두뇌도 고마워할 테니.

● ● 스트레이어 교수는 이렇게 말한다. "여러 사람이 '자연에서 받는 감흥'의 장점을 이야기했지만, 아직까지는 그것을 신경과학 수준에서 연구하지는 못했습니다."
일명 '주의력 회복 이론'Attention Restoration Theory, ART'이라고 하는 이것은 정보가 넘쳐나는 환경과 멀티태스킹을 피하는 동안 전두엽의 활성화된 신경세포가 스스로를 치유하고 휴식을 취하며 회복한다는 것이다. 교수는 좀 더 깊은 연구가 필요하다는 단서를 달기는 했지만 "3일만 지나면 전에는 전혀 하지 못했던 생각이 떠오른다는" 사람들의 간증이 많다고 한다. 예를 들어, 미국에서 큰 인기를 끌었던 "쌍무지개double rainbow" 동영상을 검색해보면 사람들이 쌍무지개를 목격한 순간 얼마나 큰 감동을 받는지를 알 수 있다.
그러니 어쩌면 내게도, 그리고 더 거창하게 말하자면 전 인류에게도 희망이 있을지 모른다. 전두엽에 과부하가 걸린 것 같으면 당장 언덕을 찾아가시라. 가는 길에 아마 나를 만날 것이다. 그리고 그때는 조심하시라. 운전 중에 문자를 보내다가 깜짝 놀라 핸들을 홱 꺾지 않는다고 장담 못하니까.

믹스앤매치 멀티태스킹

출근하기까지 20분이 남았는데, 집을 나서기 전에 할 일이 9가지나 있다. 각각을 하는 데 걸리는 시간은 다음과 같이 정해져 있다.

①양치질하기-2분, ②옷 입기-5분, ③커피 마시기-5분, ④아침 식사 준비하기-5분, ⑤아침 먹기-8분, ⑥신문 헤드라인 확인하기-2분, ⑦업무 관련 자료 읽기-5분, ⑧치우기-4분, ⑨이유 없이 초조해하기-4분.

20분 안에 전부 마치려면 한 번에 하나만 할 수 없다. 하지만 함께 할 수 없는 일도 있다. 예를 들어, 양치질을 하면서 커피를 마시거나 아침을 먹을 수는 없다. 또, 아침을 만들기 전에는 아침을 먹을 수 없으며, 옷을 입으면서 아침을 만들거나 먹거나 양치질을 할 수도 없는 노릇이다. 또한, 이유 없이 초조해하는 것은 옷을 입거나 양치질을 하면서만 할 수 있다. 한 번에 할 수 있는 일은 최대 두 가지다. 어떤 순서로 처리하겠는가?

004

모두가 공평한 합의에 이르는 법

조지 로윈스타인(George Loewenstein),
카네기 멜론 대학교, 행동경제학

사람들은 대체 왜 쉽게 합의에 이르지 못할까? 그 원인은 공평성에 있다.

카네기 멜론 대학교의 행동 경제학 교수인 조지 로윈스타인은 그 핵심은 수많은 협상에서 "사람들이 최대의 이익을 얻으려는 게 아니라 그저 각자의 눈에 '공평'해 보이는 결과를 얻으려 한다."는 데 있다고 설명한다. "공평성"이라는 것이 무 베듯 딱 잘라지는 것이 아닌 한, 양편은 각자 자신에게 이득이 되는 의견을 관철하려 애쓸 것이고, 그러다 보면 결국 씨름판 위에서 서로를 바깥으로 밀어내고자 육중한 몸으로 버티는 스모 선수들 같은 장면이 만들어지기 마련이다.

로윈스타인 교수는 이렇게 예를 들어 설명한다. "당신과 내가 포커 칩 20개를 나눠 갖는다고 해보죠. 다 나누고 나면 당신에게 가는 칩은 하나당 5달러, 내게 오는 칩은 하나 당 20달러의 가치를 갖게 된다고 정했다고 칩시다(말도 안 돼!). 그러면 이제 20개의 칩을 어떻게 나눌지 협상을 해야 합니다."

@Heizfrosch

　어떻게 하는 것이 공평할까? 내 입장에서는 각자가 80달러씩 손에
쥐어야 하므로 나에게는 16개, 교수에게는 4개를 줘야 한다고 주장할
수도 있다.

　그러나 여기서 잠깐! 교수의 설득을 들어보자. 칩이 당신에게 가는
것보다 내게 오면 값이 더 많이 나가지 않는가! 겨우 80달러 가지고 뭘
하겠다는 건가? 내게 다 주면 400달러나 되지 않나. 이 정도는 되어야
뭘 하지. 물론 당신에게 돌아가는 게 없어서 그렇긴 하지만, 포커 칩 20
개를 둘이서 나누는 방법 중 지금 이것이 최대의 이익을 낸다는 사실,
당신도 분명 알 것이다.

　지금 여기에서 우리는 '자기 위주 편향self-serving bias'을 볼 수 있는데, 이
는 자신에게 유리한 것을 공평한 것으로 생각하는 사고방식을 일컫는
다. 물론 아직 합의에 도달할 수 있는 여지는 있다. 내가 생각하는 공평
성의 상위 범위와 상대가 생각하는 공평성의 하위 범위가 겹치면 교집
합이 생기므로 협상이 가능해진다. 하지만 내가 상대에게 주려 하는 최

대치는 8개인데 상대가 내게서 받으려 하는 최소치는 12개라면 교집합이 만들어질 수가 없다. 교수는 그럴 경우, "사람들은 불공평한 거래를 하기보다는 차라리 아예 손해 보는 쪽을 택하는 경우가 다반사입니다."라고 설명한다.

다시 말해, 사기꾼과 거래를 해서 몫을 나누느니 차라리 돈을 태워버리는 것이다. 협상 결렬!

추상적인 포커칩 게임을 넘어 실생활에서도 자기 위주 편향이 나타나는지 알아보기 위해, 교수와 그의 동료인 린다 밥콕_{Linda Babcock}은 미국 펜실베이니아 주의 모든 학교의 이사회(A측)와 교원 노조 대표(B측)에 편지를 보냈다. 편지 내용은 자신이 속한 학군과 비교할 만한 지역의 목록을 보내 달라.'는 것이었다. 집값을 평가할 때와 마찬가지로, 비교 가능한 학군의 급여는 협상자들이 대상 학군에서 교사의 월급을 협상하는 데 참고가 된다. 두 교수의 조사 결과, 이사회 측에서는 교사 월급이 낮은 지역의 목록만 제시하고, 반대로 교사 노조 대표는 월급이 높은 곳의 목록만 제시했다.

@Alain Lacroix

어떤 지역이 실제로 비교해 볼 만한 곳일까? 이사회 측에게는 교사의 급여를 내리고, 노조 측에서는 반대로 높이도록 할 수 있는 곳일 터였다. 지역을 표시해 보니 거의 겹치는 곳이 없었다. 그러니 예상되는 결과는 파업이었다.

이렇게 서로가 각자 공평하다

고 믿는 곳이 서로 대치하듯 마주보고 있으면 이 두 지점 사이에는 비무장지대가 생기는데, 대체 어떻게 해야 협상이 가능해질까? 교수는 "이 편향을 없애려고 엄청난 연구를 했습니다."고 토로한다. 이 골치아픈 자기 위주 편향을 어떻게 없앨 수 있을까? 상대편의 시각에서 글을 써보게 하는 것이라면 잊어버리시길. 그건 도움이 되지 않았으니까. 양측에 스스로 자기편 주장의 문제점을 적은 목록을 만들게 하는 것은 약간이나마 도움이 되었다.

하지만 '편향을 없애려고 하지 말고 해결책을 모색하는 데 이용하라.'는 교수의 조언에 귀를 기울여보자. 편향이 클수록 더 좋다. 왜냐하면 편향이 클수록 제3자도 나와 의견이 같을 수밖에 없을 거라고 생각하기 때문이다.

내가 최소한 포커칩 8개를 갖고 싶어 하는 마음만 있는 것이 아니다. 공평성에 따라붙는 자기 위주 편향 때문에 최소한 칩 8개는 받을 거라는 믿음까지 생기기 마련이다. 그리고 여러분 또한 자신만의 공평성을 기준으로 최소한 칩 12개는 얻을 거라고 똑같이 확신한다. 그러니 양쪽 모두가 기꺼이 제3자가 개입할 것을 원하고, 그러면 자신이 원한 결과를 얻을 거라 믿는다. 즉 자기 위주 편향 때문에 제3자에게 중재를 맡기는 데 동의하기 쉽다는 것이다.

양쪽 사이에 있는 비무장지대가 보이면, 그 간극을 없애려 하지 말고 그대로 둔 채 평화의 지대로 만들자. 그리고 의견 차이를 조절할 중재자를 선택하자. 그리하여 이 사심없는 중재자가 양측에게 칩을 똑같이 10개씩 나눠준다면 양측 다 똑같이 놀라겠지만, 결국 그게 공평하다는 것을 받아들일 수밖에 없을 것이다.

로윈스타인 교수는 사람들이 무언가를 갖고 싶어 하는 정도와, 손에 넣고 난 후의 만족도에 차이가 있는지도 연구했다. 그 무언가가 약물일 경우, 처음에 원하는 정도가 나중의 만족도보다 훨씬 높았다. 섹스는 그 반대로, 관계를 갖고 싶어 하는 마음보다 가진 다음의 만족도가 더 높았는데, 여성과 남성 모두가 나이를 먹을수록, 또 사귄 기간이 길수록 더 그랬다.

005

왜 변호사는 자원봉사에 인색할까?

샌퍼드 드보(Sanford DeVoe),
토론토 대학교 로트먼 경영대학원, 조직행동학

시골의 목장 소녀가 요들송을 부르는 것을 듣고, 그 대단하다는 장미향을 맡고, 유튜브에서 누구나 엄청나게 귀엽다고 생각하는 고양이가 재롱을 떠는 영상을 보면서 시간을 보내는 것이 행복일까? 아니면, 행복의 램프를 밝혀주는 건 차갑고 딱딱한 돈일까?

이것은 여러분이 월급을 받느냐 아니면 시간당 임금을 받느냐에 따라 다르다.

토론토 대학교 로트먼 경영대학원의 조직행동학 교수인 샌퍼드 드보는 "시간이 돈이라고 생각하는 사람들은 행복의 의미를 평가할 때 급여 수준을 기준으로 삼는 경향이 있다"고 말한다. 하지만 그렇다고 해서 월급을 받는 사람이 더 행복하다는 말은 아니다. 시간당 수당이 꽤 많을 경우에는 똑같은 금액을 월급으로 받을 때보다 더 행복하다. 하지만 쥐꼬리만 한 금액일 경우에는 뭣하러 시간당 받아서 굳이 그걸 떠올리게끔 하겠는가. 이럴 때는 월급이 낫다.

여러분이 회사를 소유하고 있다면 이렇게 응용해보라. 시간당 수당을 받는 사람들에게는 시간이 돈이기 때문에, 이 사람들은 휴가를 포기하고 일을 더 하기를 원한다. 반대로, 월급생활자인 경우에는 휴가를 가고 싶어 한다.

　하지만 흥미로운 반전이 있다. 시간 대 월급의 개념은 시간의 가치를 따지는 데 영향을 미치기 때문에, 시간을 어떻게 쓸지에 대해서도 영향을 미친다. 교수는 변호사들에 관한 농담은 별도로 치더라도, 그것만으로도 왜 변호사들이 자원봉사를 하지 않는지를 설명할 수 있다고 말한다. 그는 스탠퍼드 법대의 예비 졸업생들에게 일주일에 몇 시간이나 자

@Alain Lacroix

원봉사를 하는지 물어보고, 졸업 후 신참 변호사가 되었을 때 월급제로 급여를 받는지 시간제로 급여를 받는지 알아보았다. 6개월 후, 교수는 이들의 행동이 바뀌었다는 사실을 알았다. 두 집단 모두 자원봉사 시간을 조금 줄이기는 했는데(아마도 더 바쁘거나……, 아니면 좀 더 냉소적으로 변해서), 시간제 변호사들이 월급제 변호사들에 비해 자원봉사 시간을 훨씬 더 많이 줄였던 것이다. 직종과 수입에 관계없이, 시간

제 직원들이 월급제 직원들보다 자원봉사를 36퍼센트 덜 하는 것으로 나타났다.

후속 연구에서 교수는 이제 산전수전 다 겪은 고참이 된 변호사들에게 직접 자원봉사에 동참해 봉사 시간을 더 늘릴지, 아니면 시간당 수당을 기부할 것인지를 물었다. 아니나 다를까, 월급제 변호사들은 시간을 늘리고, 시간당 변호사들은 기부금을 내겠다고 했다.

교수의 설명은 이렇다. "직접 봉사를 함으로써 개인적으로 얻을 수 있는 소득은 정말 많습니다. 하지만 변호사들이 자신의 시간 가치를 깨닫게 되면 그런 개인적인 소득을 배제하고 자원봉사를 순전히 경제적인 관점에서만 보게 되죠."

여러분이 만약 조그만 비영리 단체를 운영하고 있다면 여기서 다음과 같은 교훈을 얻을 수 있다. 즉 미래 기부자가 급여를 시간제로 받는지, 아니면 월급제로 받는지를 알면 무얼 요구할지 알 수 있다는 것이다. 자, 시간과 돈, 어느 것을 요구해야 하겠는가?

금전적인 도움을 바란다면, 교수의 또 다른 팁을 들어보자. 월급생활자들이 시간과 돈 중 어느 것을 기부할지를 결정하기 전에, 우선 그들에게 시간당 임금을 계산하게 시킨다. 그러면 말할 것도 없이, 이전에는 시간을 기부했던 사람들도 "시간은 돈"이라는 데 정신이 팔리게 만들어서 돈을 토해내게 할 수 있다.

그러니 여러분이 운영하는 비영리 단체에 시간이 아니라 돈이 필요한 경우에는, 보통의 월급이 시간당 얼마로 계산되는지를 보여주는 차트가 그려진 안내문을 돌리도록 하자. 그러면 머릿속에서 시간당 임금을 먼저 떠오르게 하여 돈을 토해내도록 도와줄 테니까.

● ● 드보 교수와 동료 종첸보 Chen–Bo Zhong 는 무의식중에 패스트푸드의 상징을 접하면 사람들이 글을 더 급하게 읽게 되고, 어려울 때를 대비해 돈을 아끼려는 마음도 줄어든다고 한다. 간단히 말해, 패스트푸드의 상징을 자극으로 보여주면 사람들의 참을성이 줄어든다.

● ● 153개 국가에 대한 갤럽조사 결과, 각 나라 사람들이 기부를 할지 안할지를 더 정확히 알려주는 요인은 국민들의 경제적 수준이 아니라 행복 수준이었다. 미국은 호주, 뉴질랜드, 아일랜드, 캐나다, 스위스의 뒤를 이어 기부 순위 6위를 기록했다. 흥미롭게도, 더 가난한 나라의 국민들은 돈을 기부할 가능성은 낮았지만 가장 부유한 나라의 국민들보다 모르는 사람들을 더 잘 돕는다고 밝혀졌다. 낯선 사람들을 최고로 잘 돕는 사람들은 리베리아인이었다. 미국에서는 조사 전 한 달간 60퍼센트의 사람들이 돈을, 39퍼센트가 시간을 기부했으며 65퍼센트는 낯선 사람들을 도운 적이 있었다.

006

짧은 시간에 이성에게 어필하기

폴 이스트윅(Paul Eastwick), 엘리 핀켈(Eli Finkel),
텍사스A&M 대학교, 노스웨스턴 대학교, 사회심리학

소셜 네트워크 사이트를 통해서 여러분은 초등학교 3학년 때 샌드위치를 바꿔먹던 사람들과 계속 친분을 이어갈 수 있다. 온라인 커뮤니티를 통해서는 자신이 직접 만든 광선검 디자인에 관해 전 세계인과 의견을 교환할 수 있다. 그리고 온라인 데이팅 사이트를 이용하면 그 지역에 있는 수백만 명의 싱글들과 만날 기회를 즉각 찾을 수 있다. 뭐, 그중에는 어쩌면 성범죄자가 아닌 사람도 있을지 모른다.

그렇지만 실제 세상 사람들을 만나기가 훨씬 어려워진 것은 나만 그런 걸까? 요즈음은 피트니스 클럽에서도 귀에 꽂은 이어폰 때문에 "여기 사용해도 될까요?"라는 간단한 말 한 마디 들을 수 없다. 아이폰 게임 때문에 붐비는 레스토랑에서 누군가와 우연히 눈을 마주치기도 힘들다. 또한

@Cory Thoman

휴대전화로 마음껏 떠들어대는 사람들과 정신분열증 환자들을 구분하기도 불가능하다.

그러니 이런 시대에 스피드 데이트가 있어서 얼마나 다행인가.

사실 스피드 데이트는 이력서를 통한 3분짜리 로맨스지만, 그래도 최소한 얼굴은 맞대는 만남이다. 그리고 얼굴을 맞댐으로써, 스피드 데이트는 냉정한 자료 비교에서 대인관계 기술에 의존하는 상황으로 바뀐다. 간단히 말해, 여러분의 인터넷 프로필 스펙으로는 언감생심 넘보지 못할 상대를 잡을 수 있는 개인적 방법이 있다. 자, 이제 그 방법을 알려주겠다.

우선, "호감을 사는 방법에 관해서는 많은 이야기를 할 수 있습니다. 내가 상대를 기분 좋게 대하면 상대도 나를 그렇게 대할 것이 분명합니다."라는 텍사스A&M 대학교 심리학과의 폴 이스트윅 교수의 말을 들어보자. 하지만 공동 저자인 노스웨스턴 대학교의 엘리 핀켈 교수는 '상대에게 이성으로서 처음 매력을 발휘하는 것'에 관해 알려줄 게 있다고 귀띔한다. 밝혀진 바에 따르면, 모든 사람을 높이 평가하는 스피드 데이트 참가자들은 상대로부터 호감을 사기 어렵다는 것이다. 일, 놀이, 우정과 같은 플라토닉한 관계와는 달리, 데이트에서 모든 사람에게 호감을 표하면 사람이 너무 절박해 보일 위험이 있다는 것이 핀켈 교수의 설명이다.

두 교수의 연구에 따르면, 상대가 나에게 호감을 느끼느냐 마느냐는 나의 "호감" 역치와 실제 상대방에게 느끼는 호감도의 차이에 달렸다고 한다. 이상형과 마주보며 앉아 있을 때 여러분은 "불꽃 튀는 호감"을 보여주기를 원한다. 그런데 불행하게도, 그것을 꾸며서 보여줄 수는 없다. 핀켈 교수는 이렇게 덧붙였다. "신기한 점은 사람들이 그걸 너무나 순식간에 알아챈다는 겁니다. 즉 이 사람이 아무나 다 좋아하는 건지, 아니면 유독 나를 특별히 좋아하는 건지를요." 즉 거짓으로 이 사람을 특별히 좋아하는 척할 수도 없고, 강하게 끌리는데 그걸 억누를 수도 없다는 말이다. 상대가 나에게 특별한 사람이라고 느끼게 만들면 상대의 호감을 살 수 있다.

둘째 팁은 '체화된 인지' 분야에서 나온 것으로, 행동과 사고 사이의 무의식적인 넘나듦에 관한 심도 있는 연구의 결과다. 예를 들어, 실험실에서 사람들과 어울리지 못한 사람 몇 명은 실험실 공간을 실제보다 더 춥게 느꼈다. 두 교수는 또한 한자漢字의 "매력"에 관한 연구도 예로 들었는데, 거기서 실험자들은 자기들이 한자를 밀어낼 때보다는 자기들 쪽으로 끌어당길 때 그 한자에 더 매력을 느꼈다.

체화된 인지의 의미를 스피드 데이트에 적용해 보면 여러분은 자리를 이동하기보다는 앉아 있는 편이 유리하다. 사람들은 자신이 그쪽으로 가까이 가게 되는 것들을 좋아하는 경향이 있기 때문이다. 두 교수는 여성들이 남성들보다 전반적으로 더 까다로운 반면, 남성들은 앉아 있고 여성들을 이동하게 하면 까다로움의 성별 격차가 더 줄어든다고 했다.(남성이 구애하고, 여성은 구애를 받는 대상이라는 성 고정관념의 관점에서 이를 생각해보라.) 그러니 여러분의 "불꽃 튀는 호감"을 (있는 그대로) 보여 주도록 하자. 그리고 여성이든 남성이든, 여러분은 가만히 앉아 있고 이성이 찾아오게 하는 그런 방식의 스피드 데이트를 찾도록 하자. 상대가 여러분에게 다가오면, 여러분에게 더 호감을 느끼게 될 테니까.

● ● 남성은 프로필 사진에서 웃고 있지 않은 경우 그들이 보낸 메시지에 더 많은 응답을 받는다. 연봉에서 2만 달러는 키 2.5센티미터와 맞먹는 가치를 지닌다. 온라인 데이트 신청자들은 평균적으로 자기 실제 키에 5센티미터를 보태고, 봉급의 20퍼센트를 부풀린다. 그리고 메시지에 사용되는 좋은 단어와 나쁜 단어도 있다. your을 ur로 줄이는 채팅용어는 "섹시한", "멋진", "아름다움" 같은 단어 등 신체에 대한 칭찬과 마찬가지로 메시지 응답률에 좋지 않은 영향을 미친다. "멋진"과 "매력적인"과 같은 겉치레보다는 마음의 깊이를 드러내는 단어를 사용하도록 하자.

사랑의 작대기

여러분은 스피드 데이트에서 사랑의 중개자 역할을 맡았다. 존, 제이크, 제레미, 저스틴이 에머, 엘라, 엘리자, 에바를 만나러 왔다. 규칙에 따라 남녀는 모두 담소를 나눈 후, 서로에게 점수를 매겨 평가를 한다. 다음의 차트가 이 점수를 보여준다면, 전체의 행복 지수가 최고점이 되려면 사랑에 목마른 이 경쟁자들을 어떻게 짝 지워야 할까? 단 여성들의 남성에 대한 평가는 왼쪽 칸, 남성들의 여성에 대한 평가는 오른쪽 칸에 있으며 점수가 높을수록 좋다는 의미다.

	에머		엘라		엘리자		에바	
존	3	9	7	7	2	6	4	7
제이크	9	9	1	5	1	6	9	3
제레미	2	9	6	6	5	8	4	2
저스틴	5	7	3	4	4	5	3	2

007

이타주의의 저울을 움직여라

리 앨런 듀거킨(Lee Alan Dugatkin),
루이스빌 대학교, 생물학

벌은 왜 다른 벌에게 식량을 주거나, 자신의 목숨을 희생하면서까지 다른 벌을 지키려 할까? 그렇게 죽어버리면 희생정신이 가득한 벌은 자신에게 있는 사랑과 나눔의 유전자를 후손에게 전해줄 확률을 감소시키는 것이 아닌가? 진화는 왜 유전자 생명의 나무에서 이런 자유주의 히피 벌을 끊어내지 않는가? 루이스빌 대학교의 생물학과 교수이자

《이타주의 방정식Altruism Equation》의 저자인 리 듀거킨이 설명을 시작한다. "이타주의 때문에 다윈이 무척 골머리를 앓았죠. 하지만 해답은 매우 간단합니다."

@Yury Azovki

도움이 필요한 사람에

게 손길을 내미는 데에는 3가지 요소가 작용한다. (1)도와주기 위해 내가 어떤 대가를 치러야 하는가(대가^{cost}), (2)내 도움으로 상대가 얻는 이익은 어느 정도인가(혜택^{benefit}), (3)도움이 필요한 사람과 나는 유전적으로 어떤 관계인가(관련성^{relevance}).

이타주의 방정식은 r(관련성) × b(혜택) > c(대가)이다. '관련성 × 혜택'이 대가보다 크면, 여러분은 구조의 손길을 내민다. 형제 두 명이나 사촌 여덟 명을 구하기 위해서라면 달려오는 기차 앞으로 뛰어들지도 모르지만, 형제 한 명이나 사촌 일곱 명이라면 자신을 희생하지 않을 것이다. 그 이유는 나와 형제가 유전자의 2분의 1을 공유한다는 사실을 감지했기 때문이다. 즉, 두 형제의 유전자가 합쳐져야 나의 유전자와 똑같다는 것이다. 사촌의 수가 여덟 명이면 결국 나의 유전자와 똑같아진다. 같은 나라 사람만이 가득 탑승한 비행기나 전 세계 사람들로 가득한 유람선 역시 마찬가지다. 교수는 "나의 유전적 정보가 살아남아 다음 세대로 전해질 확률을 높여서 이타주의의 대가를 어떤 식으로든 보상할 수 있다면," 이타주의를 선택할 이유가 된다고 한다.

인류학자 나폴레옹 샤농$^{Napoleon\ Chagnon}$ 교수는 베네수엘라의 야노마모^{Yanomami} 인디언족을 대상으로 이타주의와 혈족 관계를 연구한 것으로 유명하다. 샤농 교수는 1960년대 중반에서 1990년대 후반까지 이 부족과 함께 살았다. 그들은 늘 변화무쌍했던 동맹관계에서, 동맹을 맺은 부족과 결속력을 다지기 위해 적의 목을 베고 쪼그라든 머리를 전리품으로 차고 다니며 식인 행위를 하는 등 다양한 풍습을 행했다. 샤농 자신도 목이 베일 뻔한 적이 여러 번이었지만, 어찌어찌 살아남아서 야모마족의 광범위한 가계도를 작성해서 매우 다양한 부족 사이의 관계를 파악했다. 그리하여 목을 베고 말려서 쪼그라들게 하는 행위나 식인 행위와 혈족 사이에 명확한 반비례 관계가 성립한다는 것을 알아냈다. 친족인지 몰랐던 경우에서도 본능적으로 가족은 먹지 않았던 것이다.

교수는 말을 잇는다. "인간의 무의식은 유전자 때문에 나타난 무언가를 인지하도록 만들어졌다는 생각이 듭니다." 심지어 서로 한 번도 만난 적이 없어도, 피가 섞였다는 사실을 한눈에 알아보는 것이 가능하다는 연구 결과가 많다. 어떻게 해서 알아보는 것일까? 선천적인 능력일까? 교수의 설명은 이러하다. "진화생물학자들조차 유전자가 핵심 역할을 하지 않는 문화의 모형들을 만들려고 애쓰고 있습니다. 그러나 정보를 나타내는 이 밈meme, 비유전적 문화 요소이라는 것은 그 선택이 작용하는 단위입니다."

이론에 따르면 이렇다. 우리가 아주 오래전에 헤어진 친척을 어느 날 우연히 만났을 때 알아본다면, 같은 피가 흐르는 유전자를 직관적으로 알아보는 게 아니라, 서로가 비슷하게 밈을 직감하거나, 유전적으로는 물론 문화적으로 유사한 어떠한 신호를 감지했기 때문이라는 것이다. 여기에는 고모가 t자를 쓸 때 꼬리가 튀어나오지 않게 쓴다든가, 말이 끝날 때마다 윙크하는 작은 증조부의 행동, 또는 과학책을 쓰면서 취향이 나쁜 유머 감각을 발휘해 책을 처음부터 끝까지 썰렁한 농담으로 도배하는 할아버지의 특징도 포함된다.

여러분은 이렇듯 유전자보다는 밈으로 혈족관계를 판단하는 경향을 여러분에게 유리하도록 이용할 수도 있다. 즉 모르는 사람에게 이타심을 발휘하도록 자극해 돈을 뜯어낼 수 있다는 말이다. 부탁을 하고 싶은 상대가 있다고 치자. 내 유전자 구조를 상대와 어떻게 비슷하게 바꿀 수 있단 말인가. 그보다는 유전적 유사함을 알려주는 밈 구조를 바꾸는 것이 훨씬 쉽지 않겠는가. 교수는 다음과 같이 설명한다. "사람들에게 서로 간의 유전적 관계에 대한 환상을 심어줄 수도 있어요. 다른 사람들을 형제라고 칭하는 군대나 종교집단을 보세요." 이런 언어들은 가짜 친족관계를 만들고 조직원들과 서로 돕는 관계를 형성한다.

혈연관계를 나타내는 언어의 힘은 또 다른 방식의 진화를 통해서도 나타난다. 자, 구걸을 하는 사람들을 떠올려보자. 돈을 얻는 데 몇 마디 말이 필요할까? 다른 말보다 특정한 말을 더 자주 하게 되는 이유는 무엇일까? 그야 뻔하다. 효과가 있으니까. 다른 말들은 선택에서 도태된 것이다. 그러면 이들이 18번으로 써먹는 말이 무엇인지 알겠는가? 바로 "형씨, 혹시 10센트짜리 남는 것 있소?"이다. 친족임을 암시하는 이 용어를 이용해 이타주의 방정식의 저울을 '기부하기' 쪽으로 건드린다는 것이다. 자, 아까 말한 '관련성 × 이득'이 대가보다 커야 한다는 점을 다시 떠올려보자.

그리고 다른 사람의 돈을 받거나 도움을 얻으려고 한다면, 상대방처럼 행동하고 말하는 것도 효과가 있다. "우리는 유사성을 혈연관계처럼 이용하고, 어쨌건 관계가 있다는 것이 조금이라도 비쳐지면 이타적인 행동이 자극됩니다."라고 교수는 설명한다. 삼촌한테 용돈을 받고 싶은가? 그렇다면 부탁할 때 고모처럼 t자를 꼬리 없이 써보라.

이런 식으로 관계를 두드러져 보이게 할 수 있다.

지금까지 "관련성"에 대해 살펴보았다면, 이제는 "대가"를 살펴보자 (다시 강조하지만, 이해가 더 수월하도록 $r \times b > c$를 기억하시라.)

"받는 것보다 주는 게 낫다."라는 말, 분명히 들어보았을 것이다. 물론 이 말은 부모가 아이에게 '동생한테 제발 장난감 좀 양보하렴!'하고 소리지를 때나 써먹을 만한 표현이긴 하지만, 여기에도 일말의 진리가 담겨 있다. 바로 주는 동시에 무언가를 얻는다는 사실이다. 구걸하는 여러분에게 누군가가 10센트짜리 하나를 줬다고 하자. 그 사람은 돈 전부를 돌려받지는 못할 수도 있지만(물론, 받을 수도 있다. 결국에는 호혜성 때문인데, 이 이야기를 하자면 과학적 설명이 또 길어지므로 여기서 그만), 대신 데이트 중인 상대에게서 호감을 얻을 수도 있고, 아니면 그걸 주면서 자신이 대단한 인물이라도 된 양 만족감을 느낄 수도 있다. 또는 걸인이 "닌자에게 우리 가족이 살해당해서 쿵후(중국무술) 강습비가 필요해요."라는 재미있는 피켓을 들고 있다면 웃음으로 보상을 받을 수도 있다. 아니면, "대가"의 정의를 더 넓게 생각해보라. 정장으로 쫙 빼입은 여성들은 다른 사람들이 10센트짜리 쓰듯이 1달러를 쓸 수도 있지 않은가. 대가는 각자에게 달리 인식되니까.

아니면 돈의 가치에 대해 생각해보라. 이상하게 10센트는 액면가보다 가치가 떨어지는 느낌인데, 25센트짜리는 가치가 더 있는 듯한 느낌이 든다. 즉, 25센트짜리 동전을 주면 35센트를 쓴 것 같은 느낌이 들고, 10센트짜리 동전을 주면 7센트밖에 안 쓴 것 같은 느낌이 든다는 것이다. 자 아까 말한 "형씨, 10센트짜리 남는 것 있소?"에 숨어 있는 논리가 이제 완벽히 이해되는가?

마지막으로, 이 10센트가 나에게 어떤 혜택을 주는지도 중요하다. 그게

@Sailorman

내 목숨을 구해줄 거라거나, 아니면 샌드위치나 침대, 맥주 같은 것을 사려는데 딱 10센트가 모자랐던 참에 이제 살 수 있을 거라든가, 어쨌든 내가 원하는 것을 얻게 된다고 암시하는 것이다.

자, 이제 상사에게 월급을 올려달라고 말하는 경우든, 부모님에게 차를 사달라고 조르든 아니면 모르는 사람에게 구걸을 하는 경우든 무언가를 요구할 때 어떻게 해야 하는지 알 만하지 않은가? 서로의 '관계'를 암시하고, 주는 '대가'를 낮추고, 요구하는 나에게 가장 큰 '혜택'이 주어지는 방향으로 이타주의의 저울을 움직여라.

● ● 듀거킨은 그의 저서 《제퍼슨 대통령과 거대한 큰사슴Mr. Jefferson and the Giant Moose》(놀라지 마시라. 아동 서적이 아니다)에서 미국 건국 초기에 프랑스 사람들이 흔히 미국 주민들에 대해 진화도 덜 되고, 열등하며, 약하다고 생각했다는 이야기를 들려준다. 이 자민족 중심적인 오만함에 맞서기 위해 토머스 제퍼슨 대통령은 뉴햄프셔에서 파리까지 1급 우편으로 크기가 약 2미터나 되는 큰사슴의 뼈를 보냈다.

● ● 워싱턴 주립대학교 연구진은 수많은 연구를 통해 다음과 같은 사실을 발견했다. 그룹 내에서 더 많은 기여를 하고 그 보답을 거의 가져가지 않는 사람들이 있을 경우, 다른 그룹원들이 이들을 칭찬하기보다는 쫓아내기를 원한다는 것이다. 그 이유로는 다른 사람들이 상대적으로 심성이 못된 것처럼 보이고, 그들이 없었으면 따르지 않아도 될 모범사례가 만들어지며, 그저 기존 사회 관행을 거스른다는 것 등이 꼽혔다. 그러니 여러분이 천상 천사라면 자신 안에서 못된 부분을 찾아내어 보여주거나 아니면 그룹에서 왕따가 될 각오를 해야겠다.

008

남편이 불만 없이 집안일을 하게 하려면?

조지 애커로프(George A. Akerlof),
캘리포니아 대학교 버클리 캠퍼스, 경제학

노벨상 수상자이자 경제학 교수인 조지 애커로프가 쓴 2000년도 논문
은 구글 스콜러Google Scholar에서 1683번 인용된 것으로 나타났다. 논문에
서 인용된 다음 글을 보자. 부부 사이에서 "남성들이 바깥일을 모두 도
맡았던 시절에는 가사분담률이 10퍼센트 정도였다. 그러나 여성들 역
시 경제활동을 시작한 지금도 남성들의 가사분담률은 37퍼센트에 불과
하다." 다시 말해, 아내가 가정에서 주 수입원이더라도 남편보다 집안
일을 더 많이 한다는 이야기다.

　대체 그 이유는 무엇일까? 부부 각자의 협상력이 똑같다고 가정할
때, "개인 효용"은 똑같이 책정되어야 한다. 그렇지 않으면 감정이 상
하기 마련이므로 이 감정을 없애기 위해서 공평해져야 한다. 아내가 바
깥일을 많이 하는데도 거기다 집안일까지 도맡아 한다면 대체 어디에
서 균형점을 찾아야 할까?

　이에 대해 애커로프 교수는 간단히 설명한다. "사실, 간단한 이야기

입니다. 어떤 경우에서든지, 사람들은 자신의 존재와 행동에 대한 정체성이 있거든요. 거기에 맞지 않으면 대가를 치러야 하죠."

이 모델에 따르면, 혈기 왕성한 미국 남성들은 아내가 자신보다 더 많이 벌 때 정체성에 타격을 입고, 자신이 집안일을 하면 더 타격을 입는다(타격의 정도는 자신의 "혈기 왕성한 미국 남성"이라는 정체성을 얼마나 내면화하는가에 비례한다). 남편과 아내의 "효용성"을 다시 균형 잡기 위해서 아내가 더 많은 집안일을 하는 것이다.

다음 경우도 이와 유사하다. 여러분이 파티에서 "주인"으로서의 정체성을 받아

@Nyul

들이려면 손님에게 술을 대접함으로써 여러분의 효용성을 최대화해야 한다. 또, 여러분이 손님으로서 "파티의 핵심"이라는 정체성을 받아들이려면, 그 술을 받아마심으로써 자신의 효용성을 최대화해야 한다. 우리의 정체성은 아주 다양하다. 가령, 한 사람이 아버지이자 남편이자 암벽 등반가에다 전문 강사이면서 록밴드 그레이트풀 데드의 팬인 동시에 작가일 수 있다. 그 정체성들은 각각 정도가 다르고, 특정한 상황에서 특정한 방식으로 행동했을 때 그 정체성과 개인적 효용가치에 생기는 소득과 손실도 서로 다를 수 있다(강사로서 사람들에 앞에 선 자리에서는, 나는 청중 중 한 명을 골라 장난감 칼로 펜싱을 하지 않겠지만, 아빠로서

You get
a lot
to like

-filter
-flavor
-flip-top box

Marlboro
THE FILTER CIGARETTE IN THE FLIP-TOP BOX

NEW FLIP-TOP BOX Firm to keep cigarettes from crushing. No tobacco in your pocket.

Marlboro
LONG SIZE

POPULAR FILTER PRICE

This Marlboro is a lot of cigarette. The easy-drawing filter feels right in your mouth. It works but doesn't get in the way. You get the man-size flavor of honest tobacco. The Flip-Top Box keeps every cigarette in good shape and you don't pay extra for it.

(MADE IN RICHMOND, VIRGINIA, FROM A NEW MARLBORO RECIPE)

라면……. 무슨 말인지 이해할 것이다).

정체성 이득과 손실을 알면 군인들이 왜 기관총 발사대에 뛰어드는지, 또 왜 대중 과학서를 쓰는 겁 많은 작가들은 그 군인들과 똑같은 상황에서 그렇게 하는 것을 상상조차 못하는지도 설명할 수 있다. 간단히 말하면, 부대는 신참에게 "군인"으로서의 정체성을 심어준 후, 군인답게 뛰어들지 아니면 가만히 서서 벌벌 떨다가 죽을지를 저울질하게 한다. 어느 것이 더 큰 손실일까? 죽을 가능성인가 아니면 수치심에 정체성을 잃을 가능성인가? 부대가 정체성 심어주기 작업을 제대로 했다면, "군인정신"이 죽음의 위협을 이기게 된다.

학교와 기업도 마찬가지다. 구성원이 "학생" 또는 "직원"이라는 정체성을 받아들이게 만든 조직에서는, 학생은 배우는 사람, 직원은 일하는 사람이라는 역할을 각인시킨다. 이런 정체성은 조직 밖에서 보면 비논리적으로도 보일 수 있지만, 조직 안에서는 당연한 것이 되어버린다. 이뿐만이 아니다. 교수는 말보로나 버지니아 슬림 담배의 마케팅을 실례로 든다. 그들은 "진정한 남자" 또는 "세련된 여성"이라는 정체성을 얻으려면 라이터를 켜고 자기네 제품을 피워야 한다는 의미를 퍼뜨리고 있다는 것이다.

다시 말하지만, 우리는 사회가 기대하는 정체성에 따라 행동한다. 만약 그렇게 행동하지 못하면 개인적 효용의 측면에서 매우 현실적이고 구체적인 대가를 치러야 한다. 교수의 말에 따르면, 여기서 핵심은 여러분이 이런 것들을 사회적으로 조장할 수 있다는 것이다. 군대, 좋은 학교, 훌륭한 기업, 또는 훌륭한 담배 마케팅 담당자들을 보라.

배우자가 더 많은 집안일을 했으면 한다면, 여러분 역시 이 방법을 활용할 수 있어야 한다. 그렇게 하는 방법에는 두 가지가 있다. 첫째, 배우자에게 자신의 정체성을 조정하도록 부추기는 것이다. 사회학자들은 정체성이 주변 환경의 영향을 받는다는 사실을 잘 알고 있다. 사실, 교수는 문화의 이러한 특성이 가난이 계속 존재하는 (수많은) 이유 중 하나라고 지적한다. 가난한 지역에서 남다른 의지로 기존의 정체성을 뛰어넘으려는 학생이 있다면, 이 학생은 다른 모든 친구들에게는 정체성 손실을 강요하게 된다. 그러므로 친구들은 박수를 치는 대신에 바람직하지 않은 일탈을 범하는 그 학생을 괴롭혀서 자신들의 정체성 효용을 극대화하려 한다. 이것을 여러분에게 적용해보자. 가령, 요가 수업을 혼자서 무작정 시작하려면 힘들 수 있지만, 배우자의 정체성을 바꾸려고 잔소리를 하거나 좋은 말로 타이르거나 또는 직설적으로 말하는 것 대신, 문화가 여러분이 해야 할 일을 대신해 줄 수 있도록 친구, 수업, 텔레비전 쇼, 잡지 같은 배경 상황을 찾으면 된다. 공동의 목표를 향한 의식이 있을 때 팀원은 더욱 적극적으로 활동에 임한다. 그러니 여러분에게 딱 맞는 팀을 찾으면 된다.

아니면 기존의 정체성에 맞는 행동을 만들어낼 수도 있다. 예를 들어, 남편이 입던 옷을 벗어서 세탁기에 안 넣고 만날 바닥에 내팽개친다고 해보자. 옷을 빨랫감 바구니 안에 넣었으면 좋겠는데, 남편은 '남자가 뭐 그런 걸'이라고 생각할지도 모른다. 어떻게 하면 남성으로서의 정체성을 손상시키지 않으면서 아내의 바람을 이룰 수 있을까? 빨랫감 바구니에 넣으면 농구처럼 3점을 획득하게 하면 될까? 집안일이 섹시해 보이면 될까? 식기세척기의 공간을 제대로 활용하는 데에 남편만이 할 수 있는 남성다운 공간 지각 능력이 필요하다고 설득한다든가? 남성이라는 정체성을 유지하게 할 수 있으면 '남자가 뭐 그런 걸'이라는 생각을 안 하게 된다. 따라서 남편도 정체성을 잃지 않으면서 집 안을 깨끗이 청소할 수 있다.

　반대로 여러분이 남편인데 아내가 집안일을 더 하게 만들고 싶다면…… 부끄러운 줄 아시라(어쨌거나 이 방법은 그런 경우에도 똑같이 통한다).

　　• • 　애커로프 교수의 명성은 그에게 노벨 경제학상을 안겨준 〈레몬 시장 : 품질 불확실성과 시장 메커니즘〉이라는 기념비적인 논문으로 아주 잘 알려져 있다. 사실 이 논문은 레몬이 아니라 중고차를 예로 들면서 구매자가 중고차의 품질을 결코 확신할 수 없기 때문에 판매자가 중고시장에 좋은 차보다 시쳇말로 똥차를 내놓는 것이 이득이라고 설명한다. 그 이유는 가격이 낮은 예상가로 수렴하기 때문이다. 레이첼 크랜턴과 공동으로 저술한 그의 2010년작 《아이덴티티 경제학Identity Economics》은 이전의 경제학과 사회학 사이의 멋진 신영역을 개척했다.

009

유전자를 관리하여 건강하게 사는 법

조지프 에커(Joseph Ecker),
솔크 생물학 연구소, 유전학

대충 이런 식이다. 여기에 벌과 새 무리가 있다. 아빠 새가 엄마 벌을 만나서…… 그들의 염색체의 지퍼를 내리면 양측의 유전 물질이 항아리 속에 정확히 반씩 들어간다. 동물의 세계에서 합성 생물학자로 통하는 황새는 기다란 부리로 항아리를 젓는다. 그러면, 새의 깃털과 벌의 침을 모두 가진, 새도 아니고 벌도 아닌 이상한 아기가 태어난다.

아니면 뭐 그런 비슷한 이야기다.

핵심은 바로 여러분 아이의 염색체의 절반은 여러분의 것, 나머지 절반은 배우자의 것이라는 점이다. 그런 후에, 이들은 게놈이라는 조그만 꾸러미를 만들고 아이의 몸에 있는 모든 세포가 자기복제를 한다. 좋은 게놈을 받으면 똑똑하고 예쁘고 삶이 행복하다. 그렇지 않은 게놈을 받으면 짝 찾기도 어렵고 노트르담의 꼽추마냥 성당 근처에서 괴로운 종소리나 들으며 살 운명이 될 것이다.

뭐 그런 식이다.

"그런 식이다"라는 말에는 아주 재미있고 완전히 새로운 과학이 숨어 있다. 게놈은 고정되어 있는 반면, 게놈의 발현은 고정되어 있지 않다. 이 발현을 제어하는 소프트웨어는 후성유전체epigenome이며, 이것은 수정할 수 있다.

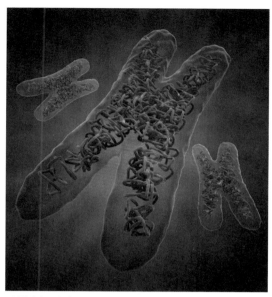

X염색체와 그 속의 DNA 이중 나선@Mopic

솔크 생물학 연구소의 유전학 교수인 조지프 에커는, "각각의 세포가 가진 유전자는 똑같은데 어떤 세포는 안구세포, 어떤 세포는 귀세포 하는 식으로 각각 다른 세포로 분화되는 이유"가 기본적으로 그거라고 말한다. 요리사의 솜씨는 재료에서 나온다는 말이 있다. 그러나 똑같은 밀가루, 버터, 달걀, 우유, 구운 베이컨을 가지고 요리를 해도, '가스 선뎀' 후성유전체는 '사람이 먹기는 어려운 음식'을 만들어 내는 반면, 유명 쉐프의 후성유전체는 최고급 음식을 만든다.

그러니 훌륭한 외모에 좋은 머리, 건강한 신체까지 갖고 싶다면 시간을 거슬러 올라가 요컨대 "슈퍼 부모"를 골라서 딱 맞는 게놈을 가져야 할 뿐만 아니라, 후성유전체가 여러분의 게놈을 최대한 활용해야 한다. 즉 여러분의 게놈을 능숙하게 요리할 수 있어야 한다.

후성유전체의 요리법은 메틸화의 손에 달렸다. (아주) 기본적으로,

DNA에 메틸기가 붙으면 몇몇 유전자가 발현되지 않는다. 안구 조직 이외의 다른 모든 종류의 조직이 되는 세포에는 메틸기가 붙은 작은 재갈이 채워져서 안구 조직이 되지 않고, 안구 조직이 될 세포만 안구 조직이 된다. 안구세포가 더 많은 안구세포를 만들려고 복제를 하면 이 메틸화도 복제된다.

하지만 시간이 흐르면서, 여러분의 DNA에는 쓰레기(트로이 목마 코드를 침투시킬지도 모를 바이러스)가 쌓이고, 세포가 복제할 때마다 변이가 일어날 가능성이 있다. 그래서 시간이 지나면 좋지 않은 유전자가 만들어진다. 이렇게 엉망인 유전자가 발현되지 않으려면 발현되지 않기를

엽산은 시금치 같은 녹색 잎채소와 콩, 달걀, 오렌지, 감귤류 등에 많이 함유되어 있다.

바라는 모든 것을 메틸화시키면 된다. 비유하자면, 마치 중국의 마오쩌둥 시대에 반체제인사가 될 만한 사람을 계속 잡아 가두던 식이다.

열성 유전자를 억제하지 못하면 세포는 여러분의 몸에서 해로운 작용을 하게 될 것이다. 이런 세포를 우리는 암이라고 부른다. 메틸화되지 못한 세포는 역사를 무시하고 삶의 길을 잃어버린 채 오늘이 인생의 마지막 날인 양 미치광이처럼 날뛸 수 있다. 그렇게 암세포는 여러분이 원하지 않아도 몸 여기저기로 퍼진다.

건강하게 메틸화를 시키고, 비메틸화 문제를 바로잡고, 메틸화가 잘못된 세포를 찾아서 파괴시키는 약을 만들기 위한 연구가 수없이 이루어지고 있다. 사실 이 중에는 전통적인 화학요법을 대체할 만한 전도유망한 약들도 어느 정도 있다. 하지만 그전까지, 교수는 "시중에 파는 엽산"을 권한다.

신체의 메틸기는 엽산에서 나온다. 엽산이 부족하면 후성유전체가 쓰레기의 입에 물릴 재갈도 부족하게 된다. 임산부들이 엽산제제를 섭취하는 이유가 바로 그거다. 세포가 비정상적인 속도로 복제를 하기 때문에, 후성유전체의 대량 메틸화에 속도를 맞추려면 엽산을 추가로 섭취해야 한다. 햇빛에 심한 화상(일광 화상)을 입어도 똑같이 오랜 시간의 세포 복제가 필요하다. 그렇지 않으면 조직이 손상되어 회복이 오래 걸린다. 그래서 세포가 복제 준비에 들어가고, 이 복제본이 올바르게 메틸화할 수 있도록 엽산을 충분히 섭취해야 한다. 화상이 피부암으로도 발전할 가능성이 있다는 사실과 그 이유를 이제 알겠는가? 한 마디로, 메틸화가 제대로 일어나지 않을 확률이 높아지기 때문이다.

하지만 또 한편으로, 에커 교수는 엽산을 너무 많이 섭취하면 세포가 무분별하게 복제되어 오히려 암을 유발할 수 있다고 경고한다. 사실, 최초의 항암제제는 메틸화를 막아서 암세포가 더 이상 복제하지 못하게 할 목적으로 만들어진 "엽산길항제"였다.

　그러니 여러분이 후성유전체를 위해서 오늘 당장 할 수 있는 두 가지의 일이 있다. 조직이 파괴되는 것을 막고, 조직이 제대로 성장할 수 있도록 적절한 엽산을 섭취하자. 화상을 입으면 용량을 늘리되, 아문 후에는 용량을 원래대로 돌려야 한다.

● ● 조지프 에커를 비롯해 최첨단 분야를 연구하는 과학자들이 후성유전체의 효과에 관해 새 장을 열고 있다. 여러분은 살아가면서 자신의 후성유전체와 유전자 발현을 다시 쓰는 것을 넘어, 새롭게 다시 쓴 후성유전체의 요소를 자녀에게 전해줄 수 있다. 예를 들어서, 사춘기 전에 흡연을 했다면 여러분의 손자가 사춘기를 조기에 겪을 가능성이 훨씬 커진다. 제2차 세계대전 당시에 기아 상태에 가까웠던 네덜란드의 엄마들이 아이를 낳자, 자녀뿐 아니라 손자들도 체구가 작았다. 흡연과 굶주림은 유전자에 영향을 미치지는 않지만 후성유전체가 유전자를 발현하는 방식에는 영향을 미쳤다.

그러니 선천적인 영향이 중요하냐 아니면 후천적인 영향이 중요하냐 하는 해묵은 물음에 후성유전체라는 또 다른 요인이 보태진 셈이다. 다시 말해, 후천적 과정에서 후성유전체를 행복하게 해주면 여러분의 손자와 증손자가 어떤 상태로 태어나느냐에 영향을 미친다. 그러니 흡연하지 말고 좋은 음식을 먹도록 하자. 여러분의 손자를 위해서. 여러분과 나, 우리의 노력만으로도 좋은 변화를 만들 수 있다.

● ● 우리가 생명의 가장 기본적인 단위를 바꿀 수 있다면 겨우 후성유전체를 긍정적인 방향으로 바꾸는 것에 만족하겠는가? 맥아더 지니어스 수상자이자, 보스턴 대학교와 하워드 휴스 의학연구소Howard Hughes Medical Institute에서 합성생물학자로 일하는 짐 콜린스Jim Collins는 세포의 DNA에 켜고 끄는 스위치를 삽입했다. 이 스위치는 특정한 화학물질이나 중금속을 감지하면 세포에 불이 들어와 형광색을 띤다. 이렇게 변화를 준 세포 덩어리는 말하자면 탄광의 카나리아 역할을 한다. 그 후에 콜린스는 이스트의 DNA에 유사한 스위치를 삽입하여 7일 후에 "세포 자살"을 하도록 했다. 일례로 맥주를 보면, 이스트는 죽기 전에 늘 덩어리로 뭉치는데, 콜린스의 스위치는 이런 뭉침을 미리 방지하여 집에서 만든 맥주에 나는 불쾌한 맛을 없앨 수 있었다.

010

유머 있는 사람이 되려면 공감능력을 키워라

로버트 프로바인(Robert Provine),
메릴랜드 주립대학교, 신경과학

로버트 프로바인은 델버트 맥클린턴 밴드의 바리톤 색소폰 연주자이자
메릴랜드 주립대학교의 신경과학 교수이며, 《웃음—과학적 탐구Laughter–A
Scientific Investigation》의 저자다. 얼핏 각 분야가 서로 무관하다는 생각이 들
지도 모르겠지만 교수는 이렇게 생각한다. "좋은 재즈 음악과 웃음은
둘 다 사회적 신호에 귀를 기울이고 거기 반응하는 데서 태어납니다."

예를 들어, 그와의 전화통화 앞부분에서 우리가 주고받은 말을 들어
보자. 나는 이렇게 묻는다. "제가 녹음 버튼을 눌러도 괜찮으시겠어요?
말씀하신 걸 나중에 팟캐스팅하려고 생각 중이어서…… 하하하." 내가
제일 끝에 웃은 이유가 무엇이겠는가? 내가 위험한 사람이 아니라는
걸 웃음으로 알리기 위해서다. 녹음된 말을 악의적으로 편집해서 유명
인들 가십 사이트에 올리거나, 그게 아니더라도 어쨌든 상대에게 불리
하게 사용하지 않을 거라는 사실을 전달하기 위해서다.

통화 내내 들리는 "하하, 맞아요!"라는 웃음도 이와 비슷하다. 내가

웃음의 전염성 – 웃음은 한 울타리에 속한다는 감정을 나타낸다. @Yuri Arcurs

이해했음을 의미하는 것이니까. 이뿐만이 아니다. 애매함을 표시하는 데에도 웃음을 이용했다. "그런 생각은 아마 다른 누구도 못했을 것 같은데요, 하하하?" 프로바인 교수는 수천 시간을 투자해서 대학 캠퍼스의 모임장소에서 고등학교 구내식당까지, 또 쇼핑몰 푸드 코트에 이르기까지 유사하게 사용된 웃음을 기록했다. 연구 결과, 말하는 사람들은 듣는 쪽보다 46퍼센트 더 많이 웃고, 혼자 있을 때보다 여러 사람과 같이 있을 때 웃을 확률이 30배 더 많으며, 마침표나 쉼표 대신에 웃음을 이용하는 경우도 잦았다. 그런데 알고 보면 웃기 전의 말이 조금이라도 재미가 있었던 경우는 그중 10~15퍼센트뿐이었다.

"사실, 웃음은 농담보다는 관계와 더 관련이 있습니다."라고 교수는 말한다. 인간의 웃음은 유인원들이 놀이를 할 때 그르륵 하는 소리와 콧

소리를 내는 것에서 진화했다. 유인원들은 자신이 상대와 같은 무리에 속한다는 사실을 알리기 위해 그런 소리를 냈다. 물론 남을 웃기려면 웃기는 말 한 마디를 하거나, 풍자나, 말장난을 하거나 놀라운 사실을 짚어낼 수도 있겠지만, 일단 그 전에 그 무리에 속해야 한다. 이런 이유로 많은 농담이 "그러니까 내가 슈퍼에서 줄을 서 있었는데," 또는 "비행기 좌석 너무 싫지 않아요?"라거나 농담을 하는 사람과 듣는 사람 사이에 무언가 공감을 끌어내려는 다른 말로 시작하는 것이다.

교수는 우리가 코미디언 제이 레노가 웃겨서 웃는 것이 아니라 그에게 공감하기 때문에 웃는 거라고 덧붙인다.

그러니 사람들을 웃기고 싶으면 농담을 연습하지 말고 공감능력과 경청능력을 키우자.

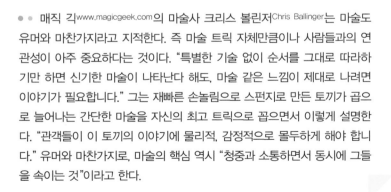

이를 드러내며 웃는 표정은 인간을 제외한 동물에게서는
대개 위협과 경계를 나타낸다. @lsselee

● ● 매직 긱www.magicgeek.com의 마술사 크리스 볼린저Chris Ballinger는 마술도 유머와 마찬가지라고 지적한다. 즉 마술 트릭 자체만큼이나 사람들과의 연관성이 아주 중요하다는 것이다. "특별한 기술 없이 순서를 그대로 따라하기만 하면 신기한 마술이 나타난다 해도, 마술 같은 느낌이 제대로 나려면 이야기가 필요합니다." 그는 재빠른 손놀림으로 스펀지로 만든 토끼가 곱으로 늘어나는 간단한 마술을 자신의 최고 트릭으로 꼽으면서 이렇게 설명한다. "관객들이 이 토끼의 이야기에 물리적, 감정적으로 몰두하게 해야 합니다." 유머와 마찬가지로, 마술의 핵심 역시 "청중과 소통하면서 동시에 그들을 속이는 것"이라고 한다.

011

타인을 알고 싶으면 자기 자신을 알라

줄리언 키넌(Julian Keenan),
몽클레어 주립 대학교, 신경과학

여자는 자신이 시끄러운 음악, 시원한 맥주, 카우보이 모자를 쓴 남자를 좋아하는, 아주 밝고 활동적인 성격이라고 말한다. 남자는 안정을 찾고 가정을 꾸리고 싶다고 말한다.

이 두 사람의 말이 사실일 확률은 어느 정도일까? 여러분은 이성의 말을 듣고 그것이 참말인지 거짓말인지 쉽게 간파할 수 있는가? 현재 여러분의 능력이 어느 정도이든, 몽클레어 주립대학교 인지 신경 영상 과학 연구소 소장인 줄리언 키넌의 연구를 통해 그 능력을 향상시킬 수 있다.

그가 그 간파능력을 어떻게 아느냐고? 수많은 여대생을 연구소로 불러서 정직한 남성들, 거짓말에 능수능란한 남성들, 아주 티 나게 거짓말하는 남성들의 모습이 담긴 비디오를 보여주고, 거짓말을 잘 알아차리는 여대생들의 인구통계적 특징과 성격을 연구했으니까.

소장은 우선 자기 인식을 잘하는 사람일수록 다른 사람들의 거짓말 감지 능력도 우수하다는 점을 알아냈다(여기서 주의할 점: 그렇다고 자기 인식을 더 잘하게 될수록 거짓말 감지능력을 키울 수 있다는 이야기는 아니다. 비논리적인 연관성과 인과관계에 주의하자).

이와 동시에 아주 흥미로운 사실도 함께 밝혀졌다. 그것은 바로, 애인이 없는 여성들이 애인이 있는 여성들보다 남성들의 거짓말을 더 잘 알아차렸다는 것이다. 귀를 의심케 하는 새로운 사실처럼 들릴지도 모르지만, 사실 진화론적 관점에서는 일리가 있는 말이다. 왜냐하면 애인과 사귄 기간이 긴 여성들은 장황하게 사랑, 가족, 희생에 대해 늘어놓으며 어떻게든 하룻밤 사랑을 즐기려고 하는 남성들 사이에서 더 이상 마음을 졸일 필요가 없게 되니까. 그래서 꾸준히 연습할 일도 없고 연습할 필요도 없다 보니 결국 감지능력을 잃어버린 것이다.

그러니 사귀는 사람이 있는데 그 사람이 거짓말을 하는지 알아내고 싶다면 싱글인 여자 친구(편견이 없는!)에게 물어보면 도움이 될 것이다. 여러분이 싱글인데도 거짓말을 잘 알아차리지 못하는 편이면, 자기 인식이 뛰어난 친구에게 의견을 구하라. 진화론적으로, 이렇게 죄다 꿰뚫어볼 수 있는 여성들은 거짓말 탐지 먹이사슬에서 최상위 자리에 있으며 여러분을 도울 수 있다. 그들은 여러분이 굶주린 족제비들 앞에 군침 도는 쥐 신세가 되는 것이 아니라(여러분이 이쪽 취향이라면 할 수 없지만) 쥐새끼들을 사냥할 수 있게 도와줄 것이다.

여러분 이마와 머리카락 경계선의 정가운데에 손을 얹어 보라. 손가락 끝 아래로 약 1인치 지점이 자아감을 관장하는 중심 전두엽 피질이다. 줄리언 키넌 교수는 재미있는 실험을 했다. '건강한 피험자들에게 전기 핑퐁 패들로 자극을 주어 범위 내에 있는 모든 신경세포를 매우 흥분시키면서 약 5분의 1초 정도 동안 이 영역이 깜빡 불이 나가게 했다.

그리고 동시에 피험자들에게 여러 사람의 얼굴을 빠른 속도로 보여주었다. 자극을 받은 피험자들은 애인의 얼굴이나 심지어 학습한 모르는 사람의 얼굴을 인식하는 데는 어려움을 겪지 않았다. 하지만 이 5분의 1초 동안 정작 자기 자신은 인식하지 못했다.

그런데 흥미로운 점은 중심 전두엽 피질이 마구 자극을 받았을 때에도 여전히 자기 자신을 인식한 사람이 있었다는 것이다. 나르시시스트들이었다. 줄리언 키넌 교수의 설명에 따르면 "나르시시스트들은 더 많은 두뇌 영역이 자기 기만을 맡고 있습니다"라고 한다. 그래서 나르시시스트들은 중앙 전두엽 피질의 연결이 끊겼을 때에도 비상 전력기가 가동되듯 여전히 과도한 자기 인식을 보인다는 것이다.

이는 매우 극명한 차이여서 어쩌면 조만간 나르시시즘에 대한 신경촬영 진단이 등장할지도 모른다. 이 책을 읽는 여러분의 자아감은 원래 제자리인 중앙 전두엽 피질에 있을까, 아니면 두뇌의 다른 영역까지 침범했을까?

012

누가 당신에게 거짓말을 하고 있는지
잘 알아맞히는 방법

폴 에크먼(Paul Ekman),
캘리포니아 대학교 샌프란시스코 캠퍼스(UCSF), 심리학

거짓말 탐지를 할 때는 피부의 전도율 테스트와 동공 확장 테스트가 사용되는데, 최근에는 신경촬영 기법도 등장했다. 그러나 온갖 장비를 끌고 다니지 않는 이상, 여러분이 동료에게 어제 주차를 하다가 여러분의 차 문을 찌그러뜨리지는 않았는지, 대학생에게 리포트를 표절했는지 또는 4살짜리 자녀에게 욕실의 타일 틈새에 죄다 치약을 짜놓은 범인인지 물어봐야 곧이곧대로 대답하는 사람은 아무도 없을 것이다. 이런 경우는 고전적인 방식에 의지할 수 밖에 없다. 즉 본능을 믿는 것이다.

그리고 다행히도, 이 본능은 훈련이 가능하다.

폴 에크만 UCSF 명예교수는 이렇게 설명한다. "우선, 거짓말을 알아차리는 간단한 규칙이 있어요. 뭔가 들어맞지 않는 거죠. 목소리와 이야기 내용이 안 맞는다거나, 이야기가 얼굴 표정과 안 맞는다거나 아니면 표정과 말이 다른 거죠." 예를 들어 사람이 입으로는 "아니요"라고 말하면서 고개는 "예"라고 말하듯 끄덕이는 경우로, 단순하게 말하자

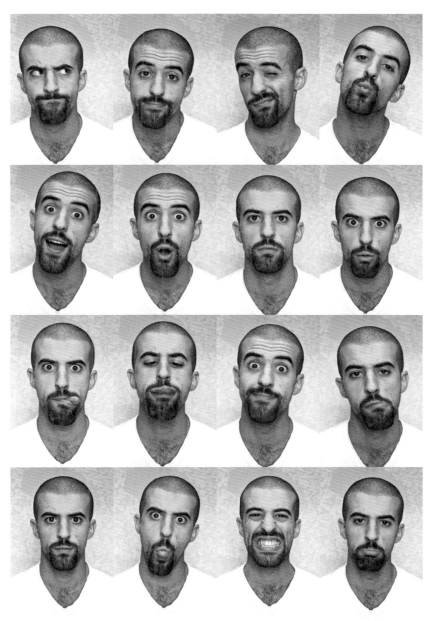

@William87

면 이렇게 맞지 않는 점을 알아차리면 서투른 거짓말쟁이들을 알아챌 수 있다.

이제 그 다음 단계부터는 좀 어려워진다. 교수는 "둘째 단계는 더 구체적으로 미세한 표정을 읽어내는 것"이라고 말한다. 이런 표정은 2~3초는커녕 25분의 1초 정도밖에 지속되지 않지만, 그래도 "사람들이 감추고 싶어 하는 감정이 거의 항상 드러납니다." 그러니까 그것을 포착하면 된다는 말이다. 그래서 교수는 그 순간에 이 미세한 얼굴 표정을 포착하는 훈련을 할 수 있는 근사한 도구를 온라인상에 만들었다. (www.paulekman.com에 가면 시험판을 무료로 이용할 수 있다.) 사이트를 방문하면 멋진 훈련 도구뿐 아니라, 사람들이 순간적인 감정을 그 순간의 상황에 맞는 더 적절한 표정으로 덮어 가리려고 애쓰는 모습을 볼 수 있는데, 얼마나 재미있는지 모른다.

그런데 이때 주의할 점이 있다고 교수는 말한다. 말하는 사람의 얼굴에서 미세한 표정이 포착되었다고 해서 반드시 거짓말을 한다고 단정지을 수는 없다는 것이다. 예를 들어 여러분의 배우자가 죽었는데, 경찰이 여러분에게 당신이 범인이냐고 묻는다고 치자. 질문을 받는 순간, 대답의 진위와는 무관하게 여러분은 순간적으로 화가 난 표정을 지을 것이다. 또는 만일 배우자와의 결혼생활이 어떠했느냐는 질문을 받는다면, 행복했던 기억을 입 밖으로 내기도 전에 여러분의 얼굴에는 이미 슬픔이 비칠 것이다.

교수는 "포착되는 미세한 표정은 더 자세한 질문을 할 수 있는 단서가 됩니다."라고 설명한다.

그러나 동시에 이 기술로도 약 5퍼센트 정도의 사람들은 파악이 불가능하다며, 이런 사람들은 '타고난 연기자'라고 한다. 자, 그렇다면 상대의 거짓말 간파기술을 역이용하는 방법은 없을까? 다시 말해, 어떻게 하면 내가 거짓말을 아주 태연하게 잘할 수 있을까? 더 그럴싸하게 거짓말하는 방법을 알려달라는 요청이 (미국과 해외 양측의 정치인들에게서) 교수에게 쇄도하지만, 그는 이렇게 잘라 말하며 이 '감쪽같은 거짓말쟁이가 되는 법'을 알려주기를 거부한다. "저는 거짓말쟁이가 되는 법이 아니라 거짓말을 포착하는 법만 가르칩니다."

● ● 《거짓말하기Telling Lies》를 비롯해 여러 서적을 집필한 폴 에크먼은 경찰 연수를 자주 담당하며, 드라마 〈라이 투 미Lie to Me〉의 과학 자문위원이기도 하다. 지금은 폭력 범죄가 일어나기 10~20초 전에 미리 알아차리기 위한 연구에 매진하고 있다. 교수는 연구가 3분의 2 정도 완성되었다며 이렇게 덧붙인다. "완성되면 적어도 고개를 움츠려 피하는 타이밍은 알 수 있을 겁니다."

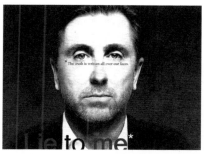

미국 텔레비전 범죄드라마 〈라이 투 미〉는 응용심리학을
이용해 범죄사건의 진실을 밝히는 내용이다.

013

시너지 효과를 낼 수 있는 구성원 선택하기

브라이언 소서(Brian Sauser),
스티븐스 공과대학교, 시스템 경영학

스티븐스 공과대학교의 복잡계 전문가인 브라이언 소서가 말을 꺼낸다. "휴대전화 카메라를 보세요. 원래 그 카메라는 가족사진이나 찍으라고 만든 거예요. 그런데 이제는 마치 다들 사진 기자라도 된 것 같아요." 그러니까, 가족을 찍을 목적으로 만들어진 원래의 목적을 넘어, 문화와 사회를 획기적으로 변화시킨 용도가 탄생한 셈이다.

방콕의 친정부 시위대를 태블릿 기기로 촬영하고 있는 시민. @1000words

이런 것을 '창발創發, emergence'이라고 한다. 다시 말해, 하위 구성 요소에 없던 특성이나 행동이 상위 구조에서 저절로 출현하는 현상이다. 그러나 특정한 창발적 행동은 순공학이 아닌 역공학으로만 가능하기 때문에(즉 만들어진 결과를 보고 과정을 알 수 있지만, 거꾸로 과정을 보고 결과를 예측하는 것은 불가능하다) 시스템 디자이너가 할 수 있는 것은 창발의 가능성을 최대로 높여주는 요소들을 갖춰두는 것이다.

사실, 교수는 창발적 목적에 관한 이런 생각이 21세기 시스템 디자인을 주도하는 핵심 개념의 하나로 자리잡게 되었다며 이렇게 설명한다. "옛날에는 통제가 중요했죠. 하지만 이제는 무언가를 만들고 나면 통제에서 손을 떼는 법을 배워야 합니다." 트위터 같은 아주 간단한 마이크로메시지micromessage 공간의 발전 과정을 살펴보라. 아니면, 인터넷 데이터를 나르는 광섬유 시스템을 보라. 유연성 있는 인프라구조에서 디자이너가 상상도 못할 크라우드소싱crowdsourcing, 대중crowd과 외부자원활용outsourcing의 합성어로, 생산과 서비스의 과정에 소비자 혹은 대중을 참여시켜 더 나은 제품, 서비스를 만들고 수익을 참여자와 공유하고자 하는 방법의 수많은 쓰임새가 등장하지 않았는가. 만들어서 개방하라, 그러면 기능이 나타날테니! 그리고 크라우드 소싱이라는 이 용감한 신세계에서 창발된 기능은 디자이너의 제한된 시각에서 생각한 쓰임새를 한참 넘어설 것이다.

그러면 창발적 시스템을 어떻게 구상해야 기술적으로 다기능적인 결과가 나오거나, 아니면 간단하게는 여러 사람이 한 프로젝트에 협심하도록 할 수 있을까? 자신의 의도보다 더 많은 결과를 창출해 낼 시스템을 의도적으로 만들려면 어떻게 해야 할까?

교수는 상향식 시스템 디자인을 떠올린다. 즉, 가장 기본 요소로 자율성, 소속감, 연결성, 다양성이 조합을 이루고, "그 최초의 4요소가 상호작용을 일으켜서 창발이 이루어진다."는 것이다.

그러나 안타깝게도, 4가지 모두를 갖추기란 쉽지 않다고 교수는 지적한다. 예를 들면, 소속감 때문에 다양성을 희생하는 경향이 있는 조직도 있을 수 있다. 연결성과 다양성의 경우와 마찬가지로, 의사소통(연결성)의 효율을 높이려다 보면 사소한 일까지 관여하게 되어 결국 자율성이 침해될 수 있는 법이다.

　그러나 이제 뉴욕 시를 한 번 생각해보자. 교수는 "한편으로는 차이나타운, 리틀이탈리아처럼 없는 것이 없는 매우 다양한 곳이죠."라며, 또 다른 한편으로는 포용적인, 즉 "남들과 다르다는 것이 곧 내가 정상이라는 뜻이기 때문에 많은 사람들이 찾는 곳"이라고 설명한다. 또, 뉴욕시를 소속감이 강하면서도 다양성이 공존하는 드문 장소라고 말하면서, '뉴욕'이라는 단어를 들었을 때는 개인주의가 떠오르지만 그럼에도 "길을 걷는 사람들은 자신이 고립되어 있다고 생각하지 않으며, 더 큰

다양성과 소속감이 공존하는 번화한 뉴욕 거리 @Bayda127

세계의 일부라는 소속감을 느낍니다."라고 덧붙인다. 이렇게 소속감과 다양성이 공존함은 물론, 뉴욕에서는 고도의 연결성 때문에 자율성이 손상되는 일도 거의 없다.

이 4가지 요소 사이에 불균형이 존재할 가능성도 분명히 있다. 다시 말해, 특정 요소가 더 높게 나타날 수 있음에도 어찌 된 일인지 뉴욕에서는 4가지 요소가 동시에 맞물려 매우 원활하게 돌아간다. 교수의 말에 따르면 이런 이유 때문에 뉴욕에서 그렇게 많은 문화, 혁신, 시각이 창발한다고 한다. 즉 혼자서는 결코 구체적으로 만들어낼 수 없는 결과가 도출된다는 것이다.

최고의 팀이 만들어지는 비법도 바로 이런 시스템에서 형성된다. 사람들로 구성된 가상의 집단에서 창발의 확률을 극대화하려면 "첫 4요소를 '윈-윈win-win' 또는 '윈-루즈win-lose'로 생각해 보라."는 교수의 조언을 따르라. 이 4요소를 각각 증가시키되, 집단의 구성원이나 규칙 때문에 다른 부분이 감소되지 않도록 하라. 예를 들어, 다양한 사람들을 한데 모아놓았다면 소속감을 훈련시켜야 하고, 자율성이 매우 강한 조직에서는 긴밀함을 높이도록 하고, 또 소속감이 매우 강한 집단에서는 각각의 조직원들에게 자율적 업무를 보장해주어야 한다. 무슨 말인지 알 것이다.

어느 요소든 100퍼센트에는 완전히 도달하지 못하겠지만, 다른 요소를 희생시키지 않으면서 각각의 요소를 조금씩 발전시켜라. 그러면 여러분을 비롯해 그 어떤 조직원들도 상상하지 못했던 창발적인 제품을 만들 수 있는 시스템을 가질 확률이 최고가 될 테니.

● ● 다양성에도 내재된 가치가 있을까? 이 질문은 아마도 21세기에 가장 중대한 질문일 것이다. 생태계, 국가, 이민 정책, 금융시장을 떠올려보라. 미시간 대학교의 복잡계경제학▪ 및 정치과학 교수이자 《다양성과 복잡성Diversity and Complexity》의 저자인 스콧 페이지Scott Page는 문제해결 영역에서 이 질문을 탐색했다. 첫째, 그와 그의 동료인 홍루Lu hong 교수는 대학생들을 대상으로 다양한 퍼즐 테스트를 하고 난 후 이런 궁금증이 생겼다. '무작위적으로 선택된 구성원들로 이루어진 팀이 문제를 잘 푸는 구성원으로만 이루어진 팀보다 더 잘하려면 어떻게 해야 하는가?' 그들이 발견한 사실은 놀라웠다. 다양한 구성원으로 조직된 팀이 개개인이 최고로 구성된 팀보다 성적이 좋았던 것이었다. 그러나 이 결과는 다음 세 조건이 충족될 때에만 성립했다. (1) 모든 조직 구성원들이 어느 정도 기본 능력을 갖출 것(아주 바보는 아니어야 함), (2) 전문성의 힘을 배제하기 위해 아주 다양한 문제의 퍼즐(복잡계)이 주어질 것, (3) 다양성을 보장하기 위해 아주 다양한 배경의 사람들로 구성될 것.

페이지 교수는 농구팀에 비교해서 말했다. "파워 포워드가 한 명이면 더없이 훌륭하죠. 두 명도 좋지만 세 명은 말이 안 됩니다." 파워 포워드 선수가 몇 명 있으면 리바운드 되는 공은 모두 잡아내겠지만, 전면 수비 압박이라는 하나의 전략만을 펼치기 쉽다. 파워 포워드로만 팀을 구성하면 공이 경기장 바닥을 떠나지 못할 것이다.

교수는 농구팀과 같은 복잡계에서는 "시스템이 이렇게 흥미롭고 혁신적이고 살아 움직이며 성장하는 것으로 만들어야 한다."고 한다. 사과 따기 같은 비교적 단순한 일을 한다면 여러분은 체력이 강인한 사람들로 팀을 구성하고 싶겠지만, 만일 애플 사와 경쟁하려면, 개개인에게 기본 능력이 있다는 전제 하에서 '다양성을 위한 다양성'을 추구해야 한다는 말이다.

▪ 우리 주변에서 일어나는 카오스적 현상들의 공통적인 성격을 찾아내고 일관성 있게 해명하려 하는 복잡계이론을 경제학에 적용한 것

• • 여러분은 스트레스를 받을 때 가장 집중이 잘 되는가? 우울할 때 두뇌 회전이 가장 잘 되는가? 화가 날 때 날카로운 분석력이 발휘되는가? 미국과 독일에서 진행된 두 건의 연구를 통해 '기분'과 '문제'가 일치할 때가 최상의 조합이라는 것이 밝혀졌다. 좀 더 구체적으로 살펴보자. 노스웨스턴 대학교 연구진이 피험자들에게 짧은 코미디를 보여주자, 재미있어 한 피험자들은 순간적인 통찰력을 발휘하면서 단어 퍼즐을 더 잘 풀었다. 이와는 반대로, 독일 연구진의 실험에서는 실험실에 어느 정도 적대감이 흐를 때 팀들이 분석적인 문제를 더 잘 풀었다.

014

환경에 휘둘리지 않는 자기 통제력 키우기

제니퍼 윗슨(Jennifer Whitson),
텍사스 대학교 맥콤스 경영대학원, 경영학

이 주제에 관해 (아는 사람들에게만) 잘 알려진 실험이 있다. 하늘에서 험한 지면을 향해 아찔한 속도로 낙하 중인 스카이다이버들에게 방송 신호를 잡지 못해 지직거리는 텔레비전 화면을 찍은 사진을 보여주자, 그들은 비행기 안에 앉아 있는 피험자들보다 실제 사진에 찍혀 있지 않은 모습들을 보는 경향이 더 컸다고 한다(이 실험이 얼마나 실행하기 어려웠을지 한번 상상해보라).

다른 연구에서는 경제가 불안한 시기에는 점성술에 관한 책이 더 많이 출판되었다고 한다.

또한, 요양원에 있는 환자 중에서, 방에서 식물을 직접 기른 사람들은 직원들에게 대신 길러 달라고 부탁한 환자들보다 사망률이 낮았다.

이 세 연구의 공통점은 무엇일까? 잠깐! 아래를 계속 읽어보자.

텍사스 대학교 맥콤스 경영대학원의 경영학 교수인 제니퍼 윗슨은 피험자들에게 여러 상징물을 보여주고 다음번에 나올 상징물의 모양을 예측해보라고 했다. 그런 후, 피험자 중 절반에게 그들이 예측한 모양을 보여주면서 자기들이 정답을 맞혔다고 느끼게 했다. 또, 나머지 절반에게는 관련 없는 상징물을 보여주면서 틀렸다고 느끼게 했다(사실 여기에는 아무런 패턴도 없었지만 그것은 중요하지 않다). 그러고 나서는 폭풍우로 뒤덮여 잘 보이지 않는 광경을 찍은 사진 24장을

@Jon Helgaso

보여주었다. 틀렸다고 느끼게 한 피험자들은 눈보라 속에서 그림을 찾아냈다. 심지어 아무것도 없을 때에도.

자, 여기서 핵심은 '통제'에 관한 것이다. 즉 통제력이 있는가 없는가. 통제력을 얻으려면 어떻게 해야 하는가. 교수의 설명은 다음과 같다. "통제력이 없다는 것은 아주 불쾌한 상태입니다. 사람들은 그 상태를 너무나 싫어하기 때문에 통제력을 얻으려고 거의 온갖 수를 다 쓰죠." 실제로는 존재하지 않는 패턴을 보았다고 생각하거나 점성술 서적을 찾는 것이 그 예다.

정곡을 찌르는 예가 여기 있다. 교수는 피험자들에게 다음과 같은 이야기를 들려주었다. "여러분은 이메일 교신을 모니터링하고, 문제가 생기면 해결하는 업무를 맡고 있습니다. 여러분은 승진 물망에 올라 있습니다. 그런데 갑자기, 이메일 모니터링 중에 여러분의 상사와 여러분 옆자리에 있는 직원 간에 오가는 이메일이 급증하는 것이 관찰됩니다. 그리고 나중에, 여러분은 승진에서 탈락됩니다." 자, 이제 교수는 피험

자들에게 이 두 사건 간에 관련성이 있는지 물었다. 교수가 그 전에 통제력이 있다고 느끼게 만들었던 피험자들은 사건이 우연이라고 생각했다. 반면 그 이야기를 들려주기 전에, 살면서 자신이 상황을 통제하지 못한 기억을 떠올려 보게 했던 피험자들은 거기에서 모종의 음모를 보았다.

여러분 옆자리 직원이 여러분을 승진에서 떨어뜨리려 하고 있다.

정말 그럴까?

대답하기가 쉽지 않다. 특히나 여러분에게 통제권이 없을 때에는 결코 단정지어서는 안 된다.

교수는 또 다른 이야기(아마 사실이 아닐 확률이 높은)를 들려준다. "한겨울에 스웨덴 부대가 훈련을 떠납니다. 어느 순간 눈이 내리기 시작했고, 결국 길을 잃은 부대원들은 극심한 공포를 느낍니다. 그러다가 한 병사가 소리칩니다. '잠깐, 기다려봐. 지도를 찾았어!' 이 지도는 다시 기지로 돌아갈 수 있는 지도입니다. 무사히 기지에 도착했는데 상사가 다시 지도를 보더니 이렇게 중얼거립니다. '이건 다른 산 지도잖아!'"

하루하루의 일상 속에서, 스웨덴의 폭풍우 같은 것에 말려들 경우(그때가 되면 알게 된다.), 통제력(진짜든 착각이든)을 찾아라. 그러면 이성적으로 결정하는 데 도움이 된다. 마치 내 의식에 대한 통제력을 다시 손에 넣으면 세상을 객관적으로 넓게 볼 수 있는 것 같다. 옛말에도 있듯이 바꿀 수 있는 것은 바꾸고, 바꿀 수 없는 것은 받아들여라. 여러분은 이 둘의 차이를 구별할 수 있을 것이다.

그러면 '이것은 음모'라는 속삭임이 귓가를 맴돌 때에는 어떻게 해야 할까? 교수는 그럴 때 삶에서 자기 통제력이 미치는 부분을 떠올려 보라고 충고한다. 책상 위에 가족사진을 두는 것도 좋고, 얼마 전 낚시 여행에서 가져온 여러 종류의 모조 곤충 플라이(털 바늘)도 도움이 될 것이다. 통제감은 섣부른 음모이론에 빠져드는 것을 막아줄 뿐만 아니라 폭풍우 속의 스웨덴 군인들처럼, 성공으로 가는 지름길인 자신감을 얻게 해준다.

•• 우리 아이들이 갓난아기였을 때 나는 노이즈 머신의 웅얼거리는 소리에 귀를 기울이곤 했다. 나는 그 소리가 내게 말을 걸어왔다고 맹세할 수 있다. 변명을 하자면, 그것은 "정글", "폭포" 또는 "여름밤" 같은 세팅이 실제로 귀에 들리는 패턴을 이루는, 일종의 순환하는 트랙이 있었다. 나는 아무 생각 없이 듣기 시작해서 결국은 아무 의미 없는 패턴에 온 신경이 쏠렸고, 그러면 그 패턴은 이런저런 단어들을 들려주곤 했다. 더 귀를 기울일수록 그 반복되는 단어들은 더 뚜렷해졌다. 나는 아내에게 이 이야기를 했는데, 아내가 심리학자라는 것을 생각하면 당연히 지독한 실수였다. 나는 궁금하다. 만약 내가 그 당시 내 잠, 일, 또는 놀이를 통제할 수 있었다면, 그래도 계속 노이즈 머신이 내게 말을 걸어오는 것처럼 들렸을까?

•• 윗슨 교수와 동료들은 젊고 간편한 옷을 입고 다니는 전문가와, 지위가 있고 정장차림을 하는 전문가들 각자의 말하는 양식에 대해서 연구했다. 그 결과 양쪽 전문가들 모두, 그들의 외모와 형식적/비형식적인 말하기 양식이 일치할 때 사람들이 더 좋아하고 사람들에게 더 잘 받아들여진다는 것을 알아냈다. 여러분이 젊고 아주 잘 나갈 경우, 격식을 갖추어 말하면 잘난 체하는 것처럼 비춰지기 쉽다. 잘난 체가 아니라 실제로 잘 아는 주제에 대해서 말하더라도 말이다. 거꾸로, 이미 명성이 자자한 사람이라면, 어느 정도의 비형식성은 괜찮지만 부적절해 보이기도 쉽다.

015

원하는 결과를 얻기 위한
여론 조사 설계하기

찰스 프랭클린(Charles Franklin),
위스콘신 대학교, 정치학

여러분의 콘도 앞에 수영장이 있다고 하자. 여름이 되면 사람들이 몰려와 시끌벅적한 소리 때문에 성가실 수도 있지만, 이런 불편함은 바로 길을 건너서 그들과 함께 어울리면 사라질 수 있다. 하지만 이번 겨울에는 콘도 관리 위원회에서 대대적인 수영장 공사를 진행하는 것이 어떠냐고 제안했다. 요란한 공사소리가 그치면 방수제 냄새가 여러분 집의 거실 안방까지 풍기고, 건축자재들이 여러분 집 앞에 쌓이게 된다.

말할 필요도 없이 여러분은 수영장 개조공사가 계획대로 진행되지 않았으면 할 것이다. 아마도 다른 집주인들에게 반대의사를 표하면 시작되기 전에 막을 수도 있으리라.

"실제로 대부분의 여론 조사기관은 결과를 왜곡할 이유가 없습니다." 위스콘신 대학교 정치학과 교수이자 여론 조사기관 공동 개발연구원인 찰스 프랭클린이 입을 연다. 그 이유는 한편에 치우친 여론 조사 결과는 결국 한편에서밖에 관심을 받지 못하기 때문이다. 그런데 여러분은 진짜 여론 조사기관도 아니고, 다른 조사기관들의 결과와 나란히 놓여 비교받을 일도 없다. 그러니 진지한 취급을 받으려고 기를 쓰고 노력할 필요도 없다. 게다가 다행인 점은 편향bias을 은밀하게 집어넣는 방법이 아주 다양하므로 겉으로는 여전히 공정한 조사인 것처럼 보이면서도 동시에 수영장 개조에 반대하는 표가 급증하도록 조작할 수 있다는 것이다.

교수는 무엇보다 우선 언어의 중요성을 지적한다. 정계를 보자. 민주당원과 공화당원이 말하는 방식이 같을까? 아마도 다를 것이다.("감세"를 떠올려보라.) 언어 편향의 정도에 따라 여론 조사 결과에서도 비슷한 정도의 편향이 나타난다. 수영장 개조를 반대하는 운동을 벌일 때, 여러분에게 반대하는 사람들이 쓰는 언어를 사용하라. 이웃들이 개조작

HOWEVER GORDON WRAPS IT UP, IT'S STILL A TAX BOMBSHELL.

BROWN'S £100 BILLION BORROWING BINGE WILL MEAN HIGHER TAXES FOR YOU. DON'T LET HIM GET AWAY WITH IT.

1992년 영국 총선을 위한 보수당의 포스터. 민주당의 정책이 세금폭탄을 불러올거라는 자극적 문구를 내세웠다. 열세였던 보수당은 이 선거에서 승리했다.

업에 대해서 어떻게 이야기하는지를 먼저 듣고 나서 여러분이 원하는 결과에 맞게 그 언어를 바꾸라. 그러면 강경파들이 "수영장을 아예 부숴서 없애버리자"며 반기를 들지도 모를 일이다.

질문의 순서도 역시 중요하다며 교수가 예를 든다. "여론 조사지에 질문이 거의 변하지 않는 실직률, 걸프만 기름 유출, 오바마 대통령의 업무 지지도가 차례로 나왔다고 해보죠." 그러면 제일 마지막에 나온 업무 지지도는 오바마 대통령을 더욱 긍정적인 관점에서 평가한 질문이 먼저 나왔을 때보다 더 낮게 매겨질 것이다. 과거에 여러분의 콘도 개조 작업이 크게 실패한 적이 있는가? 그렇다면 수영장에 관한 질문을 할 때 이 실패를 부각시켜라.

또한, 질문 순서를 이용해서 응답자들이 문제를 특정한 관점에서 바라보게 할 수도 있다. 만일 정치적 여론 조사인데 경제에 관한 질문으로 시작한다고 치자. 그러면 사람들은 후반에 나오는 질문을 경제적 관점으로 바라보고 답하기 쉽다. 환경에 대한 질문으로 시작해도 똑같은 논리가 적용된다. 이 방법을 여러분도 이용하면 된다. 사람들에게 수영장 개조작업에 대해서 묻기 전에, 최근에 오른 콘도 관리비에 대한 의견을 먼저 물어보자.

결과를 움직일 수 있는 또 다른 방법은 앞서 언급한 것과 마찬가지로 유도 방식이다. 이에 대해 교수의 설명을 들어보자. "사람들에게 사실적 정보에 대해서 물을 때면 여성들이 남성들에 비해서 낮은 점수를 얻는 경향이 있는데, 이는 '모름'이라고 대답하는 것이 큰 이유입니다. 그런데 몰라도 추측해서 답을 하라고 하면 여성들의 정답률도 남성들 못지않습니다." 남성들은 여성들에 비해 더 섣부르게 결론을 내리는 것뿐이다. 그러니 여성들의 표를 더 정확히 대변할 수 있는 질문을 넣는 것도 원하는 답으로 유도하는 방법이 된다. 수영장에 대한 생각에 성별 차이가 있을까? 만일 있다면, 그 차이를 사용할 수 있게끔 답을 유도하는 방식을 조절해보라.

여기서 끝이 아니다. 답을 하기 전에 얼마나 깊게 생각하게 만들 수 있을까? 설문지에 대답하는 방식에 관한 이론 중에, 사람들에게는 진실한 의견이 하나만 있다고 보는 것도 있다. 하지만 이를 찾으려면 상당한 고민이 필요하다. 그리고 고심하는 동안 우리는 괜찮다고 여겨지는 수많은 의견을 버려야 한다. 만일 설문 조사에서 최소한의 조건만 만족시키는 대답을 하도록 요구하면, 여러분의 즉각적인 대답은 조사 메커니즘, 사람들의 의견, 그리고 12시간 단위인 뉴스 방송 주기에 따라 큰 영향을 받기 쉽다. 그러니 여러분의 수영장 여론 조사에 편향을 넣은 다음 빨리 답하라고 하면 이 편향에 톡톡한 효과를 더하게 된다.

사실, 이러한 이유들 때문에 실제 여론 조사기관이 이런 요소 없는 여론 조사를 설계하기가 극도로 어려워진다. 그러니까 시간은 흘러가고 수영장 개조 작업의 날짜가 점점 다가오고 있다는 말이다. 그러니 서둘러서 여론이 여러분의 편이라는 것을 보여주자. 방금 배운 반짝이는 수법으로.

●● 2008년 미국 대통령 후보 선정을 앞두고 전당대회 대의원을 선출하기 위한 아이오와 코커스 초반 당시, 아메리칸 리서치 그룹은 아이오와 주에서 민주당 지지자들을 위주로 설문조사를 실시한 유일한 기관이었다. 이들은 존 에드워즈가 버락 오바마를 크게 앞서고 있다고 발표했다. 그러고 나서 11월과 12월에 선거 열기가 달아오르면서, 새롭게 등장한 여론 조사기관이 새로운 질문을 했는데 그 결과는 예전과 판이했다. 갑자기 오바마의 지지도가 높게 나온 것이다.

오바마가 새롭게 인기몰이를 한 것일까, 아니면 투표 방법이 바뀜에 따라 원래 지지율이 높았던 오바마의 위력이 드러난 것일까? 어떻든 간에, 매체에서는 "오바마, 아이오와에서 박차를 가하다"라는 표제가 줄을 이었다! 그리고 이 낙관적인 분위기는 오바마가 후반의 대선 조기 투표 및 실제 대선 경선에서 이기는 초석이 되었다.

016

심리적 충격을 줄이는 법

고든 달(Gordon Dahl)
캘리포니아 대학교 샌디에이고 캠퍼스(UCSD), 경제학

근사한 레스토랑에서 식사를 했는데 맛이 그저 그랬다면 어떤 기분이 들까? 또한 아카데미상 수상 영화를 한껏 기대하고 봤는데 별로였다면? 아니면, 급여가 5퍼센트 인상될 줄 알았는데 고작 3퍼센트에 그쳤다면? 그렇다. 실망하기 마련이다. 대단한 것을 기대했는데 별 거 아닌 게 들어오면 화가 난다. 하지만 반대로 생각해보라. 월급이 올랐다고? 정말 기분이 날아가겠네!

　경제학자들은 이런 현상을 득실 준거의존성gain/loss reference dependence 이라고 부른다. 간단히 말해, 행복은 컵에 담긴 물의 양 자체가 아니라, 익히 알고 있는 '반이나 남았느냐 아니면 반밖에 없느냐'하는 관점의 문제라는 것이다. 더 정확히 말하자면 여러분이 컵에 있으리라고 기대하는 양이 얼마냐에 관한 것이며, 기대보다 많으면 기뻐하고, 기대보다 적으면 실망한다는 의미이다.

　그런데 그 효과는 정작 얼마나 될까? 실험을 해보면 좋을 테지만, 안

타깝게도 그 효과에 대해 말하기는 어렵다. 일단 기대감이 있어야 하는데, 실험실에서는 그렇게 한껏 들뜨게 할 만한 기대감을 조성하기가 극도로 어렵기 때문이다. 피험자가 산산이 부서진 기대감에 화가 나거나, 아니면 반대로 기대를 넘어서서 만족감을 느끼게 하려면 그것이 전제 조건이다.

그래서 고든 달 UCSD 경제학 교수는 그 대신 미식축구로 눈을 돌렸다. 게임이 시작되기 전에는 라스베이거스의 배당률처럼, 분명히 측정 가능한 기대감이 있다. 여러분은 어느 팀이 어느 정도로 이길 것인지 안다. 그리고 시합으로 얼마나 흥분하게 될지도 안다. 연장전인가? 숙명의 적수와의 대결인가? 그리고 끝으로, 미식축구의 승패로 사람들이 어떤 영향을 받는지를 알려주는 불행하지만 확실한 척도도 있다.

교수는 "홈구장에서 경기를 치렀는데 홈팀이 졌을 경우, 결과에 대한 불만으로 그 지역의 가정 폭력이 10퍼센트 정도 증가했다는 것을 알게 되었습니다."라고 말한다. 경찰 보고서를 살펴보면 가정 폭력의 실태가 나온다. 패배한 팀이 보기 드물게 색sack. 쿼터백이 시작지점보다 뒤에 있을 때 쿼터백을 태클하는 것을 많이 하고 공도 많이 내준 경우라면 그 숫자는 15퍼센트로 올라간다. 그리고 숙적에게 졌을 경우, 홈 지역의 가정 폭력은 20퍼센트로 치솟는다. 특히 4쿼터에서 잘하지 못하면 사람들이 더욱 흥분하게 되어 가정 폭력이 점점 상승 곡선을 그리다가 게임이 끝난 직후에 최고조에 이른다. 그러다 경기 종료 후 2시간 정도가 지나면 정상으로 되돌아온다.

하지만 그 원인은 패배 자체가 아니다. 팀이 질 것 같았고, 또 실제로도 진 경우에는 폭력이 증가하지 않는다. 4점 이상의 점수차를 내며 승

@Lawrence Weslowski Jr

리할 것 같았던 팀이 질 경우 팬들의 주먹이 나가는 것이다. "충격이 크면 클수록 배우자도 심한 충격을 받게 됩니다."는 것이 고든 달 교수의 결론이다.

승리의 여신이 미소를 짓는다고 달라지는 것도 없다. 즉 홈팀이 이긴다고 해서 가정 폭력이 줄어들지는 않는다는 것이다. 음식점에 비유해 설명하면 이렇다. 미심쩍은 음식점에 갔는데 기대 이상으로 음식이 맛있었다고 해서, 원래 가기로 했던 맛이 보장된 음식점을 못 간 것에 대한 불만이 사라지지는 않는다. 마치 우연한 행복이 (예를 들어) +3점이었다면, 실망은 −8점인 격이다. 음식점 선택을 판돈이 걸린 내기라고 생각하면 가면 갈수록 마이너스가 쌓인다. 이것이 우리가 외식을 할 때마다 새로운 실험보다는 똑같은 음식점을 찾는 안전한 길을 택하는 이유 중 하나이다. 그러나 교수는 해결책을 제시한다. "우리가 기대치를 조정하는 법을 배우면 만족감도 더 커집니다."

여러분은 예기치 못한 만족/불만족에 매겨져 있는 점수인 +3/−8점은 조정할 수 없다. 하지만 기대를 낮춘다면, 그래서 처음 가보는 음식점 중 3분의 2 이상에서 만족감을 느낀다면 어떨지 생각해보라. 그러니 장기적으로 보면 새 음식점을 찾는 실험을 기꺼이 해보는 게 좋다.

기대치를 낮추면 의외의 기쁨을 얻을 수 있는 곳은 비단 음식점만이 아니다. 나는 자라면서 내내 시애틀의 스포츠팬이었다. 그래서인지 시애틀의 야구팀인 매리너스나 풋볼팀인 시호크스 게임을 포함하여 현재 내가 스포츠 경기를 관람하는 모습을 보면 "뭐, 그러다가 결국에는 지겠지."라는 운명론적 태도가 깊게 배어 있다. 내 기대치는 낮고, 따라서 나는 실망보다는 놀라서 기뻐하기가 더 쉽다(좋다. 솔직히 시애틀 스포츠와 관련해서는 무승부도 그저 고마울 따름이다).

만화영화 〈곰돌이 푸〉에 나오는 푸의 친구, 우울한 당나귀 이요르를 알고 있는가? 자, 핵심은 이요르와는 정반대로 낙관론을 품는 것이다. 첫째, 여러분의 목표가 기대치만 낮추는 것이지 결과까지 낮추는 것은 아니라는 점을 잊지 마라. 여러분은 여전히 경기에서 짜릿한 즐거움을 만끽할 수 있다. 그저 라스베이거스가 예상한 여러분 팀의 터치다운이나 3점 홈런 수에 비해 여러분의 기대치를 한참 낮추자. 그리고 그렇게 기대치를 낮춘 것은 혼자만 알고 있도록 하자. 남들이 다 알았다가는 낮은 기대치에 걸맞은 낮은 결과가 돌아올 수도 있으니까.

● ● 고든 달 교수는 또한 블록버스터 영화의 폭력성과 영화 주변 환경의 폭력성의 상관관계도 연구했다. 폭력적인 영화가 폭력성을 낳을까? 교수는 "놀랍게도, 영화를 관람하는 동안 폭력적인 범죄는 오히려 줄어듭니다."라고 말하면서 그 이유는 일시적이고 자발적인 감금 때문이라고 설명한다. 영화 상영 시간 동안에는 폭력적인 사람들이 거리를 돌아다니지 않기 때문이다. 또 영화가 끝난 지 2~3시간 후까지도 이 수치는 계속 낮은데, 그 이유는 영화관에서 3시간을 보낸 이 폭력적인 사람들이 아직 술에 취하지 않았기 때문이다.

● ● 국내총생산GDP, 1인당 국민소득, 실업률, 학업성적은 국가 복지의 척도다. 하지만 영국은 여기에 '국가 행복지수'라는 요소를 더 추가하려고 한다. 더군다나, 영국 수상이 정책 결정을 내리고 평가할 때 그것을 활용하려고까지 한다. 국내총생산 증가가 개혁의 이유거나 정책의 성공 또는 실패의 척도일 수 있듯이, 행복지수가 달라지는 것은 정부의 정책 결정에도 영향을 미칠 수 있다.

017

나에 대한 뒷말 통제하기

팀 핼릿(Tim Hallett),
인디애나 대학교 블루밍턴 캠퍼스, 사회심리학

일반적으로 사람들은 뒷말은 바람직하지 못하다고 생각한다. 여러분도 동의하는가? 인디애나 대학교 사회심리학 교수인 팀 핼릿에 따르면 그건 어떻게 보느냐에 달려 있다. "뒷말은 약자들의 무기죠. 프랑스 혁명처럼 약자들이 함께 힘을 모아서 권력자에게 빼앗긴 힘을 되찾으려는 시도입니다."

교수의 연구에서 프롤레타리아는 중학교 교사들이었고, 행정 방식이 권위주의적이고 대인관계가 서툰 교장선생님이 곧 골머리를 앓게 될 프랑스 귀족이었다. 교수는 교사 휴게실 같은 곳에서 이들이 사적 대화를 나누는 모습을 비디오로 찍었는데, 특히 교사가 주도하는 공식적인 자리에서의 발언에 주목했다. 그러자 400페이지가 넘는 대본이 나왔다.

교수는 뒷말의 작동 원리를 알아보고자 이 대본의 언어를 약호로 전환해 데이터를 연구했다.

그리하여 교수가 깨달은 한 가지 사실은 "뒷말은 일상생활 어느 곳에나 존재하며, 이것을 공식적으로 금지하는 것은 현실성이 없다"는 사실이었다. 프랑스 혁명을 왕실 입장에서 보고 뒷말을 없애는 것을 목표로 세운다고 해보자. 그러나 금지령이 내려지면 뒷말은 그저 더 음지로 찾아들 뿐이고, 그러면 더욱 널리 퍼질 수도 있다. 반대로, 불만족의 목소리를 낼 수 있는 확실한 소통도구, 그리고 일을 진행시키는 명확한 메커니즘을 제공하면 뒷말은 필요 없게 된다. 뒷말의 존재 이유가 사라지니까(흥미롭게도, 이 책에 실린 엘리 버먼

프랑스 혁명으로 처형된 왕비 마리 앙투아네트 (1755~1793)가 사랑받는 왕비에서 국민의 공적으로 전락한 데는 잘못된 행실 외에 근거없는 추문의 역할도 어느 정도 있었다.

경제학과 교수의 글에서는 정부가 공공 복지를 더욱 확충해 사람들이 그런 목적으로 분파를 찾는 일이 없게끔 해서 테러리스트 조직을 없애자는 제안을 한다).

그러나 안타깝게도 교수가 연구한 학교에서는 이 두 조건 모두가 충족되지 못하여 뒷말이 일파만파로 퍼져나갔다. 이로써 연구의 방향은 '뒷말 줄이기'에서 '뒷말의 원리를 이해함으로써 뒷말을 비공식적으로 다루기'로 전환되었다.

교수는 "우선, 친구를 많이 사귀는 것이 최고의 방법"이라고 전한다. 사람들이 여러분을 좋아하고 존경하면 여러분에 관해 안 좋은 말을 할

확률이 낮아지는 것은 당연하다. 이와 동시에 여러분에 관한 부정적인 뒷말이 알려질 때 그것을 좋은 시각으로 해석하려는 동료들이 여러분 주변에 있을 확률도 높아진다. 자, 그럼 이제부터 여러분이나 친구가 자리에 있다고 가정할 때 뒷말의 방향을 어떻게 바꿀 수 있는지를 알려 주겠다.

교수는 뒷말을 퍼뜨리는 사람들을 살펴본 결과 그들이 뒷말이 발생하는 초기에 집단의 충성도를 탐색하면서 조심스러운 방법을 택한다는 사실을 발견했다. 즉 알고 보니 그중 한 사람이 왕에 대한 충성파임이 드러났을 때, 빠져나갈 수 있는 구멍을 만들어 놓는다는 말이다. 그 방법 중 하나가 풍자인데, 교수는 이렇게 설명한다. "뒷말이 권력을 쥔 사람의 귀에 들어갈 경우, 뒷말을 말한 사람들이 발뺌을 할 수 있는 방법이죠. 다시 말해, '내가 너 진짜 잘했다고 말했잖아.'처럼, 말 그대로의 의미를 말했을 뿐이라고 주장할 수 있게 되니까요."

또, 그가 일명 '전임자 칭송'이라고 부르는 방법도 있는데, 이는 본심은 숨기고 은근히 돌려 말하면서 부정적인 의미를 전달하는 방법이다. 예를 들어, 이전 정부의 교육환경에 대해 교사가 "아주 조용해서 가르치기가 쉬웠죠. 어깨 너머로 계속 감시하는 사람들이 없었으니까요."라고 평가하면, 이 말은 현 정부가 어떻게 하고 있다는 말이 되겠는가? 실제 악평을 교묘히 감추는 이 칭송기술은 어떤 대상이든 아주 적나라하게 비교를 할 때 꽤 효과적이다. 가령 아내가 현재 남편에게 옛 남자친구의 뛰어났던 요리 실력에 대해서 말하는 것을 예로 들 수 있다.

뒷말은 이러한 초반 단계에 가장 빨리 퍼져 나간다. 이때 풍자나 전임자 칭송을 없애고 싶으면, 뒷말을 하는 사람에게 정확히 말해달라고 요구하라. 말하는 사람에게 말 그대로의 의미를 말해보라고 해서 진짜 의미에 대해 책임을 지게 하라. 아니면 긍정적 평가로 먼저 선수를 쳐라. 유도 질문을 하고(사장님이 신으신 새 신발 봤어?), 칭찬을 가장한 말(와, 찍찍이 신발이 다시 유행하나 보네!)을 하라. 이도 저도 다 안 통하면, 관련 없는 제3자로 뒷말의 대상을 바꿔 버려라.(어휴, 그건 아무것도 아냐. 경리부 스티브의 신발 봤어?)

뒷말을 시작한 사람들이 집단 속 개개인의 충성도를 모두 파악하기 전에 나쁜 뒷말의 싹을 교묘하게 잘라버리면, 나중에 집단 저항의 움직임에 여러분의 목숨을 걸지 않고서도 뒷말의 대상을 보호할 수 있다.

● ● 다른 연구에서 교수는 직장에서 감정을 표현하는 것이 양성 순환고리를 형성한다는 것을 발견했다. 만일 한 사람이 우연히, 또는 의도적으로 어떤 감정을 표현할 경우, 그것은 사람들 사이의 상호작용에 의해 퍼져 나갈 뿐 아니라 애초의 감정이 과장되어 전달된다는 것이다. 그리고 그 때문에 뒷말은 더 퍼져 나가고 더 증폭되어 결국 감정이 "폭발"하기에 이른다.

뒷말 웹

애너벨과 마크는 자기들이 파티를 열려고 직접 컵케이크를 구웠다고 동네방네 자랑했다. 그런데 알고 봤더니 이 말은 거짓말이었다. 옆 동네 빵가게에서 샀던 것이다. 이 중요한 메시지를 다음에 그려진 소셜 네크워크를 통해서 전달할 수 있겠는가? 단, 메시지는 인접한 칸으로만 이동할 수 있고 대각선 방향으로는 이동이 안 된다. 또, 앞 칸과 뒤 칸에는 같은 사람이 한 명은 있어야 한다. 예를 들어 맨 처음 칸에서 그 밑 칸으로 전달한다고 하자. 첫 칸에서 그 아래 칸으로 소식을 전하려 한다면, 첫 칸의 안경 긴 남자가 둘째 칸의 안경 긴 남자에게만 소식을 전할 수 있으며, 다시 한 칸 더 내려가려면 모자 쓴 남자가 모자 쓴 남자에게만 전달해야 한다.

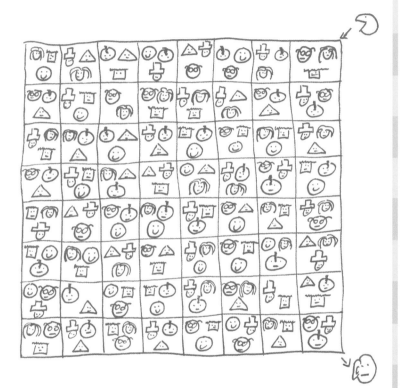

018

모두가 윈-윈할 수 있는 효용 셔플링

에릭 매스킨(Eric Maskin),
프린스턴 고등연구소, 경제학

프린스턴 고등연구소의 경제학 교수인 에릭 매스킨은 "두 명의 자녀를 둔 부모들은 케이크를 잘 나누어 두 아이를 다 만족시키고 싶어 하죠."라는 말로 이야기를 시작한다. 부모는 최선을 다해 케이크를 공평하게 나누려고 하지만, 문제는 "아이들이 자신이 받은 케이크 조각을 상대 것과 똑같다고 인식하지 않을 수도 있다는 겁니다." 서로의 케이크 조각 크기가 다르다고 생각하는 것은 물론이거니와 한 조각에는 배트맨 장식이 있거나, 프로스팅케이크 위에 입힌 설탕이 조금 더 있을 수도 있는데, 이런 요소들은 아이들에게는 여러분이 생각하는 것보다 중요하다. 왜냐하면 아이들마다 생각하는 "효용"이 다를 수 있기 때문이다. 그래서 부모들은 아이가 날카로운 도구를 다룰 수 있는 나이가 되면, 예부터 내려오던 이른바 '나누고 선택하기'라는 비책을 사용한다. 즉 한 아이에게는 케이크를 자르고 다른 아이에게는 케이크 조각을 고르는 선택권을 주는 것이다. 교수는 "이 방법이 효과가 있는 것은 상대에게 케

@Slon1971

이크 선택권이 주어지니 케이크를 자르는 아이는 어떻게든 똑같이 나누어야 할 이유가 생기기 때문"이라고 설명한다.

경제학자들과 게임 이론가들의 관점에서는 이 깨끗하고, 단순하고, 우아한 케이크 나누기 절차가 바로 "메커니즘"이 된다.

유사 메커니즘을 탄소 조약 등에 적용한 교수는 이 새로운 분야를 개척한 공로를 인정받아 노벨 경제학상까지 수상했다. 다만 탄소 감축의 경우 앞서와 다른 점은 어느 나라도 더 큰 케이크 조각을 원하지 않는다는 사실이다. 교수는 "메커니즘 디자인 이론의 목표는 모두가 원−원할 수 있는 비용의 조합을 찾아내는 것"이라고 말한다. A에게는 싼 것이 B에게는 비싼 것이 될 수도 있다는 사실을 전제조건으로 한다는 점에서, 이것은 기본적으로 케이크 나누기와 같은 이야기다. 기술 보조, 개발 지원, 특혜 무역 조약, 국내외적인 정치적 이익, 군사 보조, 환경 개선 등 국가마다 그 효용가치는 다른 법이다. 가령, 미국이 기술 지원비로 지불하는 4"원chit"이 브라질에서는 8원의 가치와 똑같을 수 있다. 그래서 브라질에게 이 기술 지원의 대가를 7.99원 어치의 탄소량으로 내라고 하면, 미국의 입장에서도, 정치적으로 볼 때 이것이 기술지원비에 드는 4원 이상의 가치를 지니게 되므로 효과적인 조약이 성립되는 것이다. 결국 양국은 서로 이득을 보는 이 조약에 서명하지 않을 수 없으리라. 그런 후 우리는 모두 산꼭대기로 올라가 손에 손을 잡고 축가만 부르면 된다.

서로에게 다른 가치를 지니는 효용, 이 아이디어만 있으면 많은 것을 만족스럽게 나눌 수 있다. 우선, 가사일을 한 번 생각해보자. 배우자는 차고에 쥐덫을 놓고, 여러분은 설거지와 빨래를 하는 식으로 분담할 수 있지 않겠는가. 일요일의 황금 같은 휴식시간은 또 어떤가? 2시간 동안 첼시 대 맨체스터 유나이티드의 축구 경기를 방해받지 않고 시청할 권리를 얻기 위해 해변에서 아내와 손잡고 6시간 거닐어야 한다면? 그만 한 효용가치가 성립하는지 생각해보면 된다.

케이크 자르기와 탄소 감축에서 나오는 다양한 효용가치에 대한 개념들은 친구들과 밥값을 분담할 때에도 적용할 수 있다. 그저 단순히 n분의 1로 나누는 것은 불공평하다. 고작 그릴드 치즈 샌드위치 하나를 시킨 나더러 바닷가재 요리를 시킨 너와 똑같이 내라니! (이것은 사실, 식사자의 딜레마diner's dilemma라는 고전적 문제다. 본격적으로 이야기하려면 길어지니까 여기까지만 말하겠다.)

그러니 밥값을 각자 다르게 낸다고 생각해보자. 누구는 더 내야 하고, 또 누구는 덜 내도록 눈감아 주어야 할까? 10달러를 효용의 측면에서 살펴보자. 그것은 여러분에게 어떤 가치가 있는가? 탄소 감축처럼,

여러분이 10달러를 더 내면 눈에 안 보이는 이득이라도 얻을 수 있는가? 아직까지 부모님 집에 얹혀 사는 고등학교 친구에게는 효용가치가 고작 1.5달러밖에 안 될 수도 있는 10.01달러어치의 칭송? 데이트 자리라면, 10달러를 아끼는 행동으로 10.01달러어치의 효용을 잃게 될지도 모른다. 짠돌이처럼 보여서 성적 매력이 떨어질 수 있으니까.

　메커니즘이 훌륭하면 효율적인 결과를 얻을 수 있다. 다시 말해, 효용가치가 높은 것을 얻기 위해 낮은 것을 포기하여 결국에는 모두가 이득을 보게 되므로, 모든 사람이 자신의 개인적인 효용가치를 극대화시킬 수 있다는 의미다. 두루 협상을 잘하려면 효용가치를 이리저리 섞어 보면 된다. 물론 쉽지는 않겠지만. 자, 적어도 앞으로 여러분이 10달러를 더 내야 하는 상황이 오면, 효용가치에 대해서 의식할 수 있으리라 믿는다.

케이크 자르기

두 아이에게 케이크를 나누어주려고 하는데, 어떻게 하다 보니 자르는 것도, 또 조각을 선택하는 것도 여러분이 직접 하게 되었다. 이때는 케이크를 똑같은 크기로 나누는 것이 핵심이다. 케이크는 가로×세로가 10인치×8인치 직사각형에 높이가 2인치이다. 한 면에는 자를 수 없는 설탕 배트맨 장식이 있는데, 형에게는 27세제곱인치의 가치가 있으며 동생에게는 8세제곱인치의 가치가 있다. 하지만 생일은 맞은 동생이 1.5배 더 큰 조각을 가지는 것이 공평하다는 데 모두 입을 모았다.(뭐? 여러분 집에서는 그런 식으로 하지 않는다고?) 배트맨은 누가 가져가야 할까? 또, 형과 동생에게 나누어주는 케이크의 크기는 각각 얼마일까?

019

사랑은 화학의 마술

래리 영(Larry Young),
여키스 국립영장류 연구센터, 신경과학

"마약은 사랑 같은 것을 위해 진화된 두뇌 회로를 이용합니다." 여키스 국립영장류 연구센터의 신경과학자인 래리 영의 말이다. 소위 기분전환용 약물recreational drug은 대부분 뇌에서 도파민 분비를 활성화한다. 그래서 지나친 행복감과 도취 상태에 빠지게 되는 것이다. 사랑에 빠질 때 분비되는 물질 역시 도파민이다. 그러니 사귀기 시작한 초반 단계의 두뇌는 마치 코카인을 흡입한 거나 마찬가지인 셈이다.

이른바 하룻밤 사랑이 끝나면 바로 다른 짝을 찾아다니는 많은 동물들에서, 이 사랑의 묘약이 효력을 잃는 이유도 이 때문이다. 기분이 좋다가 도취감을 느끼고, 그러고는 식어버린다. 그러면 또다시, 울음소리나 춤, 아니면 머리를 들이미는 동작으로 구애하면서 다른 짝을 찾으러 간다.

그러나 프레리들쥐는 그렇지 않다.

래리 영의 설명을 들어보자. "프레리들쥐의 짝짓기와 관련된 3가지

북아메리카에 사는 작은 들쥐인 프레리들쥐는 다른 들쥐와는 달리 일부일처제가 특징이다.

물질은 이렇습니다." 첫째는 물론 도파민이다. 하지만 암컷의 경우 여기에 옥시토신이 더해진다. "어미는 출산을 할 때와 모유를 먹일 때 옥시토신을 분비합니다." 그리고 암컷은 짝짓기를 할 때도 이 호르몬을 분비한다. "수컷은 바소프레신을 분비하는데, 옥시토신과는 몇 개의 아미노산만 다르죠." 그리고 다른 종들에게서 바소프레신은 영역표시 행동과 관련되어 있는 물질이다.

그러면 옥시토신이나 바소프레신의 역할은 무엇일까? "우리는 암컷 들쥐의 뇌에 옥시토신, 또는 수컷에게는 바소프레신을 주입할 수 있습니다. 그러면 짝짓기를 하지 않아도 함께 지내게 됩니다."

이 말은 인간의 사랑도 화학 반응이라는 걸까?

교수는 커플 1000쌍을 대상으로 한 스웨덴의 연구를 꼽았다. 어느 남성들이 두뇌의 바소프레신 수용기에 미세위성체microsatellite, 유전체에서 아주 짧은 DNA 염기서열이 반복되는 부분의 형태가 다른지를 기록하고(걱정 마시라, 여러분을 테스트할 것은 아니니까) 커플에게 관계에 대한 질문을 던졌다. 그러자 생물학적으로 바소프레신을 가둬둘 능력이 떨어지는 남성들은 지금까지 결혼 생활 중 위기에 봉착했던 적이 두 배나 더 많았으며, 결혼하지 않은 채 동거할 확률도 두 배가 높고, 관계에서 불만족을 느끼는 정도도 높았다. 요약하자면, 바소프레신이 적은 남성은 관계에 헌신적일 확률도 낮다는 것이다.

이와 유사하게, 교수는 옥시토신이 사랑을 유지시키는 물질임을 증명하는 연구가 많다며 다음과 같이 설명했다. "옥시토신은 시선을 맞추는 횟수도 늘리고 다른 사람의 감정을 읽는 능력은 물론 공감능력도 높여줍니다. 또한 갈등을 겪는 커플에게 옥시토신을 주입했더니, 싸우고 난 후에 나쁜 감정을 덜 느낀다는 연구 결과도 있습니다."

그러니 사랑은 곧 화학이라고 할 수밖에.

하지만 주의사항도 있다. 사랑의 뇌화학적 작용에는 중독성이 있다는 점이다. "사랑을 하면 처음에는 상당량의 도파민이 분비됩니다. 그러다가 나중에는 금단 증상을 겪지 않으려고 그냥 같이 있게 됩니다." 그러니 일단 도파민이 사라진 다음에 그 관계 밖에서 새로운 도파민의 원천을 찾으려고 하는 일을 막고 양 배우자 다 만족을 누릴 수 있으려면 바소프레신(남성)이나 옥시토신(여성)이 충분히 있는 편이 좋을 것이다.

사랑의 호르몬이라고 불리는 옥시토신의 화학구조 @Leonid Andronov

그래서 새로운 사랑이 격정의 단계를 지나 격주로 수요일마다 〈댄싱 위드 더 스타〉를 다 보고 나서 섹스를 하는 일상으로 넘어가면서, 도파민은 바소프레신·옥시토신에게 권리를 이양한다. 하지만 사랑이 완전히 끝난 후에는 어떻게 되는가? 파트너와 헤어진 후에는? 교수의 대답을 들어보자. "들쥐가 파트너를 잃으면 금단 현상과 비슷한 우울 증세를 보입니다. 그러면 어떻게 하냐고요? 새로운 파트너를 찾아 나섭니다."

이는 설치류 식의 리바운드 릴레이션십rebound relationship, 실연 후 주위에서 위로해 주는 사람에게 급히 빠져드는 것이라고 볼 수 있다. 금단에 대한 우울증으로 결국 사귀기 전의 두뇌 작용으로 돌아가는 것보다 새로운 약으로 달래는 편이 훨씬, 정말 훨씬 더 쉽지 않은가. 그 새 도파민의 근원이 비록 내게 해롭다 해도 말이다.

상처에 대한 미봉책을 선택하기보다는, 두뇌의 화학 작용에도 쉬는 시간을 주자. 관계가 끝나고 나면, 다른 사랑을 찾기 전에 머리가 제자리를 찾는 데 필요한 시간을 반드시 갖도록 하자.

● ● 마운트시나이 의과대학의 새로운 연구에 따르면, 어머니에 대한 기억은 좋은 기억과 안좋은 기억 모두 소량의 옥시토신으로 더욱 강화된다고 한다. 옥시토신 주사를 맞은 후, 안정적으로 애착을 느끼는 남성은 어머니를 더욱 좋게 기억했고, 애착이 불안정적으로 형성된 남성은 어머니에 대해 훨씬 좋지 않게 기억했다. 옥시토신은 단순히 애착을 증가시키는 것이 아니라 종류를 막론하고 모든 심리적 기억을 더 강화시키는지도 모른다.

020

트렌드 창조자 되기

사이먼 레빈(Simon Levin),
프린스턴 대학교, 생물학

1972년, 캘리포니아 주에 사는 토니 알바가 베니스 비치 근처의 물 빠진 수영장에서 스케이트를 즐기려고 몰래 울타리를 타넘었다. 그러자 스테이시 페랄타를 포함한 베니스의 서퍼들은 곧 스케이트 선수로 변신하여 수영장에서 스케이트를 탔다. 이 유명한 사건 이후, 수영장을 습격하는 것이 유행처럼 번졌다. 당시에는 경찰이 오면 도망을 갔지만 이제는 미국 곳곳의 스케이트 공원에 빈 수영장이 설치되어 있어서 아이들이 한때 혁신적이었던 알바의 기술을 너도나도 과시하고 있다. 영화 〈도그타운과 Z보이스Dogtown And Z-Boys〉10대 서퍼/스케이터들이 스케이트보드 문화에 미친 영향을 다룬 2001년작 다큐멘터리 영화를 본 적 있는가? 알바의 맨 처음 행동을 떠올려보라. 이 불법적이고 무모한 일탈행동이 지금은 어떻게 사회적인 표준norm이 되었을까?

여러분에게 무모한 아이디어가 있다면, 사람들을 어떠한 방법으로 설득하겠는가?

@Dejan Sarman

프린스턴 대학교의 진화생물학자인 사이먼 레빈은 이 질문을 조금 다른 시각에서 살펴보았다. "새나 물고기 무리에서 이동 방향을 의식하는 개체는 소수에 불과합니다. 나머지 대다수는 그저 따라가는 거죠." 교수는 그의 동료인 이아인 코진Iain Couzin은 소프트웨어로 이런 무리의 모형을 만들었다. 기본적으로, 각 개체에게 지도자인지 추종자인지(또는 각자의 비율) 꼬리표를 달고 무리에 있는 다른 개체와 연결시킨 후, 개체에 있는 스위치를 켜서 무리 전체가 어떻게 변하는지를 살펴보았다. 그리고 진짜 물고기 떼처럼 행동할 때까지 모델을 수정하여 행동패턴을 바꾸는 메커니즘을 발견했다. 도미노를 아주 꼼꼼하게 정렬하는 작업을 떠올리면 이해가 쉽다. 도미노 하나를 건드렸을 때 물결이 얼마나 빨리, 또 얼마나 멀리까지 가게 될까?

이런 것이 지금까지 레빈의 연구 대상이었다.

이제 그는 이 물고기 이동 모델을 사람들 사이의 의견 교환에 적용해 보았다.

레빈은 "우선, 사회적 변화는 분산된 네트워크에 달려 있습니다."라고 말한다. 여기서 "분산된"의 반대말은 "잘 혼합된" 네트워크로서, 가령 위에서 압력을 행사해서 새로운 의견을 재빨리 제재할 수 있는 권위적인 중앙집권체제를 유지하는 국가 같은 경우를 가리키는 말이다. 그는 이런 시스템은 아주 단기간 동안은 흔들리지 않는다고 덧붙였다. 하지만 그런 하향식 전달체계가 효과가 없으면 전체 시스템이 붕괴된다.

이제 1970년대의 베니스 비치를 떠올려보라. 알바가 빈 수영장에서 스케이트를 탄다는 생각을 떠올린 것은 분산 네트워크 상에서 한쪽 구석에 멀리 떨어져 있는 이 한 지점에서였기 때문에, 보안관은 그 생각이

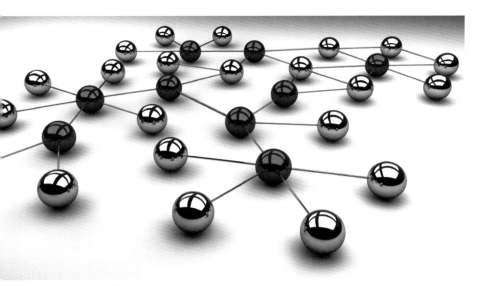

@Juergen Priewe

널리 퍼지기 전에 미처 막지 못했다. 거리가 먼 접속점에까지 자유가 보장되고 하향식 통제가 없는 이 분산 네트워크는 "새로운 의견과 태도가 생겨날 수 있는 여지"가 있다는 것이 교수의 설명이다.

그러니 문화적 기준을 바꾸고 싶으면, 여러분이 가진 아이디어의 씨앗이 당국의 통제나 강력한 사회적 기준에 부딪혀서 사장되지 않고 곧장 뿌리를 내릴 수 있는 지역에 살아야 한다. 똑같은 변화라면 솔트레이크 시티보다는 버클리를 근거지로 삼는 편이 더 쉬울 법도 하다.

그렇게 뿌리내린 아이디어는 물고기 떼가 방향을 바꾼 것과 똑같은 방식으로 대중의 움직임을 이끌어낼 것이다. 그 방식에 대해 교수는 이렇게 설명한다. "물고기나 새는 자신의 주변에 있는 7~10마리의 개체와 조화를 이룹니다. 그래서 행동이 일으키는 개체와 가장 가까운 것은 그 행동을 모방한 최초의 개체가 되죠."

빈 수영장에서 스케이트를 타는, 앞서 언급한 예로 돌아가 보자. 여기서도 알바와 함께 한 친구들은 사실 알바의 이웃에 사는 친구들이었다.

이 새로운 스케이트 문화로 자신을 정의하는 이들은 Z보이스라는 그룹을 함께 결성했다. 뒤따르는 물고기들은 급선회하는 리더 물고기를 바짝 따라가면서 상대적으로 안전한 중앙 지역에 있게 된다. 그와 마찬가지로 새로운 스케이트의 표준에 금세 맞추어간 멤버들은 득을 보았다. Z보이스는 결국 경기장도 손에 넣고 소녀팬들도 생겼다. 멋지지 않은가.

하지만 혁신적인 아이디어가 그룹을 넘어서 전파되려면 또 다른 중요한 네트워크의 특징이 필요하다. 바로 연결성이다. Z보이스는 1975년에 델마 내셔널대회에서 이 특징을 얻게 되었다. 긴 머리에 스니커즈 운동화를 신은 이 별 볼 일 없어 보이는 패거리가 말쑥한 상대를 이긴 것이다. 새롭게 개편된 《스케이트 보딩 Skatingboarding》지는 도그타운에 대해 여러 기사를 실었는데, 그리하여 갑자기 Z보이스가 자기도 그런 데에 한몫 끼고 싶었던 전국의 아이들과 마치 도미노처럼 연결되었다. 결국 도미노가 넘어지면서 사회적 기준의 방향도 바뀌게 되었다.

레빈 교수는 넥타이, 공공장소 흡연 금지, 문신, 매니큐어, 성 평등, 인도의 카스트 제도에서도 똑같이 혁신-합동-연결의 과정을 거쳤다는 점을 예로 들었다. 오늘날, 넥타이는 편안함보다는 비즈니스맨의 상징물이다. 맨 처음, 크로아티아 용병들이 목에 감기 시작한 넥타이는 파리에서 패션 아이템으로 거듭났다. 다시 말해, 파리에서 연결성이라는 특징을 얻게 되어, 이제 사회적 기준이 된 것이다.

그러니 사회적 기준을 바꾸고 싶으면, 우선 장벽을 뛰어넘는 것으로 시작하자. 그리고 그 아이디어를 여러분 가장 가까운 곳에 있는 7~10명에게 전파하자. (이 책에서 엘리 버먼이 등장하는 '부하 만들기' 내용에 대해 읽어볼 것.) 그리고 여러분의 도미노를 전 세계로 확산시키자.

물고기 떼의 교훈

메시지가 한 다리를 건널 때마다 영향력이 절반으로 줄어드는 것이 관찰되었다. 상대방에게 말을 직접 전했을 때의 영향력은 50퍼센트, 친구의 친구에게 전하면 25퍼센트, 친구의 친구의 친구에게 전하면 영향력은 12.5퍼센트가 된다. 아래 물고기들 중에서 어떤 물고기의 영향력이 가장 클까?

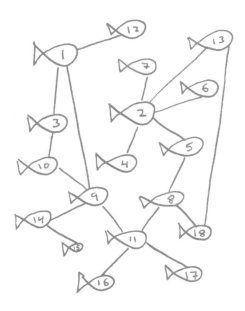

● ● 네트워크를 타고 이동하는 것에는 또 어떤 것이 있을까? 지하철을 통과하는 사람들, 또한 월드컵 경기의 축구공도 있다. 2009년 월가의 두 컴퓨터 신동인 크리스 솔라즈Chris Solarz와 맷 페리시Matt Ferrisi는 뉴욕의 지하철을 최단 시간에 모두 통과하는 법을 알아내려고 멋진 수학·전산학 네트워크 분석 도구와 그래프 이론을 이용했다. 그들은 이렇게 알아낸 정보를 활용하여 468개의 뉴욕 지하철 정류장을 모두 거쳐가는 종전의 기네스북 기록을 2시간 앞당겼다.

2010년 월드컵이 끝나고 나서 런던 대학교 퀸 메리 캠퍼스의 응용 수학자인 휴고 투셰트Hugo Touchette와 로페즈 페나López Peña가 축구의 패스 데이터를 모델로 만들었다. 같은 팀은 한 네트워크, 팀 내 선수들은 네트워크의 접속점, 공은 접속점들 사이에 주고받는 정보로 가정했다. 그 결과 나타난 그래프를 보니 팀의 경기 양식을 알 수 있었다. 페나 교수에 따르면 멕시코는 방어에 크게 치중하고, 스페인의 패스는 주로 미드필드에서 이루어졌다. 또한 이 그래프를 통해서 선수들의 '중심성'(네트워크에서의 중요성, 또 그 결과 그 선수가 없을 때 그 네트워크가 얼마나 어려움을 겪는가)을 계산할 수 있었다. 예를 들어 2010년 월드컵 결승전 초반에는 네덜란드 선수인 아르옌 로벤이 팀의 중심 선수였다. 즉 공이 그를 중심으로 왔다 갔다 했다. 그런데 경기 말미에 가서는 그의 존재감이 사라졌다. 스페인이 그를 공격적으로 방어하자 그가 시스템 밖으로 나가버린 것이었다. 처음에는 아주 호흡이 잘 맞으리라고 예상된 네트워크였는데, 이렇게 되자 이 네트워크를 통해 주고받는 네덜란드 팀의 전체적인 정보 흐름이 깨졌다.

스페인은 그와 비슷한 아킬레스건이 없었다. 투셰트교수는 "스페인은 매우 균형적인 중심성을 보입니다."라고 평가했다. 다시 말해, 유연성이 더 높고 따라서 더 강력한 네트워크였다. 그래서 선수 한 명이 퇴장당해도 다른 10명의 선수가 쉽게 그 빈 자리를 메웠다.

021

타인 판단의 오류는 나 자신

데이비드 더닝(David Dunning),
코넬 대학교, 심리학과

코넬 대학교 심리학 교수인 데이비드 더닝은 학생들에게 곧 있을 미국 암 학회 기금모금을 위해 수선화를 사겠느냐고 물었다. 교실에 있는 착한 학생들 중 80퍼센트가 같이 수업 중이던 다른 친구들까지는 모르겠지만 자신은 확실히 꽃을 사겠노라고 대답했다. 이들은 다른 친구 중에서는 약 50퍼센트만 꽃을 살 거라고 예상했다. 혹시 결과에 대한 감이 좀 오는가? 기금을 모으고 나니 실제로 꽃을 산 학생들은 43퍼센트밖에 안 되었다.

이와 유사하게, 다가오는 11월 선거에서 얼마나 투표권을 행사할지 물었다. 투표하겠다고 대답한 학생은 84퍼센트였는데, 이들은 다른 친구들의 투표율을 67퍼센트로 예상했다. 실제 투표율은 68퍼센트였다.

교수는 "사람들은 다른 사람들을 평가하는 데는 매우 정확하지만 자기 자신에 대한 평가에는 아주 미숙합니다."라고 설명한다. 이 때문에 운전자들 대부분도, 또 더닝 교수가 설문 조사를 실시한 대학 교수 중

94퍼센트도 자신을 "평균 이상"이라고 평가했던 것이다. 94퍼센트 이상이 평균 이상이라니, 누가 봐도 터무니없는 수치 아닌가.

그렇다. 대개의 경우, 우리는 자신의 장점에 대해서는 후하게 점수를 주는 반면 다른 사람에 대해서는 아주 짜다.

그러면, 예스/노 유형의 행동에 대한 구체적인 예측이 아닌 경우에는 어떨까? 다양하게 해석될 여지가 있는 경우에는 어떻게 평가할까? 가령, '누군가가 얼마나 똑똑한가', 또 '리더의 자격은 무엇인가'와 같은 평가 질문은 '얼마나 많은 학생들이 수선화를 살 것이라고 생각하는가' 같은 질문보다 훨씬 주관적이다. 사람들이 타인에 대한 주관적인 평가에서도 정확성을 발휘할 수 있는지 알기 위해 더닝 교수는 대학교 2학년생들을 실험실로 불러모았다. 그러자 매우 흥미로운 점이 발견되었다.

바로, 우리가 다른 사람들을 평가할 때 매우 구체적인 틀을 사용한다는 사실이다. 간단히 말해, 타인을 평가하는 기준은 자기 자신이었다. 누군가가 똑똑한가? 누군가가 훌륭한 리더인가? 이런 질문에, 그 누군가가 자신과 비슷하다면 긍정적으로 평가할 수 있다는 말이다. 교수는 "만일 실패할 수밖에 없는 과제를 내거나 다른 방법으로 이용해 사람들의 자존심을 건드리면, 이렇게 자존심에 상처를 입은 사람들은 상대방을 더욱 자신과 같다고 생각하는 경향이 있어요." 여러분은 낙담했을 때 어떻게 하는가. 비슷한 처지의 사람들을 찾아서 자신을 위로하는 방법으로 상대를 위로하지 않는가.(그래서 육체노동을 하는 미국인들이 아들 부시에게 표를 던지면서 "나와 비슷하다"는 이유를 대는 걸까?)

"실험실 밖으로 나와도 실험실의 상황과 똑같습니다." 더닝 교수는 종신 재직권이 없는 교수들에게 종신 교수가 되려면 얼마나 많은 논문을 써야 할까를 물어보았다. 그들이 대답한 논문 숫자는 실제 종신 교수들이 최소한의 논문 숫자로 생각한 수보다 상대적으로 적었다. 또, 대학교 2학년생들에게 다른 학생들의 SAT 점수를 알려주고 그들이 "수학 영재"라고 생각하는지 물었다. 그러자 일반적으로 학생들은 자신의 SAT 점수보다 높은 점수를 받은 사람만이 영재라고 생각했다.

결국, 우리 자신이 다른 사람을 판단하는 기준인 셈이다.

또 다른 흥미로운 점은 자신이 관심 있는 주제일수록 더욱 자기중심적이 된다는 것이다. 경영대학원에 가려면 GMAT 점수가 있어야 하는 것처럼, 특정 전공을 하기 위해 꼭 필요한 시험을 준비 중인 학생들이 있다. 의학대학원, 법학대학원 또는 경영대학원을 진학하려는 학생들을 대상으로 연구한 결과, 이들은 테스트가 자신의 분야와 관련이 있으면 자신을 기준으로 삼아 다른 사람들을 평가하는 경향이 더 강했다.

이것을 역으로 생각해보면, 어떤 것이든 주제에 대한 자신의 관심도를 파악할 수 있다. 여러분의 친구들을 보라. 다른 부모들의 가정교육에 대해 평가할 때 자신이 가정교육을 어떻게 시키는지를 기준으로 삼는가? 매력도나 패션 센스는 또 어떤가? 아니면 세부사항에 대한 주의력은? 음악적 취향이나 그 외 다른 것은? 어디에 자기중심적인 평가 기준을 들이대느냐에 따라 사람들의 관심도도 알 수 있게 된다.

● ● 더닝 크루거 효과Dunning-Kruger effect란 무능한 사람들이 자신을 과대평가하는 경향을 일컫는다. 더닝 교수는 사람들에게 유머, 논리, 문법 테스트를 실시하고 자신의 상대적 점수를 예측하라고 했다. 그 결과, 자신의 점수가 상위 62퍼센트에는 들 거라고 예측했던 사람들이 실제로는 하위 12퍼센트였음이 밝혀졌다. 반면 실제로 점수가 높았던 사람들의 예측치는 훨씬 정확했다.

● ● 코넬 대학교의 다른 연구진은 학생들에게 영화를 만들기 위한 아이디어를 생각한 후에 다른 학생들을 설득하라고 했다. 그 아이디어를 글로 썼을 때는 나르시시스트 학생들의 글이 다른 동료에 비해 더 설득력이 있지 않았다. 하지만 실제로 말로 표현하자, 나르시시스트 학생들은 다른 학생들에 비해 표를 50퍼센트나 더 받았다. 그러니 결론은 이거다. 여러분 그룹에 나르시시스트가 있다면, 그 사람에게 상품 개발 업무를 맡기는 것은 금물이며 반드시 프레젠테이션을 맡겨야 한다.

022

잘 통합된 소수가 사회를 움직인다

마이클 컨스(Michael Kearns),
펜실베이니아 대학교, 컴퓨터

일반적으로 네트워크를 연구하는 방법은 두 가지로 나뉜다. 하나는 우리가 트렌드 만들기와 물고기 무리 이야기를 할 때 등장한 프린스턴 대학교의 사이먼 레빈 교수가 한 것처럼, 수학적 모델을 만든 후 이 모델을 여러 곳에 적용하는 것이다. 또 다른 방법은 기존의 네트워크를 연구하는 것인데, 연구를 통해 실제로 나타나는 행동이나 정보의 흐름을 볼 수 있다(예를 들어 《커넥티드Connected》라는 책을 보면 흡연이나 비만 같은 행동이 매사추세츠의 한 동네에서 소셜 네트워크를 통해 어떻게 번져나가는지 자세히 알 수 있다). 첫째 방법을 통해서는 여러분이 네트워크 디자인을 조정하여 이러한 변화가 그 기능에 어떤 영향을 미치는지 볼 수 있다. 둘째 방법을 통해서는 진짜 사람들에게 나타나는 실제 효과를 확인할 수 있다.

하지만 동시에 두 연구를 모두 할 수 있다면 어떻게 될까?

컴퓨터 과학과 정보 과학 분야에서 이름을 떨치고 있으며 펜실베이니아 대학 와튼 스쿨에 재직중인 마이클 컨스 교수는 그 둘을 접목할 방법을 알아냈다. "약 6년 전, 제가 다소 많은 피험자들을 모아서 이 행동 실험을 시작했습니다. 다양한 네트워크 구조를 주고, 그 사람들에게 진짜 돈을 딸 수 있는 게임을 시킨 다음 어떻게 행동하는지 관찰했죠." 그렇게 해서 그는 네트워크를 디자인하고 변화시켰으며, 동시에 실제로 사람들이 어떻게 하는지 볼 수 있었다.

예를 들어, 그의 게임 중 하나에서 피험자들은 색깔을 일치시켜야 했다. 교수는 대학생 36명을 모아서 한 방에 몰아넣고 피험자들끼리만 있도록 한 후 제한 시간 1분을 주었다. 방의 모든 사람은 빨간색 또는 파란색 팻말을 들 수 있었는데, 1분 안에 모든 사람이 똑같은 색으로 통일하면 피험자 전부가 돈을 받고, 아니면 못 받았다. 1분 후, 교수는 네트워크 구조를 바꿔서 똑같은 게임을 다시 했다.

그러니 색깔만 똑같으면 큰 돈을 가져가는 셈이었다. 교수는 "2008

@Robertds

년 민주당 예비선거 직후에 이 실험을 고안했다"고 말한다. 여러분도 민주당원들이 의견 일치에 따른 이득을 크게 보았다는 사실을 기억할지도 모른다. 민주당원들이 클린턴이냐 오바마냐를 더 빨리 결정할수록 당 내부의 분란은 종식되고 한마음이 되어 공화당 공격을 그만큼 빨리 개시할 수 있기 때문이었다. 그러나 의견 일치가 좋기는 하지만, 둘 중 누가 더 적합한 후보인지에 관해 각자 강력한 신념이 있기 때문에 그 과정이 쉽지 않음이 밝혀졌다.

이와 유사하게, 교수는 그의 실험실 게임의 지불금액에 차별성을 두었다. 어떤 사람들에게는 파란색으로 통일하면 0.5달러인 반면, 빨간색으로 통일하면 1.5달러를 주고, 또 어떤 사람들에게는 그 반대를 적용했다. 그러니 금액이 더 많이 걸린 색상을 선택하고 싶겠지만, 금액이 적은 색상도 아예 안 받는 것보다야 나았다. 이 네트워크에서는 사람들이 여전히 돈을 받았을까, 아니면 내분이 일어나 모든 사람이 고통 속에서 빈손으로 집에 돌아갔을까?

이는 네트워크에 따라 달랐다.

예를 들면, 한 실험에서는 피험자 30명에게 파란색에 가산점을 주고, 6명에게만 빨간색에 똑같은 가산점을 주었다. 그리고 빨간색 피험자들의 자리는 주변에 파란색 피험자가 대다수가 되도록 따로 정해 주었다. "우리는 이런 실험과 유사한 실험을 27번 했어요. 그 중 24번의 경우에서 네트워크가 합의에 도달할 수 있었죠." 어떤 색상에 동의를 했는지 짐작이 되는가? 매번, 고도로 연결된 소수의 색상이었다. 소수의 빨간색이 승자였다. "소수자들의 네트워크가 충분히 잘 조직되었을 때, 소수의 의견이 결과를 지배하죠." 자 이쯤 되니 특수 이익을 대변하는 로

비스트의 효과가 떠오르는가?

아니면 앞서 언급한 사이먼 레빈의 이야기가 기억날 것이다. 거기서 그는 헌신적인 소수의 행동이 사회로 퍼져나가고 사회적 기준을 바꾸기 위해서는 잘 조직되어야만 한다는 것을 수학적으로 보여주었다. 컨스 교수의 실험실에서는 그 수학적 모델을 인간 행동으로 볼 수 있다.

하지만 한 가지 흥미로운 사실은 이처럼 "인간 피험자를 개미처럼 행동하게 하는 환경에 집어넣는" 짜여진 네트워크에서조차도, 성격이 결과에 영향을 미친다는 점이다. 상호 협력해야 하는 일치 게임에서 분명하게 나타난 성격적 면모는 완강함이었다. 주변에 온통 여러분의 반대 색상뿐일 때 여러분의 의견을 기꺼이 바꾸겠는가? 그렇지만 고집의 효과가 반드시 나쁜 것은 아니다. 물론 분명히, 네트워크가 너무 유연성이 없다면 개개인이 꼼짝 못하게 갇혀버리고 말 테지만, 그 반대 역시 똑같이 파괴적이다. 만일 모든 사람이 자신의 의견을 쉽게 버리고 네트워크 전체도 그러하다면 네트워크는 어떤 쪽이든 색상 합의를 못보고 계속 의견만 분분할 테니까.

이는 마치 친구들끼리 모였는데 음식점 한 군데조차 정하지 못하는 것과 마찬가지다. 태국 음식점을 갈까? 좋아. 그런데 멕시코 음식점은? 어, 좋아. 아니면 중국 음식점? 그것도 좋네. 그러다가 결국은 전부 찬성하게 되어 뒤죽박죽이 된다. 어떤 시점에서는 네트워크에 어느 정도의 완강함이 필요하다.

또 다른 게임에서, 컨스는 인간들에게 컴퓨터로는 풀기 어려운 게임을 제시했다. 일명 '지도 색칠하기' 퍼즐로 알려진 이 게임에서는 네 가지 색상을 주고 인접한 두 나라끼리는 절대 같은 색상이 되지 않도록 전체 지도를 칠하라고 했다. 예를 들어, 조그만 스위스를 주황색으로 칠했으면 그로 인해 중국의 색상도 영향을 받고, 이렇게 바뀌는 모든 경우의 수를 따지려면 단시간에 아주 복잡한 계산이 필요하다.

하지만 사람들이 스스로 어떤 나라의 역할을 맡아 색칠을 하자 게임은 아주 빨리 끝났다. 교수는 "실험의 종류를 넘어서서 제가 깨달은 것은 사람들이 이런 일을 참으로 능숙하게 해낸다는 것입니다."라고 말하며 더욱 많은 크라우드소싱에 대한 희망을 내비쳤다.

물론 컴퓨터가 사람보다 뛰어난 점도 있고, 한 사람이 여러 사람보다 더 나을 때도 있다. 교수는 "만일 문제를 수많은 조각으로 나눌 수 있다면 크라우드소싱이 가능합니다."라고 설명한다. 하지만 그 조각들이 자체적으로 합의를 이루어야 한다면, 그 문제는 여전히 구식 기술에 의해 풀 수 있다. 스포츠에 비유해 설명을 좀 하려고 하는데, 미리 양해를 부탁드린다(내가 즐기는 스포츠도 아니다). 비유하자면 골프와 마찬가지다.

리들리 스콧 감독의 〈브리튼의 하루Britain in a Day〉는 크라우드소싱 방식으로 제작된 영화로, 2011년 12월 12일에 영국 각지의 사람들이 찍어 보낸 일상들로 이루어졌다.

수백 명의 사람들이 티tee, 골프장에서 공을 치는 위치에서 공을 처낸 후, 최고의 공만 치는 크라우드소싱이 가능하다. 하지만 더 효과적인 방법은 아무래도 전성기 때의 타이거 우즈Tiger Woods 같은 천재가 등장하는 게 아닐까?

여러분의 문제를 생각해보라. 어떤 문제든 상관없다.

핵심은 "모으는 방법"이다. 가령 번개같이 빠른 저녁식사 준비를 위한 30가지 레시피든 아니면 코미디 프로그램 〈몬티 파이튼〉에 나온 최고의 대사든, 아니면 여러분이 쓰고 있는 책 때문에 필요한, 과학자들과의 인터뷰에 관한 친구들의 조언이든. 이런 경우, 페이스북이나 트위터를 비롯한 소셜 네트워크 사이트에 알리는 것이 가장 적절해 보인다. (재미있는 내용이라고 알리거나, 푸는 사람들에게 어떤 식으로든 이득을 주는 것을 잊지 말자.) 문제가 발생한 배경과 선견지명이 필요하면 최고의 전문가를 만나거나 여러분 스스로 전문가가 되는 법을 모색해보자. 아니면, 단순히 화력의 문제인가? 어쩌면 소프트웨어나 더 막강한 장치 또는 둘 모두를 이용할 수도 있을 것이다.

그런 후, 언젠가 이 셋을 모두 사용할 수 있는 중도적인 방법이 나타나기를 바라며 컨스 교수의 실험에 동참하자.(다음의 흥미진진한 글을 보자.)

•• 컨스 교수는 아직은 실현 불가능하지만 언젠가는 성공하고 싶은 연구가 있다고 한다. 오늘날 계산 문제를 내놓고 컴퓨터 네트워크에서 그걸 풀도록 요소를 구성하는 "컴파일러"가 있다. 이를 통해서 여러분은 기억용량이나 중앙처리장치CPU, 또는 가상 대 실제 메모리, 또는 컴퓨터가 가질 만한 또 다른 계산상의 한계에 대한 우려 없이 문제를 만들 수 있다. 교수는 크라이드소싱 컴파일러가 존재한다면 어떻게 될지 상상하는 것이 재미있다고 한다. 이 컴파일러는 문제를 요소별로 나눈 후, 각각의 요소를 풀 최적의 도구를 구성할 것이다. 어떤 부분은 전문기술을 요해서, 최고의 전문가를 찾고 모으고 동기부여를 할 때까지 컴파일러가 국립 과학원의 기록을 일일이 뒤져볼 수도 있다. 또 어떤 부분은 단순한 계산만으로도 문제가 해결되어 컴파일러가 자원만 모으면 될 수도 있다. 또 다른 요소는 크라우드소싱에 최적이어서, 그 부분을 풀기 위해 인간의 네트워크를 얻고자 게임이나 봉급을 인센티브로 제공하면서 인간의 인터넷 세계에 촉수를 뻗을 수 있다.

"우리는 인간의 계산과 컴퓨터의 계산이 서로 협력할 수 있는 새로운 시대로 접어들고 있습니다." 이것은 엄청난 기술이 인간을 지배한다는 옛날의 공상과학 시나리오도 아니며 인간이 기술을 도구로만 사용한다는 오늘날의 모델도 아니다. 이것은 인간과 우리가 만든 기계가 함께 협력하여 각각은 풀 수 없었던 문제를 해결하는 것으로, 완전히 새로운 국면에 접어드는 것이다.

지도 문제

네 가지 색상만 사용하되 인접하는 주는 색상이 모두 다르도록 아래의 지도를 칠하라.

023
·
모두가 행복한 조직을 만드는 법

데이비드 로건(David Logan),
남가주 대학교(USC), 조직행동학

〈서바이버 Survivor 쇼〉를 본 적 있는가? 그렇다면 모든 부족이 동일하게 구성되지 않는다는 걸 알 것이다. 어떤 부족은 원한이 가득하고 억압적이며 자기중심적이며 모함이 판치는 반면, 어떤 부족은 협조적이며 포용적이며 정직하고 심지어 이상적이기까지 하다. USC 마샬 경영대학원의 조직적 커뮤니케이션 전문가인 데이비드 로건은 여러분의 부족을 후자로 만드는 법에 관해 들려준다.

여러분도 이미 짐작했겠지만, 로건은 이런 부족을 대부분 기업 환경에서 연구했는데, 이 부족들을 5단계로 나누었다.

첫째는 그가 "절망적 인생"이라고 부르는 단계다. "이런 조직의 사람들은 개인적인 핵심 가치가 없는 것이 아닙니다. 조직 문화가 당신이 여기에서 살아남으려면 그 가치를 망가뜨려야 한다고 말하는 겁니다." 회사에서 승진하려고 어쩔 수 없이 속임수를 쓰거나 고객들에게 거짓말을 할 수도 있다. 그래서 핵심 가치와 회사의 가치가 상충하며 결국 희망 없는 조직이 된다.

2단계는 조직 전체가 절망적인 것은 아닌데, 각 개인이 "내 삶은 절망적"이라고 생각하는 경우다. "사원들은 '내가 제안을 했는데 아무도 안 듣네.'라고 말합니다. 아니면 책임을 남에게 전가하거나요."

3단계에는 로건이 8년 전부터 기록하고 있는 연구 대상 중 48퍼센트의 조직이 해당된다. 이 단계는 "나는 훌륭한데 너는 아니야."라고 정의된다. 그룹 내에서 다른 사람들과 긍정적인 대인 관계를 맺을 수도 있지만, 함께 협력하지는 않는다. 자신의 아이디어에 동의를 얻으려고 다른 그룹 일원을 귀찮게 굴어 봐도, 핵심 그룹 주변에 2단계의 사람들만 조금 모일 뿐이다.

22퍼센트의 부족은 공유된 가치에서 나오는 정신을 지렛대로 삼음으로써 "나는 훌륭해"를 "우리는 훌륭해"로 확대시킬 수 있는데, 이것이

@Monkey Business Images

4단계다. "그룹이 공동체를 깨닫는 첫 단계입니다." 두 사람이서 대화를 나누는데 대화 중 방해를 받을 때, 그 방해자를 흡수하고 통합할 수 있다면 한 팀이 된 것이다. 같은 부족에 진정으로 속한다면 모든 것이 포용할 이유이고, 배척할 이유는 하나도 없다.

그룹 발달의 4단계에 관해서는 그의 저서 《부족 리더십Tribal Leadership》을 보면 더 자세히 알 수 있다. (존 킹John King과 헤일리 피셔-라이트Halee Fischer-Wright 공저)

여기서 끝이 아니다. 5단계도 있다. "이 단계에서는 놀라운 일이 벌어지죠. 남아프리카에서 보여준 화합이나, 애플 사가 물은 유명한 질문, '어떻게 하면 우리 엄마도 사용할 수 있을 만큼 간단한 컴퓨터를 만들 수 있을까?'와 같은 겁니다." 5단계의 주제는 "삶이 행복하다."이다. 하지만 문제는 5단계가 비현실적이고 시장에는 적용할 수 없을 정도로 이상적일 수도 있다는 것이다. "IT 신생기업이 '우린 현금이 필요 없어. 사람들이 우리 웹사이트를 찾으니까!'라고 말하는 거나 마찬가지죠." 따라서 그는 '우리가 어떻게 역사를 만들지?' 또는 '우리가 어떻게 업계를 뒤흔들지?'와 같은 5단계의 질문을 가끔 던지면서 4단계에 머무르는 것이 이상적이라고 생각한다. 교수의 말에 따르면, "5단계는 순수한 리더십"이다. 4단계는 리더십과 관리가 적절히 혼합되어 있고, 3단계는 리더십은 없고 순수한 관리이며, 그 이하 단계는 심지어 관리 기능도 못한다고 지적한다.

이러한 부족 발전의 5단계 과정은 훌륭하다. 그러나 각 단계를 정의하는 것보다 먹이사슬 윗단계로 올라가는 능력이 더 중요하다. 여러분은 4단계를 염두에 두고 어떻게 기업을 만들 것인가?

맨주먹에서 시작한다면, 신생 기업에 맞는 가장 긴 이력서를 가진 사람을 고용하기보다는 "먼저 가치를 찾아라"는 것이 교수의 조언이다. 그리고 재포Zappo 사의 모토인 "더 적은 것으로 더 많은 것을 창출하는 것이 우리의 신조다."와 같은 가치 성명서를 만들라.

이렇게 자연스럽게 뜻을 같이한 동료들과 만든 조직이 어느 정도 성장을 하고 나면, "이런 핵심 가치들을 표현할 수 있는 계획을 만들라"고 교수는 조언한다. 새 직원이 디너 파티에서 '당신 회사는 무엇을 하는 회사죠?'라는 질문을 받았을 때 내놓을 수 있는 대답만이 아니라 거기에 더해 '회사의 가치는 무엇인가요?'라는 질문에 대한 대답도 제공하라. 가치는 융합할 수 있는 무언가를 전하며, 이렇게 함께 모이면 강력한 부족이 형성된다.

로건의 설명은 이랬다. "영화 〈스타워즈〉 시리즈에서 초기 제다이[Jedi]를 보면, 어둠을 부정하면서 미숙해지고 약해집니다. 하지만 〈제다이의 귀환〉의 말미에서 루크는 악을 물리치지 않고 포용해버리죠. 루크가 제다이를 새로 만들어갈 때 제다이는 여전히 수도승 같고 독신주의자였을까요? 아니죠. 그들은 빛과 어둠 사이의 균형을 잡은 겁니다."

그는 훌륭한 리더의 조건도 이런 균형이라고 생각한다. "제 생각에는 리더들 대부분이 우리보다 더 어두운 면을 가지고 있어요. 그들은 그 힘을 이용할 수 있지만, 항상 그것 때문에 파멸의 위험을 감수해야 합니다." 지미 카터는 훌륭한 사람이지만 대통령으로서는 아주 형편없었다. 교수는 "그가 자신의 어두운 면을 들여다보지 않았다는 것이 그 이유의 하나"라고 설명한다. 그러나 사실, 카터에게 어두운 면이 있기나 한지 나는 잘 모르겠다.

●● 개인의 지능에 관한 연구는 그야말로 넘쳐난다. 특히 측정법, 예측법, 훈련법은 무궁무진하다. 하지만 카네기 멜론 대학교의 연구진이 아주 최근에 그룹의 종합적인 지능에 관한 확실한 증거를 최초로 보여주었다. 똑똑한 그룹을 만드는 요인은 과연 무엇일까? 흔히 그룹 결합력, 동기, 만족도 등을 떠올리겠지만, 흥미롭게도 그런 요인들은 아무런 영향을 미치지 못했다. 많은 연구에서 공통적으로 나타난 3가지 요인은 다음과 같다. ①사회적 민감성, ②구성원들의 발언 기회의 평등함, 즉 한 사람이 대화를 장악하지 않을 것, ③(사회적 민감성 때문인 점도 있지만) 여성의 비율.

024

뒤죽박죽인 세상에서 불안감 줄이기

아론 케이(Aaron Kay),
듀크 대학교, 사회심리학

나는 '일찍 일어나는 새가 벌레를 잡는다.'는 말과 '남에게 해코지를 한 사람은 반드시 해코지를 당한다.'는 말을 모두 믿는다. 이 믿음의 뿌리는 내가 아침형 인간이라는 점과 최소한 몇 년간은 나쁜 짓을 한 적이 없다는 사실에 기인할 것이다. 또한 나는 '악한 행동을 안 하면 그 보상을 받게 될 것'이라고 생각하면 마음이 편하다. 또한 운전을 잘하면 사고를 피할 수 있다고, 그리고 내 아이들에게 책을 읽어주고 내 스마트폰에 아이들 수준에 딱 맞는 유치원 수학 문제를 깔아놓으면 훗날 아이들이 예일 대학교에 합격할 거라고, 또 잘 먹고 운동을 하면 병에 걸려 죽는다든지 하는 일은 피할 수 있다고 믿고 싶다.

듀크 대학교의 사회심리학 교수인 아론 케이에 따르면, 이런 사람은 나 혼자가 아니다. "서양 사람들은 자기가 통제할 수 있는 부분이 많다고 생각하는 경향이 있어요. 좋든 나쁘든, 어떤 일이 일어나건 자신의 행동으로 통제할 수 있다는 거죠." 하지만 가끔은 믿기 어려운 일이 일

북한의 매스 게임 @Chrispyphoto

어난다. 착한 사람이 머리 위로 피아노가 떨어지는 어처구니없는 사고를 당하는가 하면, 게으름뱅이가 복권에 당첨되기도 하니까. "우리는 임의성에 대해서 생각하면 불안감을 느낍니다. 또 그렇게 불안하면 우리가 통제력이 없다고 할지라도 무언가가 있다고 믿고 싶어 하게 되고요."

교수는 실험실에서 사람들에게 이런 임의성에 대해 일깨워줌으로써 통제력이 부족한 사람일수록 권위적인 종교나 정부를 옹호하는 경향을 보인다는 사실을 발견했다. 내가 일찍 일어났는데 벌레가 코빼기도 안 보인다. 그러면 나는 벌레가 없는 데 대해서 논리적인 이유가 있다고 믿고 싶어진다. 신이나 정부에 화살을 돌려야만 한다. 분명히 누군가 이렇게 만든 게 아닐까, 아닌가?

모든 것이 세상에 맞게 돌아가려면 균형을 유지할 필요가 있는 개인적인, 내적인 저울을 떠올려보라(기울기가 여러분의 불안을 의미한다). 저울의 한쪽 팔은 통제, 다른 쪽 팔은 세상에서 일어나는 사건이다. '통제'는 개인적 통제, 국가의 통제, 종교의 통제, 이 3가지로 구성되며, '세상의 사건'은 질서가 있을 때도 있고 제멋대로 발생할 때도 있다.

자, 그러면 개인의 통제에서 추를 몇 개 내려보자. 형이상학적인 저울이 균형을 잡으려면, 국가나 종교의 통제력 중 어느 한 쪽이나 둘 다를 높여야 한다.

이제는 국가의 통제에서 추를 하나 내려보자. 케이 교수는 중요한 선거 전, 정부가 불안정한 기간 동안 종교에 대한 믿음이 증가하는 현상을 보여주었다. 즉 정부 통제가 줄어드는 것을 종교적 통제를 늘려서 상쇄하려고 한 것이다. 이와 유사하게, 미국에서 종교적 통제가 강한 것이 정부 통제가 적기를 바라는 마음과 관련이 있는 것처럼 보인다. "개인적 또는 정부의 통제가 거의 없는 나라에서는 초자연적인 믿음을 더 많이 가진다는 것을 알 수 있습니다."라고 교수는 설명한다.

하지만 통제가 지나치게 없어서 불안을 느낀 사람들이 정부나 종교의, 또는 개인적 통제를 늘려서 불안감을 해소하는 것처럼, 거꾸로 통제가 지나치게 강하면 사람들은 억압감을 느끼고 빠져나오려고 한다. 가령, 독재 국가의 혁명적인 프롤레타

밀라노 대성당 @Ron Lima

리아 계급이나 억압적인 부모 아래에 있는 10대 소녀의 경우를 떠올려보라.

자, 지금 내가 계속 저울에 비유를 하고 있으니 이미 알아차렸겠지만, 핵심은 '균형'이다. 물론 통제가 지나칠 때 그것을 없애는 법은 알고 있을 것이다. 하지만 억압감을 느끼면 여러분이 원하는 통제력을 얻기가 어려워진다. 확실히, 통제력이 있는 교회나 정당에 가입하는(또는 전지전능한 신을 혼자 믿는 등) 방법도 있지만, 스스로 의지를 다져서 혼자서도 개인적 통제력을 높일 수 있다. 현재를 일일 계획으로 더 명확하게 하되, 온전히 자신의 선택으로 정하는 시간을 꼭 넣도록 하자. (이 책에서 시나 아이엔가 관련 항목을 참조하자.) 목록, 일정, 장기적 인생계획을 통해서 미래를 명확히 설정하자.

주변을 통제하게 되면, 뒤죽박죽인 세상에서 생기는 불안감을 감소시킬 수 있다.

•• 아론 케이와 동료들은 캐나다 여성들을 두 집단으로 나누어 이민에 관한 글을 읽게 했다. 한 집단은 앞으로 5년간 다른 나라로 이민 가는 것이 더 쉬워질 거라는 내용을, 다른 집단은 그와 반대로 이민이 더 어려워질 거라는 내용을 읽었다. 그런 후, 양쪽에게 캐나다의 성차별에 관한 단락을 똑같이 읽게 했다. 이들 두 집단은 불평등을 어떻게 보았을까? 이민이 어려워진다는 글을 읽은 집단은 남녀차별 문제를 국가 전체 시스템의 문제로 확대해석하면 안 된다고 보았다. 정책이든 가난이든 어쩔 수 없이 그 나라에서 살아야 하는 사람들은 현 체제를 긍정적으로 옹호하는 경향이 있었다.

•• 오래된 논쟁거리지만, 완벽주의 성향은 결과를 더 좋게 만들까, 아니면 완벽주의자만 상처를 입게 될까? 캐나다 댈하우지 대학교의 연구진은 후자에 대한 설득력 있는 증거를 발견했다. 완벽주의 성향을 가진 심리학 교수들은 저널 논문도 적고, 인용되는 횟수도 적으며, 자기들이 '별로 뛰어나지도 못하면서 자부심만 강하다고' 생각하는 동료에 비해 명성도 더 낮은 저널에 논문을 출간했다.

025

너의 죄를 사하노라

노르베르트 슈바르츠(Norbert Schwarz),
미시간 대학교, 사회심리학

비누를 맛본 적 있는가? 짓이긴 애벌레나 갈매기 똥을 먹는 것에 비할 만큼 끔찍하지는 않다. 그저 톡 쏘는 화학적인 맛과 코를 자극하는 향기가 놀랍도록 오래 가는 제품일 뿐이다. 나는 이 글을 쓸 목적으로 도브 비누를 우적우적 씹었을 뿐만 아니라 어렸을 때 먹어 본 기억이 떠오르기 때문에 그 맛을 잘 안다고 말할 수 있다.

좀 더 큰 관점에서 그것을 생각해보자.

미시간 대학교의 사회심리학 교수인 노르베르트 슈바르츠는 이렇게 말한다. "혐오감은 우리가 시체나 배설물을 만지지 않기 위해 생긴 진화론적인 메커니즘입니다. 혹시라도 만졌을 경우에는 만진 손을 씻죠." 그는 도덕성이 이런 혐오감 경로를 차용했다고 생각한다. 간단히 말하면, 부도덕은 불결함을 접했을 때 느끼는 혐오감과 똑같은 감정을 유발한다는 것이다. 그는 그래서 대부분의 종교에 죄를 사하는 의식이 있다고 지적한다. 그리고 만일 불결함과 부도덕함이 같은 경로를 공유한다면, 또 만일 불결함 때문에 청결에 대한 욕망이 생긴다면, 부도덕함 역시 씻고자 하는 욕구를 일으켜야 한다는 논리가 이치에 맞다고 한다.

그럴싸하게 들린다. 하지만 근거는 어디 있는가?

슈바르츠 교수는 그 증거를 찾기 위해서 멋진 실험을 생각해냈다. 피험자들에게 자신이 법률회사 직원이라고 생각하라고 했다. 그리고 다음과 같은 상황을 주었다. 승진 자리를 놓고 피험자와 경쟁관계에 있는 다른 직원이 있다. 그러던 어느 날, 경쟁자가 중요한 서류가 안 보인다며 여러분에게 같이 찾아달라고 부탁한다. 물론, 그 서류는 여러분 캐비닛 안에 있었다. 자, 어떻게 해야 할 것인가? 교수는 윤리적 조건과 비윤리적 조건을 나누어서 피험자들에게 지시를 내렸다. 윤리적 조건에서는 경쟁자에게 전화를 하거나 이메일을 보내서 찾았다고 털어놓으라고 했고, 비윤리적 조건에서는 역시 전화나 이메일을 하되, 거짓말을 하라고 시켰다(어떡하죠, 아직 못 찾았는데).

그리고 피험자들에게 그것으로 실험은 끝이라고 전했다. 그런 후, 이들에게 사고 싶은 제품 범위와 가격대에 대해 간단한 설문조사 중이니 응해달라고 부탁했다.

거짓말을 하라고 지시받은 피험자들은 손 세정제와 가글액에 관심이 있고 이 제품들에 돈을 더 쓸 의향이 있다고 했

@David Schliepp

다. 정말 재미있지 않은가? 양심에 가책을 느낀 피험자들이 씻고 싶어 하다니. 하지만 더 재미있는 사실이 있다. 거짓말을 전화로 한 피험자들은 가글액을 원했던 반면, 이메일로 한 피험자들은 손 세정제를 원했다.

거짓말을 한 사람들은 똑같이 정화를 원할 뿐만 아니라 거짓과 관계된 신체 부위에 맞는 정화를 원했던 것이다.

진화론적으로 거슬러 올라가 보면 그 어디에선가 우리의 조상이 입의 부도덕함은 비누로 씻어야 한다는 사실을 깨달은 것이리라. 하지만 비누로 할 수 있는 것은 죄를 씻는 것만이 아니다.

'사후합리화' 현상이라는 널리 알려진 현상이 있다. 1차 선호도 조사에서, 선호도에 따라 목록 10개를 작성하라고 할 때에, 일반적으로는 5위와 6위 사이에 유의미한 차이가 없다. 그럼에도 이미 한 번 순서를 매겼다는 이유 때문에 거꾸로 선호도를 더욱 확실히 표현하게 된다. 그래서 2차 선호도 조사에서는 6위보다 5위에 있는 것을 더 좋아하게 되는 현상이 나타난다. 이렇게 하여 두뇌는 불확실한 세계에서 확실성을 만든다. 교수는 1차와 2차 선호도 조사 사이에 다른 과정을 하나 삽입하여 이 사후합리화 현상을 연구했다. 1차 조사가 끝나고 2차 조사가 시작되기 전, 피험자들에게 물티슈에 관한 의견을 말하거나 아니면 실제로 사용하도록 지시를 했다. 그러자 이런 결과가 나왔다. "실제로 물티슈를 사용한 사람들은 선호도도 닦아낸 것 같더군요." 그래서 마치 순위를 매긴 적이 없는 것 같은 효과가 나왔다. 보통은 선택한 제품과 선택하지 않은 제품 사이의 선호도는 아주 뚜렷한 차이가 나기 마련인데, 물티슈로 손을 닦고 나자 마치 피험자의 마음도 닦아낸 듯 '새 마음'이 되어 버렸다.

그와 유사하게 도박 실험도 진행했다. 일반적으로 내기에서 돈을 따면 다음번에는 더 높은 금액을 걸고, 잃고 난 다음에는 (비합리적인 인간 심리 덕분에) 금액을 적게 건다. 교수의 실험에서는 첫 베팅을 하고 난 후 피험자 중 절반에게 비누를 주고서 냄새를 맡고 그에 대해 말해보라고 하고, 나머지 절반에게는 실제로 손을 씻게 했다. 물티슈 실험과 똑같이, 실제로 비누로 손을 씻은 피험자들은 이전에 자신이 돈을 땄는지 잃었는지에 관해서도 지워버렸다. 그래서 그전 베팅의 결과가 그 다음번 베팅에 영향을 미치지 않았다.

셰익스피어의 비극 〈맥베스〉에서 남편을 왕으로 만들기 위해 살인에 가담한 맥베스 부인은 죄책감에 시달리며 이렇게 외친다. "사라져라, 저주받은 핏자국이여!"

따라서 정화는 종교에서만 등장하는 이야기가 아니다. 실생활에서도 과거의 영향을 없애고 새 사람으로 거듭나게 하니까. 불미스러운 행동을 했다거나, 잘못된 선택이나 경험을 한 경우 그걸 감쪽같이 지워준다. 미래가 과거와 무관하다면, 아니 그러기를 바란다면 그 방법은 아주 가까이에 있다. 샤워를 하라.

● ● 슈바르츠의 다른 실험은 재채기에 관한 것이다. 실험요원을 몰래 투입해서 수업을 받으러 가는 피험자들과 복도에서 스쳐 지나가게 했다. 피험자 중 절반은 재채기를 하는 실험요원을, 나머지 절반은 재채기를 하지 않는 실험요원을 스쳐 지나갔다. 결과는 그다지 놀랍지 않을 수도 있다. 피험자에게 일반인들이 치명적인 병에 걸릴 확률에 대해 물어보자, 재채기하는 모습을 본 피험자들은 그 모습을 보지 못한 피험자들보다 확률을 더 높게 추정했다. 여기에서 한 가지 흥미로운 점은 다른 위험에 대한 추정도 증가했다는 것이다. 그들은 자신이 심장마비로 죽거나 폭력 범죄의 희생자가 될 거라고 생각했다. 교수는 재채기 때문에 그와 관련한 위험뿐 아니라 관계없는 위험까지도 기억나는 것이라며, 재채기를 "위험 상기요소"라고 말했다.

026

사랑하면 알게 되고 알게 되면 보이나니

폴 블룸(Paul Bloom),
예일 대학교, 심리학

가격과 만족 사이의 관계는 아주 복잡하다. 한편으로, 우리가 어떤 물건에 관심이 있는지 없는지는 그 물건의 가격을 보면 알 수 있다. 사람들이 좋아하는 물건일수록 가격이 높아진다. (공급과 수요를 맞추는 것도 가격이다.) 다른 한편으로, 가격은 우리에게 만족을 주기도 한다. 만일 A라는 포도주를 선물받았는데 그게 B라는 포도주보다 더 비싸다는 말을 들으면, A 포도주가 맛도 더 훌륭할 거라는 생각이 든다.

누구나 익히 아는 사실이다.

하지만 우리가 그 비싼 포도주를 더 좋아하는 이유는 도대체 무엇일까? 예일 대학교의 심리학과 교수이자 《우리는 왜 빠져드는가?》How Pleasure Works》의 저자인 폴 블룸은 이렇게 생각한다. 물건을 통해서 얻는 기쁨은 단순히 물건 자체만이 아니라 "누가 그걸 만들었느냐, 어떤 사람들이 그 물건과 관련되었느냐, 우리가 그 물건에 관해 무엇을 얼마나 알고 있느냐 같은, 이른바 물건의 역사"에서 온다. 이 역사야말로 물건의 본질이자 돈으로 매길 수 없는 가치다. 우리가 물건에 감성적인 가치를 두거나 비이성적으로 집착하게 되는 이유이기도 하고 말이다. 그래서 수백만 달러에 팔린 그림이 위조품으로 판명 나면 아무것도 아닌 종잇조각으로 전락하고 마는 것이다. 그렇다. 겉으로 보이는 모습은 똑같지만 그 안의 본질이 바뀌었기 때문이다.

예술작품이나 포도주를 찾는 작자들이 속물이라는 걸 난 진즉부터 알았지.

하지만 예술품과 포도주 애호가들이 물건의 역사를 중시하는 게 정말 속물근성 때문일까? 블룸과 공동저자인 브루스 후드Bruce Hood는 이런 본질주의essentialism의 효과를 연구하기 위해서 아이들을 실험실에 모았다. 이들 중 반은 담요, 동물 인형 등 자신에게 중요한 물건을 가져왔

@Ieva Vincerzevskiene

고, 나머지 반은 정서적인 가치가 없는 장난감을 가져왔다. 블룸과 후드는 이 물건들을 전부 모아 기계 안에다 넣었는데, 아이들에게는 그 기계를 "복제 기계"라고 말해두었다. 그러니까 이 기계를 통과하면 완전히 똑같은 장난감이 하나 더 만들어지는 셈이었다. "복제" 후, 연구진은 아이들에게 원래 것과 새로 복제된 것 중 어느 것을

집에 가져가고 싶은지 물었다. 그러자 정서적 가치가 없는 장난감을 가져온 아이들은 복제품을 택했다. 과학의 후광을 입은 복제품이 더 멋있게 느껴졌던 것이다. 반면 애착이 형성된 물건을 가지고 온 아이들은 거의 예외없이 원래 물건을 고집했다. 그러니까, 아이들이 연구진이 자신의 그 소중한 물건을 기계에 넣도록 허락한 경우에 한해서 말이다.

(겉으로 보기에는) 똑같은 물건이었지만 정서적 가치는 옮겨지지 않았으며, 따라서 아이들은 본질적 가치가 그대로인 원래 물건을 고집했다.

"어른들도 마찬가지입니다. 남들 눈에는 아무것도 아니지만 자신에게만 소중한 물건이 누구에게나 있기 마련이거든요." 나로 말하자면 상자에 넣어 차고에 모셔둔 야구 카드가 그렇다. 1986년판 톱스Topps 카드 세트 전체는 아마존 닷컴에서 고작 24.95달러밖에 나가지 않는다. 내가 열 살 때, 지하실 탁구대에서 숫자 대신 점으로 표시된 이 792장의 카드를 순서가 맞는지 일일이 확인하며 분류했던 기억이 아직도 또렷하다. 통계에 대해서도, 가치에 대해서도 알았던 나는 낱장은 안 샀다. 대신 각 팩에서 빈틈을 메울 수 있기를 바랐다. 24.95달러라는 가격표는 아무래도 좋다. 나는 최소 9500달러는 받아야겠다. 누구 사실 분?

다시 포도주로 돌아가 보자. 그런 사치품에서 우리가 얻는 지극히 주관적인 만족은 왜 생기는 걸까? 그리고 어떻게 그 만족을 더 키울 수 있을까? 블룸의 말은 이렇다. "무언가를 힘들게 얻을수록, 만족도는 더 높아집니다. 음악도 알면 모르던 때와는 다르게 들리죠. 음식 맛은 내가 무얼 먹고 있다고 생각하느냐에 전적으로 달려 있습니다. 성욕은 내가 상대를 어떻게 생각하느냐에 달려 있고요."

옛말에 아는 것이 힘이라더니, 힘만이 아니라 만족도 주는 것이다.

그러니 무언가로부터 더 만족을 얻으려면 지식을 늘려라. 물론 가격은 포도주에서 꼭 알아야 할 중요한 정보 중 하나다. 가격이 높다는 것은 다른 사람들이 그 포도주를 좋게 평가했다는 뜻이니까. 하지만 다른 정보가 있다면 가격을 몰라도 된다. 피노pinot를 좋아하면 2006년 캘리포니아 주 산타바버라의 포도 수확이 좋았다는 것도 알 것이다. 그걸 안다면 가격을 몰라도 2006년 밥콕 피노Bobcock Pinot가 품질이 좋다는 것을 알 수 있다. 제일 아래 선반에 있어도 꺼낼 것이고 매장 점원에게 잔에 좀 담아 달라고 요청할 수도 있을 것이다.

다른 어떤 것도 마찬가지다. 정보는 본질을 만들고, 본질은 만족감을 준다. 여러분의 배우자가 여러분에게는 전혀 의미가 없는 취미를 즐기는가? 그렇다면 거기에 대해서 알아보라. 그러면 기쁨도 커질 것이다. 도그피시 헤드 지역 양조장과 버드 라이트 사의 맥주맛의 차이를 모르겠다면 양조 수업을 들어보라. 휴가를 더욱 즐기고 싶다면 그곳의 본질, 즉 역사와 문화에 대해 배워라.

가격이 아니라 지식을 이용해 본질을 더하면 더 적은 돈으로 더 큰 기쁨을 누릴 수 있다.

행복의 가격

조는 시간당 21.75달러를 버는 프리랜서다. 조가 포도주를 좋아한다고 하자. 포도주 한 병의 정보(지역, 양조장, 연도, 등)를 한 시간 공부할 때마다 그녀의 즐거움은 그 병의 절반 값으로 다시 같은 포도주 한 병을 사는 것만큼 커진다. 한 시간 일하는 것보다 포도주에 대해 한 시간 공부하는 것의 만족도가 더 높아지려면 포도주 한 병의 가격이 얼마여야 하는가?

2부

알수록 **부자가 되는** 생활 속의 **과학**

027

다이어트는 8시간으로 결정난다

삿치다난다 판다(Satchidananda Panda),
솔트 연구소, 조절 생물학

"미국 질병통제센터Center for Disease Control and Prevention, CDC에서 발표한 당뇨병 환자 발병 분포도와 나사의 야간 위성지도를 겹쳐놓으면 어떻게 될까요? 거의 똑같이 겹쳐질걸요." 솔크 연구소의 조절생물학자인 삿치다

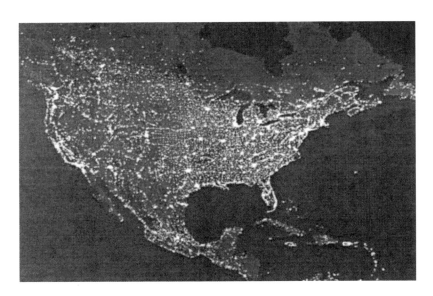

난다 판다 박사가 말문을 연다. 밤에 불빛이 많은 지역일수록 당뇨병 발병률도 높다. 간도 잠을 자야 하기 때문이란다. 물론 간이 진짜 '수면 시간'이 필요한 것은 아니고, 다만 매일 일정한 금식 시간이 필요하다는 뜻이다. 인류가 잠 자는 것 외에는 할 것이 없었던 문명 발달 이전에는 '암흑의 밤 시간'이 곧 자연스러운 금식 시간이었다.

박사는 이렇게 설명한다. "사람은 원래 주행성 동물이에요. 하지만 불을 다룰 줄 알게 되면서 주행성에서 야행성 영역으로 이동했죠." 해가 떠 있는 내내 사냥을 하다가 해가 진 후 요리를 만들어 먹는 일이 하루아침에 가능해진 것이다. 그러다가 전기가 발명되고 산업혁명이 일어나자 인류는 여기서 한 걸음 더 나아갔다. 즉 '밤에도 훤히 불을 켜서 24시간 내내 생산시설을 가동할 수 있는데 왜 낮에만 일을 해야 하지?'라는 생각을 떠올린 것이다. 이리하여 교대근무가 생겨났다.

박사는 야간 근무자들은 대사질환에 걸릴 확률이 150퍼센트 더 높다고 설명한다. 또한 미국인들의 평균 텔레비전 시청시간이 매월 160시간에 가까우며, "1억~1억 2000명의 생활 속 교대 근무자"가 있다고 덧붙인다. 나사의 야간 위성지도가 당뇨병 환자 발병 분포도와 겹쳐지는 이유가 무엇일까? 공장의 불빛? 천만의 말씀! 가장 큰 이유는 일몰 후에도 각 가정에서 꺼질 줄 모르고 켜져 있는 텔레비전 화면 때문이다. 텔레비전에 현혹된 미국인들이 마치 교대 근무자처럼 똑같이 활동하기로 결정한 것이다. 박사는 "이런 사람들은 모든 종류의 대사질환에 걸릴 확률이 더 높습니다."라고 경고한다.

이 경고가 당연하게 여겨지는 근거는 다음과 같다. 우선 깨어 있는 시간이 많을수록 먹는 음식의 양도 늘어난다. 판다 박사는 미국인들이 섭취하는 하루 칼로리의 30퍼센트는 오후 8시 이후에 먹는 음식이 차지한다고 설명한다. 야간 음성지도라도 그릴 수 있다면, 텔레비전 화면이 켜진 곳에서 우적우적 씹는 소리도 엄청 크게 들릴 게 분명하다.

불행히도 야식의 영향은 단순히 체중이 몇 킬로그램 더 찌는 게 전부가 아니다.

우리 몸에서 간을 좀 더 자세히 살펴보자. 간은 넘치는 칼로리를 글리코겐으로 저장해 뒀다 공복시에 포도당으로 전환하여 에너지원으로 사용한다. 사실, 세포 내 소기관인 미토콘드리아가 이 역할을 담당하는데, 수많은 단세포 생물의 기관이 그렇듯 미토콘드리아도 끊임없이 죽고 분열하면서 결과적으로 간에서 일정한 수를 유지한다. 대개 음식 섭취량이 감소되(어야 하)는 밤에 미토콘드리아의 분열작업이 진행된다.

박사는 "신체 장기들이 건강을 유지할 수 있는 것은 생체시계가 하루 중 기능을 분산시켜 일하기 때문"이라고 설명한다. 미토콘드리아는 멀

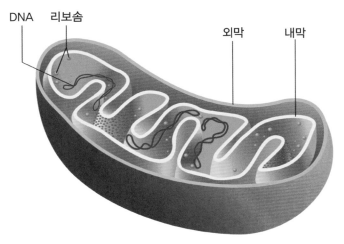

미토콘드리아

티태스킹에 능숙하지 않기 때문에 분열하면서 다른 업무까지 수행해야 한다면 DNA를 잘못 복제할 가능성이 훨씬 커진다. 시간이 지나면 돌연변이가 발생하고, 따라서 전체 대사 활동에 문제가 생긴다.

간의 생체시계는 해시계를 따르지 않기 때문에 단순히 빛과 어둠의 양을 파악해서 시간에 따라 생체기능을 운영하지 않는다. 박사의 설명에 따르면, 간은 우리가 먹는 시간에 따라 정보를 얻는다고 한다. 즉 우리가 자기 전에 마지막으로 먹은 때가 언제인지 알아내서, 분열하기에 안전한지를 미토콘드리아에게 알려주는 것이다. 박사가 이어서 설명한다. "그런데 깨어 있는 동안 계속 음식을 먹으면, 마지막으로 먹은 시간 정보가 계속해서 들어옵니다. 그러면 간의 생체시계가 혼란을 느끼고, 따라서 금식 시간을 모르게 됩니다."

인류가 전기 없이 수백만 년을 살아오는 동안 우리의 신체는 전기가 없었던 그 오랜 기간에 맞게 최적화되었다. 간단히 말해, 신체가 야간 근무에 맞게 적응할 시간이 부족했다. 즉 주말이면 밤에, 또 주중이 되면 낮에 자는 식으로 우리의 생체시계를 갑자기 바꾸기가 어렵다는 말이다.

박사는 쥐를 가지고 이것을 실험했다. 쥐를 두 집단으로 나누어서, 하루에 8시간만 먹이를 먹였던 쥐(그룹1)에게 갑자기 16시간 동안 먹이를 먹는 쥐(그룹2)와 동일한 칼로리를 먹였다. 먹는 시간은 달라도 두 그룹의 쥐가 섭취한 1일 총칼로리가 동일했으니 건강에는 큰 차이가 없을 거라고 생각할지도 모른다. 하지만 실험 결과, 8시간 동안 먹이를 먹었던 그룹 1의 쥐들이 더 오래 살았다. 그리고 이 그룹 1의 쥐들의 몸무게가 당연히 늘었을 거라고 생각하겠지만, 결과는 예상을 빗나갔다.

고열량 식단이라도 8시간 동안만 먹은 쥐는 살이 찌지 않았다.

박사의 부연설명을 들어보자. "전 세계에 있는 100세 노인들을 보시면 각자 식단도 다르고 직업도 다릅니다. 그렇지만 단 한 가지 공통점은 계획된 식습관 유형을 반드시 지킨다는 거죠. 또한 저녁 식사를 일찍 하고 금식 시간을 가진다는 것도요."

따라서 결론을 이렇다. 장수하고 싶으면 야식은 먹지 말자. 현재의 고열량 식단을 그대로 유지하면서 살을 빼고 싶다면 8시간 내에만 먹도록 하자.

● ● **생체시계의 원리는 무엇일까?**

판다 박사는 주위 빛의 강도를 측정하는 광색소인 멜라놉신melanopsin이 안구에 있는 세포 때문에 발현한다는 사실을 밝혀냈다. 빛의 양이 많을수록 멜라놉신이 더 발현되고, 그 결과 우리의 생체시계는 더욱 각성된다. 밤에 잘 잠들지 못하는 노인 중에서는 물체를 보는 데에는 아무런 문제가 없지만 멜라놉신 생산이 잘못되어 빛의 강도를 감지하지 못하는 경우도 있다. 또 로스앤젤레스에서 출발한 비행기를 타고 뉴욕에 도착했을 때 눈이 말똥말똥한 상태라서 잠들기 어렵다면 멜라놉신 생산을 차단하는 약을 복용하면 된다.

● ● 태어난 후 쭉 헤어져서 자란 일란성 쌍둥이를 연구한 스웨덴의 연구진에 따르면, 수명을 결정하는 요인으로는 유전보다 생활양식의 영향이 더 크다고 한다. 이 연구 내용은 《뉴욕타임스》에 실렸는데, 여기에서 제인 브로디Jane Brody는 장수 비법으로 "3R", 즉 "결단력resolution, 기지resourcefulness, 회복력resilience"을 꼽았다. 이외에도 외향성, 낙천적 성격, 자아 존중감, 사회에 대한 강한 유대감도 인간 수명에 긍정적인 영향을 미친다.

028

학습 효과를 높이는 묘책

로버트 비요크(Robert Bjork),
캘리포니아 대학교 버클리 캠퍼스(UCLA), 심리학

이 책에 실린 약 100가지의 기술을 통해서 여러분은 아주 멋진 사람으로 거듭날 수 있다. 하지만 여러분이 그런 기술들을 제대로 사용할 수 있느냐는 다음 한 가지 요인에 달려 있다. 그것은 바로 '학습력'이다. 배우면 배울수록 더 멋진 사람이 되는 건 분명하니, 이번 내용이 얼마나 중요한 내용인지 알 수 있을 것이다.

우선 여러분 앞에 공부할 거리가 잔뜩 쌓여 있을 때, 어떻게 공부를 시작하면 좋을지 생각해보자. UCLA 대학의 저명한 심리학 교수인 로버트 비요크는 "사람들은 '덩어리'로 학습하는 경향이 있어서, 하나를 완전히 마스터하고 나서야 그 다음 과정으로 넘어가려고 합니다."라고 말한다. 하지만 교수가 권하는 방식은 그와는 달리 여러 가지를 섞어서 학습하는 방식이다. 예를 들어 테니스를 배운다면 한 시간 내내 테니스 서브만 연습할 것이 아니라, 백핸드, 발리, 오버헤드스매시, 풋워크 등 여러 기술을 섞어서 연습하는 것이다. "그러면 학습이 어렵게 느껴지면

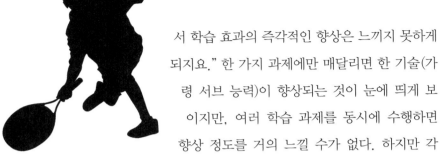

@Sabri Deniz Kizil

서 학습 효과의 즉각적인 향상은 느끼지 못하게 되지요." 한 가지 과제에만 매달리면 한 기술(가령 서브 능력)이 향상되는 것이 눈에 띄게 보이지만, 여러 학습 과제를 동시에 수행하면 향상 정도를 거의 느낄 수가 없다. 하지만 각 과제에 투자한 시간이 동일하다고 가정할 때, 시간이 지나면 후자의 총합이 전자의 총합을 넘어선다.

비요크 교수는 복합 과제 학습을 성공적으로 해내면 각 기술이 다른 기술 사이에서 "정착"하게 되어, "정보를 다른 정보와의 관계를 통해 이해하고, 그런 식으로 학습하고 기억하면 학습효과가 훨씬 더 강력해진다."라고 설명했다.

단 주의할 점이 있다. 학습 과정에 넣을 작은 기술들이 고차적인 방식으로 연관되어야 한다는 것이다. 즉 테니스를 배울 때에는, 서브, 백핸드, 발리, 오버헤드스매시, 풋워크를 서로 섞어 연습해야지, 서브를 수중발레, 유럽국가의 수도, 자바 프로그램과 같이 학습하도록 섞으면 안 된다는 말이다.

또한 이런 팁은 일반화시킬 수도 있어서, 수학, 불어, 사교댄스 등 어떤 것을 선택해도, 섞어서 다양화시키는 학습법은 효과를 발휘한다.

그와 비슷하게, 공부하는 장소를 딱 한 곳으로만 한정하면 다른 곳에서는 그 정보를 잘 떠올리지 못할 수도 있다. 교수는 만약 여러분이 기숙사 방이나 사무실, 혹은 도서관 2층 아늑한 곳 말고 다른 곳에서도 그 정보를 떠올려 쓸 일이 있다면 다양하게 장소를 바꿔가며 공부하라고 권한다.

이와 연관되어 간격효과spacing effect라는 것이 있는데, 이 이론은 헤르만 에빙하우스Hermann Ebbinghaus, 망각곡선으로 유명한 독일 심리학자가 1885년에 처음 주장했다. 비요크 교수는 이렇게 말했다. "공부를 한 후 시간이 지날수록 더 많이 망각한다는 것이 실험을 통해 입증되었죠." 당연한 사실이다. 받아들인 정보는 잊어버리기 마련이니까. 그런데 여기서 흥미로운 점은, 공부와 복습 사이의 시간이 길수록 복습을 통해 기억에 남는 정보가 많아진다는 것이다. 교수는 그 현상을 이렇게 설명한다. "기억을 할 때, 우리는 단순히 정보만 기억하는 게 아닙니다. 요컨대 재생을 하는 게 아니라는 거죠. 우리가 회상할 수 있는 것은 앞으로도 떠올리기가 더 쉽습니다. 성공적으로 기억을 해낸다면, 기억하기까지 과정이 어렵고 복잡할수록 득이 되죠." 자, 그런데 여기서 "성공적으로 기억을 해낸다면"이라는 단서에 주의해야 한다. 즉 제일 처음 학습할 때 정보가 어

적의 기밀문서를 통째로 암기해 버리는 스파이가 등장하는 알프레드 히치콕 감독의 영화 〈39계단〉의 한 장면. 로버트 도냇이 맡은 이 주인공은 스파이는 초인적 기억력으로 이름을 떨친 실존인물, 솔로몬 V. 셰르솁스키를 모델로 했다.

렵게 기억나려면, 복습을 하기까지 시간 간격을 두어야 한다는 것이다. 그 후에 저장된 기억에서 꺼내오는 일이 어려울수록, 2차 학습의 효과가 더 강화된다. 즉 복습을 일찍 하면 기억하기가 너무 쉬워서 학습효과가 오히려 떨어진다는 이야기다.

또한 교수는 노트 필기도 수업 중에 하기보다는 수업이 끝난 직후에 하라고 권한다. 그렇게 강의 내용을 기억하려고 애쓰면 칠판에 적힌 것을 그냥 베끼는 것보다 더 효과적이라는 것이다. "속기사 같은 방식을 벗어나세요. 그리고 애를 써 가며 기억하려고 하세요. 그렇게 노력할수록 더 많이 배우고, 더 많이 배울수록 더 멋진 사람이 되는 거죠."

●● 비요크 교수가 말하는 "망각을 망각하기"

"사람들은 대개 학습이 기억 속에 무언가를 저장하는 과정이며, 망각은 그 저장한 무언가를 잃는 것이라고 생각합니다. 하지만 어떤 면에서는 오히려 그 반대지요." 예를 들어, 여러분이 무언가를 학습하면 실제로는 절대 잊어버릴 수 없다. 어린 시절 가장 친했던 친구의 전화번호가 기억나는가? 안 난다고? 물론 그럴 가능성이 크다. 그러나 그 번호를 다시 들어보면 처음 듣는 전화번호를 외우는 것보다 훨씬 빠르고 쉽게 외워진다는 게 교수의 설명이다. 그러니 그 옛날 전화번호는 잊어버린 게 아니라 기억 속 어딘가에 존재한다. 단지 기억해내기가 좀 어려울 뿐이다.

망각이 학습하는 데 최대의 적이라고 생각한다면, 이것도 어떤 면에서는 잘못된 생각이다. 교수는 학습과 망각, 이 둘은 상생관계이며 사실 망각이 기억을 돕는다고 말한다. "인간의 기억 저장고는 무한하기 때문에, 하나하나를 모조리 기억하면 언젠가는 문제가 생길 수 있어요. 지금껏 살았던 집 전화번호를 모두 기억한다고 해보세요. 누군가가 지금 집 전화번호를 물었는데, 옛날 전화번호까지 전부 기억이 난다면 그중에서 찾아내야 하잖아요." 그러니 과거 전화번호를 잊어버리거나, 적어도 떠올리기 어려워지면 오히려 득이 되는 셈이다. 일생일대의 적이라고 생각했던 망각은 사실 멀리 보면 협력자에 가깝다.

● ● 사실 학습보다 더 중요한 게 있다. 캘리포니아 대학교 데이비스 캠퍼스 심리학과의 딘 키스 사이먼턴Dean Keith Simonton 교수는 여러분이 천재가 되는 법을 알고 있다. 우선의 높은 지능, 천부적인 재능, 또는 엄청난 업적 중에서 당신이 되고 싶은 "천재"의 정의를 골라보라. 아니다. 있는 그대로 현실을 직시하자. 솔직히, 메릴린 보스 사반트Marilyn vos Savant처럼 IQ가 228인지 또는 자신에게 천부적인 재능이 있는지, 여러분은 자신에 대해 이미 알지 않는가.

하지만 "특정 분야의 천재"는 훈련으로 만들 수 있다. 누구나 어떤 분야에서는 발군의 실력을 가진 '제2의 미켈란젤로'가 될 수 있다. 교수의 말에 의하면 더러 자신의 분야를 파악하는 데 남들보다 훨씬 많은 시간이 필요한 사람들도 있다. 그러니 아직까지 발견하지 못했다면 계속해서 찾아보자. 전정▪이든, 루빅스큐브든, 돔 천정 안쪽에 〈천지창조〉 그리기든, 일단 자신의 분야를 찾으면, 특정 분야의 기술을 발달시키는 데에는 10년간의 각고의 노력이 필요하다고 교수는 덧붙인다.

여러분의 재능을 찾을 때는 넓은 분야에서 찾고, 적극적으로 임하라. 그러고 나서 히말라야 산맥의 높은 동굴에 가서 10년 동안 기술을 연마하라. 그러면 동굴에서 나왔을 때 여러분은 천재가 되어 있을 것이다.

▪ 나무를 새나 동물 같은 장식적인 모양으로 다듬는 것

029

지배와 사랑의 몸짓언어

데이비드 기븐스(David Givens),
비언어 연구소, 인류학

허풍을 떨 필요가 없는 사람이 있을까? 사업을 하거나 스포츠 경기를
할 때, 또 이성과 사귈 때에도, 일명 '뻥'은 실제 모습보다 더 강력해(또
는 더 연약해) 보이는 데 매우 유용한 기술이다. 워싱턴 스포캔 시에 있
는 비언어연구소 소장인 데이비드 기븐스는 "우리는 얼굴 표정을 조절
하는 법을 학습합니다."고 말한다. 살포시 웃느냐, 찡그리느냐 또는 도
발적인 방식으로 표현하느냐는 각자 사람에 따라 다르겠지만. 그리고
사람들은 다른 사람의 얼굴 표정에 주의를 기울이는 법도 학습한다. 효
과적으로 뻥을 치거나 다른 사람의 속마음을 알고 싶으면 상대방의 신
체에 집중해야 한다.

기븐스는 "어깨의 움직임은 인위적으로 학습될 가능성이 거의 없
죠."라고 덧붙인다.

예를 들어, 어깨를 으쓱하는 행동은 반사적이고, 계산적인 두뇌에 의
해 걸러지지 않기 때문에 진짜 생각을 드러낸다.

@Photomyeye

그 이유는, 으쓱하는 행동이 '도마뱀의 뇌'인간의 뇌를 크게 세 부분으로 분류했을 때, 생명 유지에 필요한 기능을 담당하는 가장 원시적인 부분으로 '생명의 뇌' 또는 '파충류의 뇌'라고도 부른다.에서 나오기 때문이다. 이 부위는 복종을 표현하는 법을 안다. 그 방법은 움츠리는 것이다. 구체적으로 설명하자면, 실제 도마뱀은 앞다리 아랫부분을 바깥쪽으로 돌리면서 머리를 움츠려 몸을 낮춘다. 포유류도 마찬가지로 이 자세를 할 수 있다. 추수감사절 때 우리 래브라도 리트리버가 칠면조 요리에 머리를 파묻고 몰래 훔쳐먹다가 내게 딱 걸렸을 때 바로 이 모습을 했다. 우리는 이런 자세를 웅크린다고 표현한다. 인간에게서는 "위험해!"라는 말을 들었을 때 반사적으로 나오는 자세이자, 전 세계 공통적으로 복종과 자신 없음을 나타낼 때 하는 행동이다.

웅크리는 것의 반대는 뭐라고 할까? 기븐스는 이를 일명 "반중력 신호"라고 부른다. 사람이 말을 하면서 팔을 뻗어서 손바닥을 아래로 내리는 제스처, 또는 우두머리 도마뱀이 우월함을 과시하는 곧추선 제스처를 말한다. 교수는 "군인이나 사업가들은 어깨를 더 키우거나 유니폼이나 정장으로 어깨가 더욱 도드라지게 해서 이런 제스처를 모방하려고 합니다."라고 설명한다. 앞서 말했던 우리 개는 다람쥐가 현관이나 (무슨 이유에서인지) 호박 위에 앉아 있을 때 크게 위협을 느껴서 이에 맞서려고 목덜미 털을 꼿꼿이 세워서 위협한다. 어깨를 더 부풀릴수록 더 힘이 세어 보이기 때문이다.

이제 여러분이 이렇게 위협적인 모습을 충분히 보여주었다면, 그 다음에는 내면의 부드러운 면을 다시 찾고 싶을지도 모른다. 지배와 굴복을 나타내는 신호가 진화를 통해 우리에게 새겨져 있듯이, 사랑에도 선천적인 신호가 있다.(인정하시길. 이 신호 때문에 여러분이 이 부분을 계속 읽고 있는 것이 아닌가.) 여러분은 머리카락을 쓸어 올려 목을 드러내 보이거나 한쪽 눈썹을 올리며 배시시 웃는 행동의 의미를 알고 있다. 하지만 두 발을 발끝이 마주 보도록 안쪽으로 모으는 행동의 의미도 알고 있을까? 기븐스는 이런 행동이 끌림을 나타내는 확실한 징표라고 말한다. 발가락을 안으로 모으는 것은 긍정의 의미인 반면, 휴식을 취하는 군인을 연상시키는, 발가락을 바깥으로 뻗은 자세는 "오늘은 거절, 영원히 거절할지도 모름"이라는 의미를 담고 있다.

연약하고 여성적인 포즈를 보여주는 베티 붑

또한, 머리의 각도 역시 초대에서 거절까지 다양한 의미를 담고 있다. 머리를 숙이고 눈을 위로 치켜떠 요염하게 바라보는 자세를 이야기하면 로렌 바콜이 험프리 보가트를 유혹하는 그 유명한 영화 속 장면이 떠오를 것이다두 사람이 주연을 맡은 하드보일드 영화 〈딥 슬립〉을 말함. 그 반대로 턱을 추켜올리고 시선을 내리까는 모습은 부정적인 의미를 뜻한다. 이는 확실한 멸시의 표현이다.

발끝을 안쪽으로 모으고, 연약함의 표시로 어깨를 으쓱하면서 머리를 숙인다면 긍정의 표시다. 깜찍한 말괄량이 베티 붑 이미지와 비슷한 이 모습, 그려지는가?

기브스는 자연 관찰을 통해서 이런 신호의 의미를 파악할 수 있다고 한다. 내가 생각할 때는 '자신의 목적'에 따라 이런 신호를 악용할 수도 있을 법도 하다. 이런 신호들이 쌓이면 정보를 무의식적으로 전달할 뿐 아니라 상대와 주고받을 수도 있다.

바에서 본 특별한 누군가와 잘 해보고 싶은가? 그렇다면 발끝을 안쪽으로 모으고 머리를 갸우뚱하면서 어깨를 부드럽게 으쓱해보시라. 단 실전에 돌입하기 전에 거울 앞에서 미리 연습해두는 편이 좋을 것이다.

● ● 데이비드 기브스가 쓴 책 중에는 《러브 시그널Love Signals》과 《직장에서의 신체Your body at Work》도 있다. 그의 온라인 비언어 사전 주소는 www.center-for-nonverbal-studies.org.이다.

● ● 몸짓언어는 생명체만의 영역이 아니다. MIT 미디어랩의 신시아 브리질Cynthia Breazeal은 비언어 소통 영역을 뒤집어놓을 로봇을 발명했다. 브리질은 "의사와 환자 또는 선생과 학생 사이에 비언어 소통이 이루어지면 건강도 향상되고 학습효과도 좋아지는 것을 보았어요."라고 말하면서, 자신의 로봇에서도 똑같은 결과가 나왔다고 한다. 즉 체중감량용 또는 교육용 로봇이 귀띔, 설득, 회유 그리고 닦달 같은 방법을 이용자의 성격에 맞게 사용했을 때 가장 효과적인 결과를 낳았다. 그리고 브리질은 여기에서 한 발 더 나아갔다. "우리는 일종의 거울 뉴런 장치가 있는 로봇으로 실험을 했어요." 두 뇌에 있는 신경세포인 거울 뉴런은 타인의 행동을 마음속으로 모방하고 따라서 타인의 감정과 의도를 이해하게 해준다. 이와 유사하게, 이제 그녀의 로봇은 제스처와 사용자의 반응 패턴을 모방하는 법을 배움으로써 더 많은 사랑을 받고, 또 더 큰 효과를 발휘하고 있다.

030

과소비의 늪 피해가기

니로 시바나탄(Niro Sivanathan),
런던 비즈니스 스쿨, 조직행동학

사치는 신분의 상징이다. 사람들은 내가 이 정도는 살 형편이 된다는 걸 보여주려고 4000만 원짜리 에르메스 버킨 핸드백을 손에 들거나 10억짜리 맥라렌 F1을 몬다. 자신이 속한 사회를 상징적으로 보여주는 것이 사치품이다. 혹자는 사치품이 유전자의 우수성과 배우자로서의 가치를 나타내준다고 말하기도 한다.

적어도 대중적인 설명은 그렇다.

런던 비즈니스 스쿨의 조직행동학 교수인 니로 시바나탄은 그 이론을 검증하는 실험에 착수했다. 교수는 피험자 150명을 모아서 자존감을 떨어뜨렸다. 자존감이 심각하게 짓밟힌 피험자들은 자존감을 잃지 않은 피험자들보다 고급 차와 시계에 돈을 더 많이 쓸 의사를 보였다. 하지만 흥미롭게도, 피험자들은 자존감에 상처를 입었다 해도 신분과 관계없는, 즉 이른바 사치품이 아닌 일상적인 물건 구매에는 돈을 더 많이 쓸 의향을 보이지 않았다.

교수의 말을 빌리면, "자존감이 낮은 사람들은 지위를 보여주는 상품을 구입해서 무너진 자존감을 보상하려는 경향이 있는" 셈이다. 자신에게 무언가 부족한 것 같으면, 이를 보충하려고 자신만의 소비방법을 찾는다는 것이다.

그러니 자존감이 떨어지면 쇼핑은 금물이다. 과소비를 하게 될 테니까.

하지만 이건 시작에 불과하다.

후속 실험에서 교수는 미국 소비자들의 자존감을 측정하는 횡단 조사를 한 후, 피험자들에

@Stockyimages

게 고급 차에 관해 읽게 하고 그 가격을 직접 제시하도록 했다. 예상했을 수도 있겠지만, 연봉이 5만 233달러(약 5500만 원) 이하인 사람들은 매우 자존감이 낮았다. 그리고 이들은 차에 대해 더 높은 돈을 지불하겠다고 했다. 교수는 "사회경제적 지위가 낮은 사람들은 자존감에 상처를 입고 호화 제품을 구입하는 과소비를 하기 쉽습니다."고 설명한다.

신용카드를 사용하는 경향이 두드러진 것을 보면 이 점이 확연히 드러난다. 왜냐하면 신용카드를 사용하면 실제로 내 돈이 다른 사람에게 넘어갔다는 사실이 잘 실감 나지 않기 때문이다. (이 책의 목차에서 브라이언 너트슨 교수가 쓴 글을 찾아보라.)

이런 요인들이 모이면 교수가 "소비 유사流沙, quicksand, 바람이나 물에 의해 아래로

흘러내리는 모래로 한번 빠지면 나오기가 매우 힘들다."라고 부르는 현상이 나타난다. "자존감이 낮으면 신용카드를 함부로 사용할 가능성이 더 큽니다. 그리하여 빚에 시달리고, 그러면 자존감이 더 낮아지면서 씀씀이는 더 헤퍼지죠. 위험한 악순환의 고리가 형성되는 겁니다."

이 소비의 늪이 남의 일 같지 않은가? 그렇다면 이제는 악순환의 고리를 깨보자. 교수의 조언을 들어보시라.

이어진 연구에서, 교수는 자존감이 낮아진 피험자들에게 고가의 물건을 충동구매하기 전에 가족, 건강, 행복과 같은 가치 있는 것을 떠올려보라고 권했다. 그렇게 관심의 초점이 다른 데로 쏠린 피험자들은 사치품들의 가격을 앞서보다 낮게 평가하는 추세를 보였다.

교수는 그것을 두고 "자아 보호도 소비를 하는 이유에 속한다"고 설명한다. 그러나 자신감을 찾는 방법은 여러 가지다. 자신에게 중요한 것에 대해 생각해 보는 시간을 갖는 것도 그 중 하나다. 그러니 우울하다고 백화점으로 직행하거나 마음은 포르쉐에 가 있으면서 괜히 미니밴을 사겠다고 중고차 매장을 헤집고 다니기 전에, 쇼핑은 일단 당연히

@Dgareri

금하고, 잠시 짬을 내어 자신의 우선순위에 관해 생각해보라. 그러면 잃어버린 자존심을 물건으로 채우려는 잘못된 생각으로부터 자신을 지킬 수 있으리라.

● ● 니로 시바나탄 교수는 기업 승진 토너먼트에 대한 연구도 했다. 기업 승진 토너먼트란 회사의 중책 자리가 비었을 때 주로 사용되는, 규칙을 정해두고 후보자들을 경쟁시키는 방식이다. 교수는 이렇게 설명한다. "배리 본즈가 홈런을 더 많이 치기 위해서 스테로이드를 복용했듯이, 후보자들은 방해 공작을 펼치고, 뇌물을 주고, 앞으로 나가기 위해 위험을 마다하지 않았습니다." 〈서바이버〉 쇼에서처럼, 이들은 처음에는 가장 약한 후보자를 탈락시키다가 중반쯤에는 전략을 바꾸어서 가장 강한 후보자를 탈락시켰다. 이에 대해 그는 "이런 식으로 하면 기업들은 최고의 사업가가 아니라 상황에 능수능란한 최고의 미꾸라지를 CEO로 뽑게 됩니다."라는 경고의 말을 던졌다.

031

이베이에서 낙찰가 높이는 법

질리언 구(Gillian Ku),
런던 비즈니스 스쿨, 조직행동학

시카고와 뉴욕에서는 스위스에서 수입한 아이디어를 바탕으로 지역 예술가들을 고용해 유리섬유로 만든 소 형상을 전시하는 행사인 카우 퍼레이드를 열었다. 이 소들은 전시 기간에는 도시의 공공장소들을 장식했고, 전시기간이 끝난 후에는 경매에 올려져 수익금을 기부했다. 토론토의 무스, 보스턴의 대구, 세인트 폴의 스누피 등, 전 세계 도시들도

카우 퍼레이드는 1998년 스위스에서 시작된 자선행사로, 전세계 각국의 디자이너들이 소의 형상을 모티브로 만든 다양한 전시물을 설치한다.

각자 자기 시의 상징 동물을 이용해서 같은 행사를 열었다.

카우 퍼레이드 전시회 덕분에 시의 예산 금고가 채워지고, 낙찰된 사람들의 뒤뜰이 싸구려 전시품들로 채워졌으며 더불어 방대한 경매 자료도 쌓였다. 도시의 상징 동물을 만들어 페인트를 칠한 형상물을 어떻게 하면 가장 비싼 가격에 팔 수 있을까? 방법은 한 곳에 입찰자들을 모아놓고 시간 압박을 조금씩 주면서 경쟁을 유발하는 것이다. 입찰자들 사이에 감정이 고조되면 판매가는 더욱 높아진다. 간단히 말해, 사람들이 평정심을 잃으면 지갑을 더 쉽게 열게 된다.

런던 비즈니스 스쿨 조교수인 질리언 구는 인터넷 경매에서도 똑같은 현상이 벌어질지 궁금해졌다. 그리고 교수는 닉네임 '브라운카우'라는 판매자가 토미 바하마 티셔츠를 팔면서 상품을 설명하는 방식을 눈여겨보았다. "판매자가 셔츠에 대해서 사실과 과장을 섞어서 조작을 하더군요." 왜 있지 않은가. 여러분이 입기만 하면 처음 보는 사람들이, 그것도 엄청 멋진 사람들이 여러분에게 홀딱 반해 그 옷을 벗겨버리려고 덤벼드는, 그런 세상에서 가장 놀라운 티셔츠라고 말이다. 그건 뻥이다. 그리고 그 뻥 덕분에 토미 바하마 셔츠는 잘 팔렸다.

단, 다른 몇 가지 사항이 맞을 경우에만 그랬다. 그중 하나는 "경매 시작가"였다. 자, 흥미로운 이야기는 여기서부터 시작이니 깜짝 놀랄 준비들 하시라.

교수는 이베이의 시작가가 전통적인 경제학의 개념을 완전히 뒤엎는다는 것을 알게 되었다. "원래는 기준가격이 가장 중요해야 합니다." 즉 처음부터 경매가가 높아야만 물품이 가치 있게 여겨지면서 판매가도 높아진다는 뜻이다. 아이폰 출시가를 599달러로 정해서 나중에 299달러로 낮췄던 스티브 잡스의 전략도 이 전통적인 경제논리를 따른 것이 었다. 559달러에서 299달러라니, 횡재한 기분이 든 소비자들은 당연히 처음보다 쉽게 지갑을 열게 된다. 그러나 이베이에서는 달랐다. 다시 말해, "이베이에서는 경매 시작가를 낮게 매긴 제품이 더 비싸게 팔렸습니다."

그러나 이 역시 다른 몇 가지 사항이 맞을 경우에만 그러했다.

우선 팔려는 제품의 철자를 잘못 쓰면 안 된다. 철자를 잘못 쓰면 최종 낙찰가가 시작가에 비례한다는 고전 경제학의 원리가 다시 적용된다. 그리고 최저경매가가 있으면 낮은 시작가의 효과가 사라진다.

이렇게 되자 교수의 눈에 패턴이 들어왔다. 교수는 핵심이 "트래픽(교통량)"이라고 말했다. 시작가가 낮으면 진입 장벽이 낮아진다. 즉, 더 많은 사람들이 클릭을 하고, 이에 따라 진지하게 입찰을 하는 사람의 수도 자연히 늘어난다. 호기심 삼아 클릭했던 사람들도 눈을 더욱 크게 뜨고 응시하며 아직 입찰가가 낮을 때 한 번이라도 더 참여한다. 게다가 트래픽이 높아지면 늘어난 페이지뷰 수와 입찰자 수를 통해 물품의 가치가 확연히 드러난다. 이 많은 사람들이 보고 갔다면 높은 가치가 있다는 것은 뻔하지 않은가! 책 한 권을 살 때에도 온라인 서점에 가서 독자가 남긴 리뷰 숫자로 책의 가치를 평가하는 것과 마찬가지다.

자, 다시 정리를 해보자. 트래픽이 낮으면 시작가를 높임으로써 기대도 높여라. 그리고 정확한 방식으로 전문적으로 보이게끔 설명을 하라. 물품명에 오타가 나서 극히 소수의 방문자가 온다면, 사람들이 '즉시 구매' 버튼을 클릭하기를 바라고만 있는 수밖에 없다. 물품이 너무 틈새시장에 속하는 것이어도 방문자 수가 당연히 적을 것이다. 그렇다면 사람들의 관심을 끌려면 대체 어떻게 해야 할까? 그 비법은 시작가를 낮추고 최저 경매가격은 없애고 물품 상세설명은 크게 부풀리는 것! 그게 바로 사람들의 맹목적 경쟁심에 불을 붙이는 방법이다. 전 세계에 곳곳에서 얼룩무늬 소 형상 열풍이 분 이유도, 또 이베이에서 최종 낙찰가를 높이는 비결도 결국 여기에 있다.

● ● 교수와 동료는 협상에서는 앞의 연구와 정반대 결과가 나타난다는 사실을 알아냈다. 회사나 중고차를 내놓을 때, 또는 연봉 협상을 할 때 높게 부를수록 결국 최종 협상가도 높았던 것이다. 이베이와 왜 이렇게 차이가 나는 것일까? 핵심은 예상되는 입찰자의 수에 있었다. 협상 테이블에 앉는 바이어의 수는 얼마 되지 않으므로, 일단 가격을 높게 불러놓고 시작하는 것이 가장 좋은 전략이다.

032

영아에게 절대음감을 가르쳐라

다이애나 도이치(Diana Deutsch),
캘리포니아 대학교 샌디에이고 캠퍼스(UCSD), 청각심리학

음악 신동이 되면 좋은 일이 한두 가지가 아니다. 왜냐하면 대화도, 유혹의 손짓도, 요리 실력도, 선물 공세도, 섹시함도, 성적 매력도 다 필요 없이, 오로지 음악만으로 상대방의 마음을 사로잡으면 되니까.

거장이 되는 길은 자신과 시간과 노력을 맞바꾸는 결과(1만 시간의 연습을 포함해 10년간의 각고의 노력)라는 연구가 많지만 지금부터 음악의 거장이 되는 지름길을 알려드릴 테니 그만큼 절약한 시간을 연인과 즐기는 데에나 쓰도록 하자. 방법은 간단하다. 절대음감을 갖고 태어나면 된다. 다시 말해, 음을 듣고 이름을 말할 수 있는 선천적인 능력만 있으면 된다. 정말로 음악을 들을 줄 알게 되면, 악기를 통해 그것을 드러내는 것은 타자를 치는 것처럼 간단

@Bloopiers

한 일이다.(일반적으로는⋯⋯.)

하지만 절대음감을 갖고 태어난 경우에는 누구보다 자신이 먼저 안다. 같은 비행기에 탄 사람들의 휘파람 소리가 음정이 안 맞아서 육체적으로 괴로울 정도니까.(오케스트라 리코더 신동이었다가 후에 대학에서 헤비메탈 기타를 연주하고 환경 건축을 공부한 내 친구 아리엘이 해 준 이야기다.) 최근까지만 해도 전문가들은 절대 음감을 선천적인 재능으로만 생각했다. 마음속 귀에 음정을 보관할 수 있든가 없든가, 둘 중 하나로만 보았다. 그래서 태어날 때 이 재능이 없으면 유일한 희망은 상대 음감을 피나도록 훈련해서 아차상을 받는 것뿐이었다. 예를 들어서, 〈오버 더 레인보우〉의 가사에 있는 "way up high" 부분이나 마일스 데이비스의 〈올 블루스〉의 유명한 음정이 장6도라는 것을 외우는 것이다. 또, 〈반짝 반짝 작은별〉의 첫 마디가 완전5도라는 것도. 이렇게 음정을 배우면, 그 다음에는 제일 첫 음만 주어지면 나머지도 알아맞힐 수 있다. 전 세계 대학에서 진행되는 음악 수업을 보라. 교수가 음을 치고 이름을 알려주고 그 후에 다른 음을 들려주면, 상대 음감을 완전히 습득한 학생들은 둘째 음 이름을 말할 수 있다.

그런데 첫 음 이름은 어떻게 붙이는 걸까? 절대 음감은? 연습 시간은 없애고 즐기는 시간은 영원히 늘릴 수 있는 지름길은?

UCSD 교수이자 음악지각인지학회 학회장인 다이애나 도이치는 절대 음감이 훈련으로 습득가능하다고 말한다. 단, 어릴 때 배우기 시작한 경우에 한해서다.

그녀의 이론은 어느 정도는 착각에 기반을 두고 있다.

음악에서는 3온음^{tritone}이란 한 옥타브를 정확하게 반으로 나눈 음정을 말한다. 예를 들어, C와 F#, D와 G#도 3온음이다. 종교재판 당시에는 3온음은 '음악의 악마'라고 불리면서 금지되었다. 오늘날 그것은 〈심슨 가족〉 테마의 시작음으로 쓰이며, 대니 엘프먼이 음악 감독을 맡은 팀 버튼의 영화 음악에서도 한번 들으면 알 수 있는 특징적인 음색으로 활약한다. 자, 이제 이것을 한 번 생각해보자. 영국의 구급차 사이렌 소리처럼 C와 F#를 반복해서 듣는다면, 실제로 그 패턴이 상승음계인지(C–F#, 반복), 아니면 하강음계(F#–C, 반복)인지 알 수 있을까? 사실, 정답은 '알 수 없다'이다.

그렇지만 자신이 그 둘 중 어느 하나로 판단한다는 점이 중요하다. 모든 음계에는 반음계가 있고, 어느 3온음이 연주되었는가에 따라서 사람들은 그것을 상승음계 또는 하강음계로 인식한다. 그리고 그 뒤로

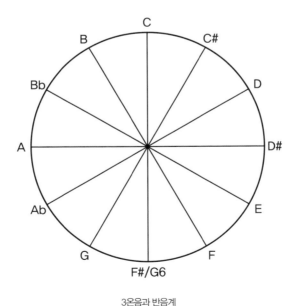

3온음과 반음계

도 그 인식은 바뀌지 않고 고정된다. 도이치 교수는 이 '3온음 패러독스'를 발견하고 이것을 "절대 음감의 잠재된 형태"라고 말했다. 정확히는 모르지만, 어떤 식으로든 우리 모두는 음계를 고정하고 마음속에 새긴다.

그런데 추상적인 음정을 기억하는 것이 보편적이라면서 왜 그 능력을 통해 음을 듣고 바로 그 이름을 알아맞히는 사람의 수는 적은 것일까? 왜 우리 모두가 음악 신동이 될 수 없는 걸까?

도이치 교수는 고정 음감이 실제로 절대 음감으로 발전 가능하다는 사실을 발견했다. 단, 특정 문화권에 한해서다.

미국인 한사람 한사람은 저마다 3온음 패러독스에 대한 고정된 인식을 갖고 있다. 여러분이 C-F#-C-F#를 상승음계로 듣는다면 여러분의 친구 바브는 그것을 하강음계로 들을지도 모른다. 즉 한 문화 전체로 보면, 미국인들은 3온음을 저마다 다르게 듣는다. 그러나 여기 흥미로운 점이 있다. 베트남에서는 국민 대부분이 3온음 패러독스를 똑같은 방식으로 듣는다는 것이다. 즉 그들에게는 3온음이 개인 단위가 아니라 문화 단위로 고정되어 있다.

도이치 박사는 그 원인이 언어라고 설명했다. 베트남어나 성조가 있는 다른 언어권에서는 "마"라는 단어가 그 높낮이에 따라 의미가 전혀 달라진다. 그래서 영아들은 아주 어릴 때부터 특정 음과 특정 의미를 짝짓는 법을 자연스레 터득한다. 그리고 나면 그 이후에도 이와 똑같은 두뇌 메커니즘을 쉽게 사용하기 때문에 A, B, C와 같은 음이름과 음을 쉽게 짝짓는 것이다. 교수가 싱가포르 콘서바토리와 아시아의 다른 음악 학교로부터 자료를 수집해서 분석하자 예상대로의 결과가 나타났다. 언어에 성조가 있는 곳에서는 절대 음감 보유자의 수가 훨씬 높았다.

교수는 영어 사용자들에게도 유사한 메커니즘을 만드는 것이 가능할지도 모른다고 생각한다. 그래서 "집에 키보드가 있으면 자녀가 이해하는 상징기호를 스티커에 적어서 음마다 붙이라."고 권한다. 아이가 글자를 깨치기 전에 동물농장에 있는 여러 동물을 구분한다거나, 가족사진 속의 가족들 또는 색깔을 구분한다면, 키보드에 동물, 가족, 색상 스티커를 이용해서 이름을 붙여라. 가령, 모든 G음은 소, 모든 F음은 돼지 등. 그러면 꼬마 베토벤이 음과 의미(어떤 의미도 괜찮다!)를 짝짓기하는 법을 배우기 시작할 것이다. 그러고 나서, 아이가 글자를 익히고 난 후에 음 이름으로 바꿔주기만 하면 된다.

"이런 짝짓기 능력은 4세쯤에 완성되는 듯합니다."라는 교수의 의견으로 볼 때, 이 글을 읽는 여러분은 음악 신동이 되기에는 안타깝게도 너무 늦었다. 그러나 낙담 마시라. 조기교육으로 여러분의 자녀를 신동으로 만드는 건 가능할지 모르니까.

● ● 다이애나 도이치 교수의 홈페이지(http://deutsch.ucsd.eduf)를 방문하면 3온음 패러독스의 예와 더 흥미로운 청각적 착각에 대한 정보를 찾을 수 있다.

● ● 여러분은 흥분이나 위안을 느끼고 싶을 때 어떤 음악을 찾아 틀면 되는지 안다. 또, 인터넷 라디오 방송국인 판도라나, 신곡을 추천해주는 아이튠즈의 "지니어스" 기능과 같은 서비스도 알고 있을 것이다. 하지만 레드 제플린의 〈스테어웨이 투 헤븐〉처럼 처음에는 잔잔하다가 나중에는 시끄럽거나 또는 그 반대인 곡, 또는 독창과 합창을 왔다 갔다 하는 곡들은 어떤가? 드렉셀 대학교의 김영무 교수는 노래에 대한 실시간 데이터를 수집하기 위해 무드스윙(MoodSwings, http://music.ece.drexel.edu/mssp)이라는 온라인 게임을 만들었다. 여러분은 노래를 들으면서 커서를 감정에 따라 라벨이 붙은 4분원 주위로 움직이고, 이전의 사용자들이 가장 많이 고른 영역과 여러분의 커서가 겹치면 점수가 높아진다. 김 교수는 "기분이 아주 엉망인데 기분전환을 하고 싶다고 생각해보세요."고 권한다. 무드스윙은 어떤 기분을 느끼고 싶은지를 알아내어 그에 딱 맞는 곡을 골라줄 것이다.

033

상상하라! 살이 빠진다

케리 모어웨지(Carey Morewedge),
카네기멜론 대학교, 의사결정학

엠앤엠스 초콜릿을 떠올려보자. 그 주글주글한 봉지, 그 안에서 딱딱한 껍질이 부딪히는 소리를. 입안으로 한 알을 던져 넣으면 껍질이 사르르 녹으면서 달콤함이 퍼진다. 여러분은 초콜릿을 어떻게 먹는 스타일인 가? 서서히 녹여서? 아니면 와작 깨물어서?

이렇게 맛있는 상상만으로도 입에 침이 고이리라(나야 뭐 벌써⋯⋯). 엠앤엠스 초콜릿을 당장 먹고 싶을 것이다. 카네기멜론 대학의 의사결 정학 교수인 케리 모어웨지도 그것이 당연하다고 말한다. "스테이크나 담배 냄새, 또는 그에 관한 생각처럼, 원하는 자극에 대한 단서가 더욱 민감한 반응을 이끌어낸다는 연구가 많습니다." 냄새나 기억을 떠올리 는 것만으로도 그것을 원하는 마음은 한층 더 강해진다.

아니나 다를까, 엠앤엠스 초콜릿을 한 통에서 다른 통으로 옮기는 상 상을 하라고 한 다음 간식으로 엠앤엠스를 주자, 피험자들은 초콜릿을 더 많이 먹었다. 민감해지고 식욕이 더 커져 더 많이 먹을 준비가 된 것이었다.

하지만 피험자들에게 초콜릿을 실제로 먹는 상상을 하라고 하자, 그들은 나중에 초콜릿을 더 적게 먹었다. 피험자들이 더 많이 먹는 상상을 할수록 실제로는 더 적게 먹었다. 체다치즈

@Dvmsimages

스낵도 마찬가지로, 상상 속에서 더 많이 먹은 사람일수록 실제 섭취량이 더 적었다.

연구의 결과는 명확했다. 특정 음식을 먹는 상상을 하면 실제 생활에서는 그 음식에 대한 식욕이 감소한다는 것이다.

스포츠 경기를 보려고 집에 오자마자 소파에 앉아 텔레비전을 켜기 전에 우선 감자칩을 먹는 장면을 상상하시라. 또는 벤 앤 제리^{Ben & Jerry's} 아이스크림 공장 견학을 가기 전에 우선 아이스크림을 먹고 가시라. 그러면 실제 유혹이 코앞에 있어도 덜 먹게 된다.

이러는 이유가 뭘까? 먹는 상상만으로 포만감을 느꼈기 때문일까?

교수는 그것을 확인하기 위해 피험자들에게 초콜릿이나 체다치즈 스낵을 먹는 상상을 하라고 했다. 그리고 치즈를 주었더니, 치즈 스낵을 먹는 상상을 했던 피험자들만 적게 먹었다. 그러니 과식을 예방한다는 상상 속의 포만감이 상상만은 아닌 셈이다. 단순히 음식을 알리는 신호는 더욱 민감하게 자극하는 데 반해, 음식을 먹는 것에 대한 상상은 식

욕을 둔하게 만드는 것이다. 케이크 한 조각은 아주 달콤하기 그지없고, 두 조각째에도 맛있다고 생각하다가 세 조각이 되면 맛은 그럭저럭 덜해지고 네 조각째에는 도저히 먹기 힘들어지는 것과 똑같다. 이미 몇 조각을 먹은 상상을 하면 실제로 먹을 때 즐거움은 감소된다.

교수는 "하지만 다른 종류의 자극에 노출되면 그 효과는 사라집니다."라고 경고한다. 즉 감자칩의 유혹에 시달리면 감자칩을 먹는 상상을 해야 하고, 아이스크림이라면 실제 아이스크림을 먹는 상상을 해야 한다. 다가오는 추수감사절에 접할 풍성한 음식의 유혹을 목록으로 작성하고 나서 엉뚱하게 고구마를 먹는 상상을 하면 이전에 음식을 먹는 상상을 통해 얻은 예방 효과를 없애버리는 격이다.

하지만 여러분 자신이 어떤 음식의 유혹을 받게 될지 미리 알 수 있다면, 그 음식을 먹는 상상을 하시라. 더 많이 할수록 더 효과적이다. 그러면 나중에 여러분 앞에 실제 음식이 놓였을 때 더 적게 먹게 된다.

● ● 마음의 건강한 작용에 대해서 말이 나온 김에 하버드 의대의 연구를 소개하겠다. 연구 결과, 복용하는 약이 활성 성분 active ingredient 을 뺀 가짜 약 플라시보 (사실, 약통에 플라시보라고 적혀 있다.)라고 정확히 안내를 받은 환자들은 플라시보를 받지 않은 다른 환자들보다 훨씬 건강이 향상되었다. 아직은 연구가 더 요하지만, 논문 저자들은 약을 먹는 것(무슨 약이든) 그 자체에 대한 "의학적 환상"이 그 원인임을 암시한다.

034

"위안"과 "음식"을 분리하면
다이어트는 성공한다

마크 윌슨(Mark Wilson),
여키스 국립영장류 연구센터, 정신생물학

에머리 대학 여키스 국립 영장류연구센터의 정신생물학 교수인 마크 윌슨은 "당신이 살아 있는 동안 느껴야 하는 행복감의 총량을 X라고 하면, 그것을 느끼는 방식은 여러 가지가 있을 수 있습니다."라고 말한다. 교수의 연구실에 있는 원숭이들이 이런 행복감을 느끼는 한 가지 방식은 자신이 무리에서 서열 1위라는 사실을 통해서다.

하지만 다른 방법도 있다.

윌슨은 원숭이들에게 바나나맛 사료를 줬는데, 이 사료는 보통 때 먹던 사료보다 훨씬 단맛이 진했다. 이미 예상했겠지만, 모든 원숭이가 바나나맛 사료를 더 좋아했다. 누구든 안 그러겠는가. 하지만 다음의 사실에 주의를 기울여보자. 서열의 꼭대기에 있는 원숭이들은 바나나맛 사료의 칼로리 섭취를 원래 사료와 아주 비슷하게 조절했다.

그러나 그 아래의 원숭이들은 조절하지 않고 그냥 마음껏 먹었다.

사실, 우두머리 원숭이는 낮에 바나나맛 사료를 조금씩 먹은 반면,

@Acon Cheng

부하 원숭이는 단 것을 입에 가득 저장하느라 밤늦게까지 깨어 있었다. (야식용 아이스크림, 굳이 설명이 필요 없지 않은가?)

윌슨 교수는 단 식단이 두뇌의 도파민 분비를 촉진한다고 설명한다. 서열이 높은 원숭이는 사회관계 속에서 이미 일정량의 도파민을 얻지만, 서열이 낮은 원숭이는 전혀 얻지 못한다. 그러니 이 글 처음의 "행복감의 총량 X"로 되돌아가 보면, 서열이 낮은 원숭이들은 서열이 높은 원숭이가 자연스럽게 얻는 도파민의 양을 먹는 것으로 해결한다는 말이다.

윌슨은 인간에 대해서도 설명했다. "만일 당신이 X만큼의 만족감을 못 얻는다면, 음식, 운동, 쇼핑, 도박, 정신자극제 등 모든 종류의 중독에 훨씬 더 빠지기 쉽습니다."

다이어트와 같은 것에 직접 대입해보면 쉽게 이해가 된다. "마음을 달래주는 음식, 할머니께서 제게 가르쳐주신 거죠." 살을 빼는 방법은 음식 말고 다른 방식으로 위안을 느끼는 법을 찾는 것이다. 단순하다. 그저 삶에서 더 행복감을 많이 느끼면, 과식의 충동은 더 줄어든다.

● ● 유럽인 3만 816명에게 물어본 결과, 덴마크인이 가장 행복하고 불가리아 사람들이 가장 행복하지 않았다. 행복 지수에 가장 큰 영향을 미친 요소는 젊은 나이, 가계 소득에 대한 만족도, 직장 유무, 사회에 대한 높은 신뢰, 종교적 신념이었다. 하지만 단기적인 행복은 국가의 경제에 따라 변했지만, 장기적인 행복은 국가의 부와 관계가 없음을 밝힌 다른 연구도 있다.

035

중고차 20달러 더 받고 팔기

데빈 포프(Devin Pope),
시카고 대학 부스 비즈니스 스쿨, 행동과학

테드 윌리엄스가 1941년 시즌에 마지막 두 게임을 남겨두었을 때 타율은 0.39955였다. 그가 경기에 나가지 않았다면 평균 타율이 반올림하여 0.400이 되면서 이 타율을 기록한 최초의 (그리고 지금까지도 유일한) 메이저리그 선수가 되었을 것이다. 매니저였던 조 크로닌이 윌리엄스에게 위험을 감수하고 경기에 나갈지, 아니면 결장해서 기록을 세울지 결정하라고 말하자, 윌리엄이 한 유명한 대답은 이랬다. "마지막까지 4할을 쳐내지 못한다면 나는 4할 타자의 자격이 없는 사람입니다." 그리고 더블헤더 _{동일한 두 팀이 같은 날 같은 경기장에서 연속해서 두 번 경기를 하는 것}였던 마지막 경기에 모두 출장해서 8타수 동안 홈런을 포함해 6개의 안타를 때리고 0.406으로 4할을 넘기는 기록을 세웠다.

　시카고 대학 부스 비즈니스 스쿨의 행동과학자인 데빈 포프 교수는 "하지만 경기 결장을 택하는 선수들도 많습니다."라고 덧붙인다. 0.400 타율에 머무를지 고민하는 선수가 아직 없는 가운데, 많은 선수들은 평

전 메이저리그 보스턴레드삭스 소속 타자로, 팀의 역사상 최고의 선수 중 한 사람으로 손꼽히는 테드 윌리엄스(왼쪽).

균 3할대로 기록을 마감했다. "이 선수들 중에서는 30퍼센트가 대타를 내보냅니다." 그러나 0.300의 고지를 못 넘어선 측을 보면, 타율이 0.299인 선수가 대타를 보내는 경우는 결코 없으며 그냥 걸어 들어오는 경우는 없다고 한다. 결과가 어찌 될지는 몰라도, 타율 0.299로 마지막 타석에 들어서는 선수는 0.300의 벽을 넘으려고 애쓴다.

다이아몬드 시장에서도 마찬가지다. 교수는 "0.99캐럿 다이아몬드는 찾을 수가 없습니다."라고 말한다. 판매자들은 0.99캐럿 다이아몬드보다는 1캐럿에 고객들의 투자가 훨씬 많을 것을 알기 때문에 그 예측에 맞게 제작을 하는 것이다.

SAT 점수도 마찬가지다. 수험생이 1590점이나 1690점처럼 ――90점을 맞았다면 마지막 두 자리에 90보다 낮은 점수를 받은 사람보다 재시험을 치를 확률이 20퍼센트나 더 높다. 다음 시험에는 분명히 90을 넘어 100점을 얻을 거라는 기대로 말이다!

비합리적인 우리의 두뇌 덕분에, 우리는 이러한 타율 0.300, 1캐럿 다이아몬드, SAT 점수 1800점 등, 이정표가 되는 숫자를 그에 살짝 못

미치는 점수보다 훨씬 더 가치를 둔다. 이 말은 타율 0.300인 타자들은 벤치를 지키는 쪽을 택하고, 타율 0.299인 타자들은 3할대 타자라는 타이틀을 얻어서 다음 계약 때 몸값을 더 높일 수 있도록 한 번이라도 방망이를 휘두르는 쪽을 택하기가 더 쉽다는 말이다. 이와 반대로 광고주들은 기준이 되는 숫자보다 가격을 낮게 책정하는 단수가격법을 사용한다. 그래서 1갤런짜리 우유를 3.99달러에, 또 차를 1만 9995달러에 판매하는 것이다. 우리 두뇌가 그 절약가를 실제 이득보다 더 크게 인식하는 것을 노린 전략이다.

이 말은 차의 주행기록계가 100단위의 숫자가 올라가면서 바뀔 때마다 중고시세 가격에서 20달러를 손해본다는 뜻이다. 교수는 5만 799마일을 달린 차가 5만 800마일 달린 차보다 20달러 더 가치가 있다는 것을 보여주었다. 요컨대, 1마일의 거리가 꽤나 값이 나가는 셈이다. 하지만 5만 899마일을 달린 차와 5만 800마일을 달린 차의 가치는 여전히 같다. 마일에 관한 한, 여러분 차의 가치는 완만하게 떨어지지 않는다. 100 단위를 기준으로 조금씩 감소한다.

그 효과는 1000마일을 찍으면 더 강해진다. 1000마일 단위로 여러분은 250달러를 손해 보게 된다. 하지만 교수의 설명은 이렇다. "1만 마일을 찍는 것의 효과가 대단하다 해도, 10만 마

@Gunter Nezhoda

일의 효과에 비하면 아무것도 아닙니다." 아무리 우리의 두뇌가 3.99달러짜리 우유를 4.00달러짜리라고 인식을 못한다 해도, 판매자가 10만 마일을 살짝 못 찍은 차를 처분하려 안달이 난 것은 너무 빤히 보인다. 그래서 중고차 가격은 9만 9900마일 정도부터 떨어지기 시작한다.

그러니 차를 살 때면 어림수를 막 넘긴 차가 좋다. 5만 마일이나 10만 마일 정도면 이상적이리라. 그리고 여러분이 차를 내놓는 입장이라면, 이런 어림수가 되기 전에 팔아야 한다. 그나마 좀 덜 탄 듯한 느낌을 주니까. 어림수가 10만 마일을 찍으려고 하면, 9만 9900마일이 되기 전에 팔아라.

아니면 최소한 주행기록계가 마지막 두 자리를 99에서 100으로 올리기 전에 팔아라. 그러면 20달러는 더 건질 수 있다.

● ● 워싱턴 대학 회계학 교수인 데이브 버그스탤러Dave Burgstahler는 기업도 야구 선수와 매우 유사하게 움직인다는 것을 발견했다. 회사가 연간 손익분기점이나, 유명 분석가의 흑자 예상, 또는 작년 이익에 약간 못미친 시점이면 배팅을 한다. 안타깝게도, 이런 경향 때문에 야구 선수들이 3할이라는 고지 앞에서 대타를 내보낼지 말지를 놓고 도덕적 문제에 봉착하는 것과 마찬가지로 "장부" 조작을 할지 말지에 대한 고민에 빠질 수 있다.

036

물 마시기 만으로도 다이어트 효과 얻는 법

브렌다 데이비(Brenda Davy),
버지니아 공과대학교, 영양학

미국 버지니아 공대의 건강 및 영양학 교수인 브렌다 데이비의 말에 따르면 평균적으로 미국인은 하루에 200칼로리의 단 음료를 마신다고 한다. 널리 받아들여지고 있는(이 말의 진짜 의미: 논란의 여지가 있으며 지나치게 단순화되어 있는) 통설에 따라 1파운드(약 0.45킬로그램)의 지방이 350칼로리의 열량을 낸다고 할 때, 콜라만 물로 대체해도 한 달에 2파운드(약 0.9킬로그램)의 살이 빠진다는 말이 된다.

하지만 콜라 같은 음료수만 물로 대체할 수 있는 것은 아니다. 음식도 물로 대체 가능하다. 게다가 더한 희소식이 있다. 음식 대신 물을 마시는 방법은 억지로 의지를 발휘할 필요도 없다는 것이다. 교수는 식사 전 물 2잔 마시기 실험을 통해서 그것을 증명했다. 12주간 실험한 결과, 똑같이 저열량 식사를 했는데도 식사 전 물을 마신 집단은 마시지 않은 집단보다 몸무게가 약 2킬로그램이나 더 빠졌다.

이후, 실험에서 저열량 식사라는 요소를 빼고 원래 식사량으로 1년

동안 후속 연구를 진행했다. 그러자 식사 전 물을 마시지 않은 집단은 몸무게가 늘어서, 조금 찐 사람부터 실험 전의 원래 몸무게로 완전히 돌아간 사람까지 있었다. 반면, 물을 마신 집단은 빠진 몸무게가 그대로 유지되었다.

첫 연구의 논문에서 교수는 실험 참가자들에게 포만감의 정도를 기록하라고 하여 부록에 실었는데, 익히 예상한 대로 물을 마신 경우 안 마신 경우보다 훨씬 포만감을 느낀다고 보고되었다.

@Verdateo

이유야 간단하다. 물을 안 마셨다면 음식으로 채워질 위의 공간이, 물을 마시면 물로 채워지기 때문이다. 그런데 흥미로운 것은, 이 말은 곧, 위에서 장으로 넘어가는 운동이 활발한 젊은 층에게는 물 다이어트의 효과가 떨어진다는 뜻이 된다는 점이다. 그 점을 확인하기 위해 다음번 실험에서는 젊은 사람들에게 물을 마시고 20분 뒤에 식사를 하게 했다. 그러자 그들의 위에는 다이어트 효과가 나타날 만큼 충분한 물이 남아 있지 않았다.(그러니 여러분이 30세 이하라면, 밥을 먹으려고 앉았을 때 그 자리에서 물 2잔을 마시도록 하라.)

그런데 물을 마시면 포만감 외에도 다른 장점이 있다. 교수는 식사 전에 물을 마시는 행동이 다이어트 목표에 대한 심리적 확인점 역할을 하기 쉽다고 설명했다(이 책에서 캐서린 밀크먼의 '행동장치commitment device'에 관한 글을 보라). 즉 식사 전 물을 마시면 자신이 체중 감량 중이라는 사실을 자연스럽게 떠올리게 된다는 것이다.

037

차량 도난 방지법

벤 볼라드(Ben Vollaard),
틸부르흐 대학교, 범죄학

네덜란드 틸부르흐 대학 범죄학과의 벤 볼라드 교수는 "차량 도둑들은 우리와 똑같은 사람"이라고 말한다. "이득은 최대화하고 손해는 최소화하려는," 한마디로 "이성적 동물"이라는 것이다. 교수는 네덜란드에서 철사를 이용해 차에 시동을 걸 수 없도록 모든 차량에 자동차 도난방지 장치 설치를 의무화한 1998년을 기점으로 차량 도난 방지 데이터를 분석한 결과를 보여주었다.

　예상대로, 철사로 차 시동을 걸 수 있어서 손쉽게 절도가 가능했던 시절에는 도난 사건 수가 매우 높았다. 하지만 여기서 중요한 점은 자동차 도난 방지 장치가 있다 해도 도난이 불가능한 것은 아니라는 점이다. 그의 설명은 이렇다. "여전히 견인차를 이용하거나 인터넷에서 프로그램을 다운받아서 차를 조작할 수 있죠. 하지만 훔치기 더 어렵게 하면 범죄율은 줄어듭니다. 차량 절도는 기회범죄 행동이니까요." 이 말은, 즉 도둑이 위험요소를 감수할 만한 가치가 있는 자동차를 물색하

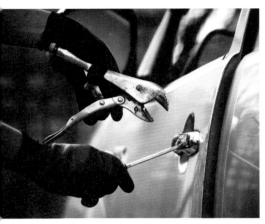
@Toa555

면서 길을 가다가, 목표물을 발견하면 주위를 두리번거리며 억지로 문을 열려고 한다는 것이다. 자동차 도난방지 장치가 설치되어 있으면 위험요소가 훨씬 높아지니 차량 절도는 이른바 '해볼 만한' 일이 아니게 되는 셈이다.

그렇다면 차가 아닌 주택의 경우는 어떨까? 현관문과 창문에 침입 방지 장치를 의무화한 1995년 이후로 주택 침입 사건 발생률은 25퍼센트 감소했다.

그럼 자전거는? 자동차와 주택의 경우, 네덜란드에서는 '타깃 하드닝target hardening'이라는 기술을 사용했다. 물건을 훔쳐가기 어렵게 해서 절도범들이 감수해야 할 위험요소를 크게 만드는 방법이다. 그리하여 결국 범죄를 예방하고자 하는 것이다. 자, 그런데 자전거의 경우에는 새로 출시되는 자전거에 칩을 장착하여 경찰들이 스캔할 수 있게 하는, 조금 색다른 도난 방지책을 사용한다. 칩 때문에 관할 지역의 어느 자전거가 도난당했는지를 금방 알 수 있게 되는 것이다. 그러니 어느 누가 경찰추적이 가능한 이런 물건을 사겠는가? 자전거 칩 장착은 위험요소를 증가시키는 타깃 하드닝과는 다르지만, 그와 비슷한 논리가 적용된다. 장물의 가치가 떨어지기 때문에 결국 자전거를 훔치는 것은 마찬가지로 '비합리적인' 일이 되어버리는 것이다.

다시 자동차로 돌아가 보자. 미국은 선진국 중에 아직까지 자동차 도난 방지 장치를 의무화하지 않은 몇 안 되는 나라에 속한다. 그러니 방심해서는 안 된다. 그러니까 여러분이 자가용을 핑크색으로 칠하지 않는 한 도난의 위험에 노출되어 있다는 말이다. 자전거를 타는 사람은 이미 오래전부터 그것에 버금가는 조치를 취해 자전거를 보호해왔다. 즉 출퇴근용 자전거를 사면 눈에 안 띄는 색으로 칠하고 일부러 흠집도 내고 또 스티커도 덕지덕지 붙이는 것이 가장 먼저 해야 할 일이 되어 버린 것이다. 이를 "도시용 위장urban camouflage"이라고 부른다. 핑크색으로 자동차를 칠하면(또는, 새 자전거를 억지로 "헌 것"으로 만들면) 마치 거기에 네덜란드의 도난방지 칩을 넣듯 가치가 떨어지기 마련이다. 생각해 보라. 누가 핑크색 자동차나 고물 자전거를 사겠는가?

교수는 자동차 관리국 데이터를 조사한 결과 검은색 차량이 가장 도난 위험이 크다는 사실을 알아냈는데, 아마도 검은 색상이 가장 고급스럽게 보이기 때문일 듯하다. 참, 핑크색 차량의 도난률은 어떠했을까? 제로, 0이었다. 연구 자료에 포함된 핑크색 차량 109대 중에서 단 한 대도 도난당하지 않았다.

그러니 지금 타는 차를 계속 타고 싶다면, 핑크색으로 칠하시라.

@Fabinus08

●● 이제 차량 도난을 방지했으니 피해야 할 대상이 두 가지 있다. 바로 교통 체증과 정지 신호등! 앨버타 대학교 수학과의 모리스 플린^{Morris Flynn} 교수에 따르면, 도로에 수용 규모 이상의 차량이 몰렸을 때, 앞차 운전자가 브레이크를 밟으면 뒷차량의 운전자는 미처 대비할 시간이 없어서 브레이크를 앞차보다 더 세게 밟게 된다. 이런 "급브레이크 정보는 마치 폭발 파동처럼 그 이후 운전자들에게 줄줄이 전달"되어 어느 순간 도로에 있는 모든 차량이 멈춰 서게 된다. 교수는 "재미톤^{jamitons}"이라고 부르는 이런 "유령 체증▪"이 생기면, 앞차에 맞춰서 브레이크를 밟다가 다시 움직이지 말고 일정하게 느린 속도로 가는 것이 최상이라고 조언한다. 그러면 재미톤이 없어지는 데에도 일조하고, 목적지에 똑같이 빨리 도달하는 데에다 유류비까지 줄이며, 충돌로 인한 체증의 결과인 지각까지 피할 수 있으니, 일석사조라 할 만하다.

자, 그렇다면 정지 신호등은 어떻게 피할까? 텍사스 오스틴 대학 홈페이지에서 피터 스톤^{Peter Stone} 컴퓨터학과 교수를 찾아 링크된 비디오를 보시라. 사람 대신 내장된 컴퓨터가 운전하는 자동차가 신호등도 없는 교차로를 쌩쌩 통과하는 모습을 볼 수 있다. 스톤이 만든 자동 교차로에서는 차에 장착된 컴퓨터가 교차로 "예약 관리자"를 미리 불러서 다른 차들과 서로 뒤엉키지 않고 교차로를 통과하는 데 필요한 순간의 시간을 예약한다. 예약한 후에는 컴퓨터가 예약된 시간에 교차로를 통과할 수 있도록 한다. 교수는 "기술적으로는 현재도 실현 가능하나 교통법과 보험 회사가 걸림돌"이라고 덧붙인다. 인터넷으로 동영상을 찾아보면 그 이유를 금방 알 수 있다. 무서워서 등골에 오싹해지니까! 아무튼 빨간불 대기시간을 거의 완전히 없애는 것만은 확실하다.

▪ phantom jam, 특별한 원인 없이 교통체증이 일어나는 현상

038

좋아하는 일자리 구하기

로저 본(Roger Bohn),
캘리포니아 대학교 샌디에이고 캠퍼스(UCSD), 경영학

여러분이 강가 옆에 주차한 차에서 거의 반노숙자 신세로 숙식을 해결하면서 일자리를 구하는 중이라고 가정해보자. 그렇다면 성공을 보장하는, 즉 내게 안성맞춤인 직업을 찾는 방법을 알면 그보다 더 좋을 수 없지 않을까?

과거의 혁신에 기반한 현대 기술 발전 과정에 대해 들어보았는가? 요컨대 '산업의 진화'에 대해서 들어본 적 있을 것이다. 그리고 이런 진화의 공통적인 발전을 통해서 어떤 분야이든 미래에 대한 예측, 검색, 이득의 가능성을 타진해볼 수 있다. UCSD의 글로벌 정보 산업 센터Global Information Industry Center 소장인 로저 본은 "반도체 제조에서 농업, 항공학, 화기, 건축과 같은 전문 서비스에 이르기까지, 모든 산업은 6단계 발전 모델에 적합하게 진화하고 있습니다."라고 요약한다.

산업은 기술 단계에서 시작한다. 기술은 실전 경험이나 연습을 통해서 익힐 수 있는데, 소장은 이 단계를 '외로운 총잡이'나 '용맹한 비행

1900년대 초에 브라질 공학자인 알베르토 뒤몽이 만든 뒤몽 14비스형 복엽기

사'에 비유한다. 가죽 헬멧에 고글을 쓰고 등에는 지지대와 덮개로 된 글라이드를 멘 채 벼랑 끝을 응시하는 남성의 선구자적인 모습이 그려지는가?

이 중 일부 사람들이 살아남으면서 로저 본이 말하는 "규칙과 도구" 단계에 접어든다. (운 좋은) 용감한 비행사가 더욱 체계적인 비행을 위해 다른 분야의 기술을 가져와 장치를 고안하면서 이른바 공동의 노력이 시작된다. 라이트 형제가 1903년에 첫 비행에 성공하긴 했지만 1928년에 정확한 고도계를 비행기에 맨 처음 설치한 사람은 폴 콜스먼Paul Kollsman이었고, 1932년에 인공 수평기水平器 사용법을 조종사에게 보여준 사람은 지미 둘리틀Jimmy Doolittle이었다. 이륙하는 시점을 비롯해 땅과 비행기 사이의 각도를 알면 비행에는 더 없이 유용하기 마련이다. "인공 수평기를 사용하기 전에는 구름 사이로 비행하다가 목숨을 잃을 가능성이 컸습니다."라는 그의 설명은 노련한 조종사에게도 해당되었다. 방향을 알려주는 내이內耳가 비행기 안에서는 방향 감각을 제대로 발휘하지 못하기 때문이다.

그다음 단계에서는 이러한 모든 도구의 사용법을 형식화한다. 1935년, 미육군항공대가 비행 전 점검사항을 만들면서 항공학에서 이 단계로 도약하게 되었다. 오늘날에는 조그만 세스나140 미국제 경비행기의 시동을 걸기 전에 뒷바퀴, 덮개, 연료, 안전벨트 등을 확인하는 것이 의무사항으로 정해져 있다.

뒤이은 자동화 단계에서는 자동 비행이 이루어진다. 1980년작 영화 〈에어플레인〉을 본 적 있다면, 부조종사로 등장하는 인형 오토를 떠올려보라. 이 단계에서는 인간의 관리감독 하에 자동적으로 행위가 일어난다.

하지만 마지막 단계인 '컴퓨터 통합' 단계에서는 인간이 기능 체계에서 완전히 사라진다. 기계가 감독관이 되고, 인간은 사소한 문제가 생기면 해결하는 기술자로 전락한다.

산업 진화는 어떻게 일어나는 것일까? 정답이 자연 선택이라는 걸 알면 다윈은 매우 기뻐하리라. 이 경우에는 시장의 압박의 형태를 취하지만 말이다. 비행기 사고도, 또 기계가 더 잘할 수 있는 (대부분의) 일을 사람들이 하는 것도 기업에는 바람직하지 않다. 그러니 산업 진화적인 측면에서 볼 때 2세대는 1세대보다 비용면에서 효율적으로 운영되

미국 코미디 영화인 〈에어플레인〉에서 항공기의 자동조종사 역을 맡아 사랑받은 인형 오토(사진 오른쪽).

고 있으며 모든 산업은 6단계 과정을 거치게 된다.

어떤 산업에서는 이런 압력이 전혀 없거나 아예 영향을 받지 않기 때문에 진화가 일어나지 않는다. 로저는 이렇게 말한다. "교육 분야는 발전이 더딥니다. 경제적 압력이 부족하거든요. 아니면 의료체계를 보세요. 기준 절차도 아직 제대로 정립되어 있지 않잖아요."

여러분은 일자리가 필요한가? 그렇다면 다음을 고려하시라. 우선, 여러분의 장점에 부합하는 산업 단계를 찾을 것. 용감한 비행사인가? 기존 시스템에 어설픈 반기를 드는 사람인가? 아직 틀이 없는 산업을 조직화시키려는 기대에 부푼 태생적인 규칙 제정자인가? 자동화시키는 사람인가? 아니면 작은 문제를 고치는 기술자인가?

그런 다음, 자신의 장점을 살릴 만한 산업을 찾아라. 예를 들면 2011년에 기술주 거품이 터지기 전만 해도 인터넷은 전반적으로 용감한 비행사들의 영역이었다. 그러나 이제는 최고의 아이디어를 통합하는 장소가 되었다.

자신의 흥미에 맞는 산업을 찾는 것, 이것이 강가 옆 승합차에서 탈출하기 위한 최고의 지름길이다.

● ● 로저 벤의 책 《제조업 분야, 기술에서 과학으로From Art to Science in Manufacturing》를 보면, 이탈리아 소총 제조업자인 베레타가 수공업에서 자동화된 생산 라인을 갖추기까지, 또 기술이 생산법규로 제정되기까지 200년간의 역사에 관해 알 수 있다.

039

안 좋은 습관 좋게 바꾸는 법

B. J. 포그(B. J. Fogg),
스탠퍼드 대학교, 설득 기술

스탠퍼드 대학교의 실험심리학 교수이자 설득 기술 연구소Persuasive Technology Lab의 설립자인 B. J. 포그는 이렇게 고백한다. "전 팝콘을 엄청나게 먹습니다. 팝콘을 기름에 튀기고 밤에도 먹어요. 일종의 중독이죠." 하지만 교수는 소셜 네트워크 사이트에 팝콘을 먹지 않겠다는 결심을 알린 결과, 그 달 말까지 남은 기간 동안 팝콘을 끊었다. 한마디로, 팝콘 금지였다. 이런 것을 자기조작self-manipulation이라고 한다. 자신의 사회적 평판을 내걸고 간식 습관을 바꾸기로 한 것이다. 그는 여러분에게도 이와 똑같은 작용을 할 기술을 만드는 것을 업으로 삼고 있다.

"'우리가 로봇에게 조종당해서 우리가 하고 싶지 않은

@Barbara Helgason

것을 할 수도 있을까?'에 대한 대답은 분명히 '그렇다'입니다. 하지만 알코올 중독자 갱생회에서 쓰는 기술을 가져다 사람들을 플리커^{Flickr, 온}^{라인 사진 공유 커뮤니티 사이트}에 가입하게 하는 데 적용할 수는 없죠."

포그의 행동 모델^{behaviormodel.org}에서는 그 대신 행동을 변화시키는 데에는 세 가지 요건이 꼭 필요하다고 한다. 바로 충분한 동기와 능력 및 기폭제. 이 책을 사는 독자들에 대해서 생각해보라. 이 책을 사고 싶은 마음뿐만 아니라 살 수 있는 능력(현금, 온라인 서점 계정 등)도 있어야 하며, 실제로 구매행위로 이어지는 어떠한 계기가 있어야 한다. 각 요소를 정확히 어떻게 만들어야 할까? 그것은 여러분이 어떤 행동을 바꾸고 싶어하는가에 따라 달라진다.

교수는 다섯 가지 행동과 세 가지 기간을 조합하여 행동을 변화시키는 15가지 방법^{behaviorgrid.org}을 만들었다. 행동은 '새로운 행동 하기, 익숙한 행동 하기, 기존 행동 늘리기, 기존 행동 줄이기, 기존 행동 멈추기'라는 다섯 가지로 분류되고, 기간은 '일단, 당분간, 지금부터'라는 세 가지로 분류된다. 교수는 행동은 색상으로, 기간은 닷/스팬/패스로 코드화시켜서, 15가지 조합을 각각 모두 표로 구성했다. 예를 들어 "블루닷"은 익숙한 행동을 한 번 하는 것이다. "블랙스팬"은 한 달 동안 팝콘 안 먹기처럼 기존의 행동을 일정 기간 동안 멈추는 것이다. "퍼플패스"는 '운동 더 많이 하기'처럼 지금부터 어떤 행동을 늘리는 것이다.

포그의 행동 마법사^{behaviorwizard.org}에서는 여러분이 바꾸고 싶어 하는 행동의 코드를 정의하는 데 도움이 되는 질문을 하고 적절한 자료 안내서를 제공한다. 마법사를 클릭만 하면 구체적이고 활용 가능한 전략이 나온다.

예를 들어, 익숙한 행동을 한 번 하는 '블루닷'을 자세히 살펴보자. 지금 당장 하지 않으면 능력, 동기 또는 기폭제가 너무 낮은 것이다(또는 이 요소들이 같이 있거나). 교수는 먼저 기폭제에 대처하라고 한다. 왜냐하면 제일 조작하기 쉽고 빠르게 고칠 수 있기 때문이다. 예를 들어, 저녁에 조깅을 하기를 원하면, 퇴근 후 "지금 바로 조깅하기!"라는 문자를 받을 수 있도록 예약하라. 사원들이 배운 대로 인체공학적인 손목 스트레칭을 했으면 싶다면, 매니저에게 사무실로 가서 돌아다니라고 말하자. 그러면 사원들 모두 즉각 2분간 휴식을 취하면서 스트레칭을 하도록 권하거나 간단한 이메일 메모를 보낼 수 있을 것이다.

기폭제가 효과를 발휘하지 않으면 다음 단계는 능력 조절하기다. 포그 교수는 이를 '시간', '돈', '육체적 노력', '정신적 노력', '사회적 일탈(기대하지 않는 행동인가?)', '비일상적(평소에는 안 하는 행동인가?)', 이렇게 여섯 가지로 분류했다. 예를 들어, 여러분이 이메일 스팸 광고를 무수히 보냈는데도 인터넷 영화를 주문하는 고객이 한 명도 없다면, 주문 과정을 간소화시켜서 주문하는 데 걸리는 시간과 노력을 줄여야 할 것이다. 아니면 기폭제가 제 역할을 하는데도 딱 맞는 조깅용 양말을 찾을 능력이 안 되어서 못 찾을 수도 있다. 이런 경우에는, 세탁한 옷 무더기 속에서 원하는 것을 찾는 능력을 키우도록 하라.

포그는 마지막으로 동기를 이용하라고 조언하는데, 이는 그야말로 마지막으로 이용해야 한다(동기부터 출발하는 사람은 초보가 분명하다는 게 그의 지론이다). 그 이유는 동기가 측정하기도 어렵고 일관된 방식으로 조정하기도 어렵기 때문이다. 포그는 소셜 네트워크상의 평판을 이용해 팝콘을 끊으려 했다. 여러분은 어쩌면 멋진 종아리 근육을 상상하면 조깅을 하고 싶은 마음이 불끈 솟을지도 모른다. 하지만 다른 사람들은 종아리 근육에도 관심이 없고, 또 페이스북에 올리는 것도 싫어하지만 조깅이 심장 건강에 좋다는 사실에는 몸이 움직일지 모른다. 그러니 까다로운 이야기다. 포그는 감각(기쁨/고통), 기대(희망/두려움), 소속감(허용/거절)에 관한 동기를 떠올려보라고 권한다.

15가지 행동 유형, 이를 만드는 세 가지 요소, 또 각각의 하위 분류. 포그는 이 전부를 아홉 단어로 압축하여, 행동에 변화를 주는 주문을 만들었다. "동기가 부여된 사람들 앞에 놓인 길에 멋진 기폭제를 놓아라. Put hot triggers in the path of motivated people" 다시 말하지만, BehaviorWizard.org를 안내서 삼아라. 여러분을 더 나은 미래로 쉽게 안내해줄 것이다.

040

노화를 늦추고 젊음을 오래 유지하는 법

제럴드 바이스만(Gerald Weissmann),
뉴욕 의과대학, 의학

뉴욕 의과대학의 명예교수인 제럴드 바이스만은 이렇게 말한다. "진화의 기능은 내 나이에도 마티니를 마실 수 있게 만드는 것이 아닙니다. 임신이 가능한 나이까지 살아남게 하는 겁니다." 신체가 그것을 해내는 방식은 감염에 즉각적으로, 또 매우 적극적으로 반응하는 것이다.

교수는 이렇게 설명을 시작한다. "미생물이 우리의 조직, 목 또는 위장에 침입하면, 우리의 세포는 이를 막으려고 과산화수소를 배출합니다." 마치 화학요법처럼, 미생물을 죽이면 주변의 조직도 같이 파괴된다. 이런 부수적인 피해는 미생물을 죽이지 않으면 뒤따르는 엄청난 피해에 비하면 아무것도 아니고, 자연의 의도대로 여러분이 나이 40세에 죽는다면 아마도 티도 안 날 것이다. 하지만 과산화수소가 만드는 이런 퇴행 효과는 계속 몸에 누적된다. 특히 유전적으로 타고난 사람들의 경우, 이런 조직 파괴가 나중에 관절염이나 다른 자가면역 질환으로 이어질 가능성이 있다.

그러나 사실, 감염에 대항하기 위한 목적이 아니더라도 신체는 과산화수소를 만들어낸다.

여러분의 세포는 실제 필요한 산소량보다 더 많이 흡수한다. 그럴 만도 하다. 계산이 틀렸다 해도 모자라는 것보다는 넘치는 게 확실히 나으니까. 하지만 남은 산소는 폐기처분해야 하는데, 세포는 그러기 위해 산소와 물을 결합시켜 H_2O_2, 즉 과산화수소를 만든다.

그러면 이렇게 만들어진 과산화수소는 어디로 갈까? 시간이 지나면서 모낭에 축적되고 결국에는 멜라닌 색소를 생산하는 능력을 빼앗는다. 이런 이유로 흰 머리카락이 생기는 것이다. 어쨌든 이 모든 일은 여러분이 아이를 낳고 나서 생기는 일이다. 그러니 진화론적으로 볼 때는 아무래도 좋다.

적포도주에 풍부하게 들어 있는 레스베라트롤은 수명 연장 효과가 보고되었으나 효과를 보려면 적포도주를 하루에 몇 병씩 마셔야 한다. 알코올 섭취량을 감안하면 권할 만한 방법은 아니다. @Mauricio Jordan De Souza Coelho

자, 이제 결론은 명확하다. 관절염과 흰 머리를 피하고 싶으면 처음부터 아예 산소를 차단하라. 즉 숨 쉬지 말라. 하지만 교수가 지적하듯이 "이 방법은 실행하기 힘들죠." 대신, 여분의 산소가 물 분자를 만나서 과산화수소를 만들기 전에 산소가 잘 흡수되도록 도와주는 음식을 먹을 수는 있다.

교수가 말하길, 영양제의 항

산화 효과를 측정하기는 매우 어렵지만, (음식과 다른 모든 환경적 요인과 유전적 요인을 어떻게 분리하겠는가?) 대부분의 과일(특히 베리류), 채소류(특히 양배추처럼 영국인들이 잘 먹는 것), 꿀, 녹차 등에 있는 폴리페놀이 가장 강력한 효과를 보인다고 한다. 교수는 탁월한 효과를 지닌 레스베라트롤을 강력히 추천하는데, 그것은 교수가 "나만의 폴리페놀 음식"이라고 일컫는 적포도주에 풍부하게 들어 있다.

●● 이미 잘 알고 있겠지만 적포도주는 몸에 좋다. 그러나 인지 기능 향상에도 도움이 된다는 사실도 알고 있었는가? 노르웨이인 5,033명을 대상으로 7년간 연구한 끝에, 적당량의 적포도주(맥주나 독주가 아니다)를 마시면 여성과 남성 모두 인지 기능이 향상된다는 사실이 밝혀졌다.

041

사기당하지 않기

스티븐 그린스펀(Stephen Greenspan),
코네티컷 대학교, 심리학

다음 메시지를 읽어보자. '제 이름은 매리엄 아바차이고, 고故 새니 아바차 나이지리아 대통령의 미망인입니다.' 자, 지금 이 메시지가 스팸이라는 것을 알아차리기까지 몇 단어나 읽었는가? 두 단어? 세 단어? 하지만 도움을 아주 간절히 요청하는 이메일을 받거나 트렌치코트를 입고서 "명품" 시계를 판매하는 사람을 만나면 왠지 설득력이 있어 사기인지 아닌지 간파하기가 더 어려워진다. 버니 매도프Bernie Madoff에게 투자한 사람들에게 물어보라.

아니면 라스베이거스를 보라. 결혼식이 끝나자마자 우리는 아내의 박사 프로그램 이수를 위해 서부 해안쪽 학교를 찾아 떠났는데, 가장 싸다고 해서 택한

버니 매도프는 나스닥 회장까지 지낸 금융계 거물이었으나 폰지 사기로 2009년에 미연방 수사국(FBI)에 체포되어 유죄 판결을 받았다.

길이 알고 보니 이 도시를 지나는 길이었다. 궁핍한 우리는 타임셰어 time share, 다수의 이용자가 공동으로 리조트를 이용하는 방식 투어에 합류하고, 공짜 쇼 관람권과 식사권도 모아서 신나게 놀면 얼마나 좋을까 하고 생각했다.

전형적인 시골 출신인 우리는 최근까지 사막이었던 곳에 새롭게 지어진 타임셰어 고층건물로 향했다. 타임셰어 건물로 짓지 않았으면 스트립몰 번화가에 상점과 식당들이 일렬로 늘어서 있는 곳이 되었을 자리였다. 안내인을 따라 관람을 한 후에는 무슨 물수조 같은 곳에서 무조건 판매원과의 만남에 응해야 했다. 그래야만 우리가 노리던 선물을 받을 수 있었다. 뭐, 괜찮았다. 이제 5분만 있으면 쇼 관람권과 공짜 음식이 우리 것이 될 테니까.

판매원은 우리에게 연중 며칠이나 여행을 하며, 여행 중 호텔에서 얼마나 묵는지 물어보고, 우리가 라스베이거스에서 몇 주를 보낼 비용이면 전 세계에 있는 자기네 호텔 체인 중 아무데서나 묵을 수 있다고 설명했다. 와! 처음에 8만 달러 투자한 것을 다 갚는 데는 고작 25년밖에 걸리지 않는다. 물론 그 세월 동안 8만 달러의 가치는 당연히 늘어날 테고. 그렇지만 우리는 아쉬움을 뒤로하고 그 제안을 거절했다. 그러자 그 금액은 4만 달러로 떨어지더니 결국 2만 달러가 되었다.

문제는 이렇게 가격이 떨어지자, 매우 구미가 당기는 상품으로 보이기 시작한 것이었다. 좀 더 생각해봐도 되겠느냐고 묻자 판매원은 안 된다고 말했다. 그 가격은 그 자리에서만 가능하니까 지금 잡든지 아니면 포기하든지 둘 중 하나였다. 그리고 "지금"을 선택하면 우리는 그들의 금융센터로 곧장 달려가야 했다.

우리는 "포기"를 선택했다. 하지만 아차하면 잡을 뻔했을 정도로 아슬아슬했다. 그리고 나는 돌아오는 승합차에 다시 올라타서 다른 커플들이 어떤 결정을 내렸는지를 이야기하던 것이 기억난다. 능숙한 이들은 쇼와 식사권에다. 시스템을 이기고 수백 달러어치 카지노 칩까지 따냈다. 그리고 라스베이거스 리조트의 소유주가 되어 자부심에 빠져 있던 몇 안 되는 커플들은 그제야 자신들이 사기를 당한 것을 깨달았다.

어떻게, 대체 어떻게 그렇게 멍청할 수가 있다는 말인가?

"깜박 속아 넘어가는 것을 역치라고 생각해보세요." 코네티컷 대학교 심리학과 명예교수이자 《속임의 연감 Annals of Gullibility》의 저자인 스티븐 그린스펀이 말한다. 역치점에 도달하지 않으면 각 "소유주"가 연간 단 10일을 위해 2만 달러를 지불해야 한다는 것, 즉 사막에서 날림공사로 지은 방 두 개에 1년 365일로 계산해 보면 73만 달러를 내야 한다는 것을 알아차릴 수 있다(깨알 같은 글씨의 천문학적으로 높은 회비와 이용이 불가한 날 등은 말할 것도 없고). 역치를 넘어서면, 글쎄……. 여러분이 "소유주"가 되는 것이다. 교수는 여러분이 역치점을 넘게 만드는 4가지 요소로, 상황, 인지능력, 성격, 심리 상태를 들었다. 이 4가지 모두를 충분히 높이면 누구든 어리석음의 늪으로 빠진다. 그러니 역치점보다 낮추는 법을 배워라. 그러면 여러분은 어리석음을 누르고 승리를 거둘 것이다.

우선, 상황부터 살펴보자. 이는 그럴싸한 사기, 또는 교수의 말을 빌리자면 "너무 설득력이 강해서 거절하기 어려운 조건"이다. 전 세계 어디든 여행할 수 있고, 언제든 구입한 가격보다 더 비싼 값으로 팔 수 있는, 5년치 여행경비를 절감함으로써 뽕을 뽑고도 남는 타임셰어라면 그럴싸하지 않은가? 아니라고?(좋다. 나야 뭐 어리석고 사랑에 빠진 젊은이

였으니!)

하지만 여러분에게 인지 능력이 있다면, 즉 배경지식과 그것을 사용할 수 있는 능력이 있으면 무언가 수상한 낌새를 알아차릴 수 있는 희망이 아직 있다. 그 덕분에 나와 아내가 타임셰어 사기를 거절할 수 있었다고 말할 수 있으면 얼마나 좋을까. 그러나 사실을 고백하자면, 그들이 정한 소득수준 조건에 내 수입이 살짝 못미쳤다. 미리 제공되는 공짜 상품을 얻으려고 어쩔 수 없이 수입을 부풀려서 말했던 것이다. 그때 만약 돈이 있었다면, 우리의 인지능력이 타임셰어 광고의 유혹을 뿌리칠 수 있었을까? 솔직히 확신이 서지 않는다. 우리와 크게 다르지 않아 보였던 많은 젊은 부부가 그랬듯이 말이다.

셋째, 극히 남의 말을 잘 믿는 성격의 사람들에게는 안타까운 이야기다. 그린스펀 교수에 따르면, 모르몬 교도를 대상으로 한 캘리포니아 사기가 성공하는 이유 중 큰 부분을 차지하는 것이 이처럼 남을 쉽게 믿는 경향이라고 한다. 모르몬 교인 행세를 하는 이 사기꾼들은 이스라엘에서 중동으로 금괴 매매에 쓰일 법적인 자금에 한몫 보태주면 투자자의 돈을 세 배로 돌려주겠다고 약속했다. 그리고 이 캘리포니아 모르몬 교인들은 완전히 속아 넘어갔는데, 그 이유 중에는 남을 잘 믿는, 특히 종교 공동체에 속한 사람들을 잘 믿는 특성이 크게 한몫을 했다는 것이 교수의 설명이다.

마지막으로, 그 당시 여러분의 심리상태도 중요하다. 분위기를 조성하면 순간 혹할 수 있다. 미술 경매장에 와인을 공짜로 내놓는 이유도 이 때문이다. 또한, 라스베이거스 타임셰어의 2만 달러 제안을 앞두고 더 생각해보겠다는 우리 부부의 요청이 먹히지 않은 이유이기도 하다.

교수는 이렇게 설명한다. "압박감이 밀려올 때 더 속기 쉽습니다. 생각할 시간이 없을 때 말이죠. 그래서 똑똑한 사람들조차도 멍청한 짓을 하게 됩니다."

법적으로 정당하다고 인정받고 있으니 라스베이거스 타임셰어 시스템은 거의 완벽에 가까운 사기로 발전했다. 그럴 듯한 상황인데다가 솔깃한 제안에 구미는 당기고, 또 시골뜨기처럼 순진한 성격에, 지금 아니면 기회는 없다는 식의 시간적 압박감이 더해지면 유혹의 손길에 걸려들기 아주 쉽다.

하지만 이 글을 읽는 독자 여러분은 이제 무수한 철부지들의 운명을 피할 수 있는 무기들로 무장한 셈이다. 여러분 자신은 상황에 대해 크게 할 수 있는 일이 없고(그것은 사기꾼에게 달려 있다), 남을 잘 믿는 성격을 바꾸는 것도 어렵다. 그러니 사기를 당하지 않으려면 인지능력과 심리 상태에 집중하라. 우선, 지금 아니면 영영 없다는 일생일대의 기회라는 유혹은 나중에 후회를 불러올 게 뻔하다는 확신을 가져라. 또 그 자리에서 결정을 내리라는 압박감에 시달리면 항상 좀 더 생각해봐도 되느냐고 물어라. 합법적인 제안이라면 다음 날 아침에도 그 자리에 있을 것이다.

이렇게 하면 결국 인지능력을 향상시킬 수 있는 시간까지 벌게 된다. 친구에게 전화해서 물어보라. 사기꾼이 정해놓은 신뢰성의 틀 밖에서, 여러분이 신뢰하는 친구가 그것을 좋은 조건이라고 생각하겠는가? 또 스스로 알아보라. 그저 "라스베이거스 타임셰어 사기"라고 인터넷에 치면 아주 순진한 사람이라도 두 번 생각할 정도로 수많은 정보가 올라올 것이다.

그러니 마음 푹 놓고 긴장을 풀라. 그리고 생각을 하시라. 알아보시라. 그러면 여러분이 법무 비용만 내면 고인이 된 나이지리아 대통령의 미망인이 2000만 달러를 여러분 계좌에 입금해주겠다는 말이 거짓일 확률이 높다는 사실을 깨닫게 될 것이다.

● ● 내가 타임셰어 사기에 딱 걸리기 일보 직전까지 갔다는 사실을 털어놓고 난 후, 그린스펀 교수가 다음 이야기를 들려주었다.

"지금은 이혼한 전처와 사귀고 있을 때. 어머니가 제게 전화를 하셨어요. 루비 고모한테서 약혼반지를 아주 싼 값에 살 수 있는 기회가 생겼다고 말씀하셨죠. 그래서 아직 약혼할 준비가 안 되었다고 말했지만, 어머니는 저를 압박하시더니 결국에는 반지를 벌써 사놓았다고 말씀하시더군요. 그래서 저는 '네, 좋아요, 알았어요.'라고 대답을 했어요. 이것이 제 결정적인 실수였답니다. 그때부터 약혼 축하가 쇄도했으니까요."

그린스펀 교수의 어머니가 그를 꼬드겨서 결혼을 시킨 것이다.

첫째, 그녀는 '루비 고모의 반지'라는 그럴싸한 상황을 만들었다. 이때 교수는 배경 정보를 듣고 싶어 하거나 거절하려는 마음이 없었으며, 성격상 어머니를 잘 믿었다. 그 후에 어머니는 아주 교묘한 무언가를 했다. 즉 이미 반지를 사놓았다는 말로 아들의 감정을 끌어올려 순간적으로 결정을 내리게 만든 것이다.

교수는 넘어갔다. 아마 여러분도 그랬으리라.

042

충동구매의 늪과 지름신의 함정 피하기

브라이언 너트슨(Brian Knutson),
스탠퍼드 대학교, 신경과학

스탠퍼드 대학교의 신경과학 교수인 브라이언 너트슨은 이렇게 예를 들어 설명한다. "비행기에 타면 면세점 책자를 펼쳐들고 '와, 이거 멋진 걸!'하고 감탄사를 내뱉다가, 가격을 보고서는 '세상에, 엄청 비싸네!' 하는 반응을 보이죠." 나는 이 이론을 간단히 줄여서 일명 '우와/으헉 쇼핑'이라는 이름을 붙였다. 교수는 이러한 상황을 받아들이는 두뇌의 변화를 관찰했다.

그는 대학생들에게 카탈로그에 있는 상품을 평가하라고 했다. "아니나 다를까, 사람들은 좋아하는 상품을 보자 두뇌의 보상영역이 활성화되었습니다. 그런데 이와는 관계없이 가격을 감시하는 전두엽도 활성화되었죠." 이 두 활성화 영역 중 더 강력한 "우와!" 또는 "으헉" 반응을 나타내는 쪽이 쇼핑 전쟁의 승자가 된다.

마케팅에서의 활용법은 뻔하다. 물건가격을 완벽하게 매기기 위해 기능자기공명영상[fMRI] 촬영을 이용할 수 있다는 것이다. 목표 시장의 보상 영역이 가격 영역보다 늘 살짝 더 활성화되면 되니까. 그러면 사람들이 물건을 구입 하게 될 것이고, 여러분은 물 건마다 최대 수익을 얻게 될 것 이다.

이 연구결과는 개인적으로도 활용할 수 있다. 교수는 개인 에게서 이 활성화 패턴을 바꾸 는 법을 알고 있다. 예를 들면, 세일의 유혹에 대해 살펴보자. 실제 세일가격과는 관계없이

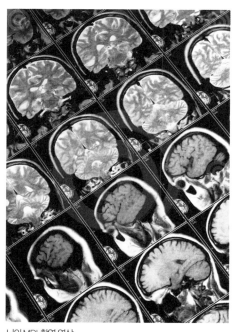
뇌의 MRI 촬영 영상

세일이라는 단어로 무조건 두뇌의 보상 회로가 활성화된다. 그러면 그 영역은 꿈쩍도 안 하는 전두엽을 움직이려고 또 다른 협상카드를 내민 다. 어떻게 해야 할까? 교수가 발견한 가장 중요한 것은, 신용 카드로 지불하면 똑같은 금액이라도 현금으로 지불할 때에 비해 이성적으로 안 된다고 명령하는 전두엽이 덜 활성화된다는 사실이다. "돈을 잃는 것에 대한 마취" 효과라고 교수는 설명한다.

지름신 강림을 물리치고 싶으면 신용카드를 사용하지 말고 현금으로 내라. 세일 상품을 보면 잠시(또는 하루) 시간을 갖고 한 번 더 생각해서 이성으로 충동을 물리쳐라. 아무리 반값이라고 해도 배터리로 작동하 는 넥타이 걸이가 진짜 필요한지 어떤지는 한 번만 더 생각해보면 알 수 있다.

•• 하버드 의과대학 정신의학 프로그램의 공동 소장인 스티브 슐로즈 먼Steve Schlozman은 "우리가 다른 동물과 다른 이유는 전두엽의 집행기능과 편도체의 본능이 서로 균형을 이루고 있기 때문입니다."라며, 그 둘 사이가 불균형해지면 좀비화의 원인이 된다고 말한다. 그는 농담조로, 전두엽이 손 상되면 분노를 제어할 수 없고, 좀비 편도체의 욕망도 제어하지 못한다고 잘 라 말한다. 또한 미국 국립보건원에서는 소뇌변성에 대해 "보폭이 크고 불 안정하며, 걸을 때 휘청거리고 종종 몸통이 앞뒤로 흔들리는 증상을 동반한 다."고 정의를 내린다. 이때 시상하부가 변성되면 참을 수 없는 식욕을 느끼 게 된다. 이에 대해 교수는 "정확히 말하자면 돌연변이를 일으킨 인플루엔 자가 이런 손상을 일으키는데, 특히 사람을 입으로 물어서 전염되기 쉽습니 다."라고 말한다. 좀비는 만화 속에만 등장하는 캐릭터가 아니다. 실제로 존 재하며 여러분을 쫓아올 것이다.(재미있는 좀비 과학에 대해 더 알고 싶으면 구글에 "슐 로츠먼 좀비 팟캐스트Schlozman zombie podcast"라고 쳐보라.)

부메랑 대 좀비

우리의 주인공이 30야드 앞에 서 있는 좀비를 죽이려고 부메랑을 던졌다. 그런데 부메랑을 던지고 2초 후면 좀비가 공격을 한다. 부메랑은 시속 30마일의 속도로 완벽한 원을 그리며, 좀비는 그 즉시 멈칫했다가 놀랍게도 시속 15마일의 속도로 걷는다.(이들은 조지 로메로 감독 영화에 나오는 느려터진 좀비들과는 확실히 다르다.) 문제는 다음과 같다. 우리의 주인공이 두 발을 딛고 서 있다가 부메랑이 돌아올 때까지 기다려야 할까, 아니면 좀비가 공격을 개시하고 1초 후에 그 위 바로 뒤 8야드(1마일 = 약 1760야드) 떨어진 곳에 있는 나무를 향해서 시속 10마일의 속도로 뛰어야 할까? 주인공이 나무에서 안전한 위치까지 오르는 데에는 2초가 걸린다.

043

페이스북에서 놀면서 절친 만들기

로빈 던바(Robin Dunbar),
옥스퍼드 대학교, 인류학

스팽글이 달린 망토를 두르고 바지 위에 팬티를 입고 커다란 선글라스를 쓴 채 술집 가라오케에서 〈핀볼 마법사〉를 부르는 것, 누구나 한 번쯤은 이렇게 마음껏 놀고 싶어 하지 않는가?

아니면 나만 그런가? 어쨌든…… 여러분은 못한다. 왜냐하면 혼자서 하는 파티는 재미없고, 여러분이 아는 150명의 사람들은 이 "핀볼" 사건을 이유로 여러분을 친구 목록에서 삭제할 테니까! 사실, 옥스퍼드 대학의 인지 및 진화인류학 연구소Institute of Cognitive and Evolutionary Anthropology 소장인 로빈 던바가 "한 사람이 맺을 수 있는 안정적인 인간관계의 최대 수"라고 설명하는 일명 '던바의 매직넘버'는 약 150명이다. 미국의 테네시 주를 살펴보든 남아프리카를 살펴보든, 페이스북을 보면 이 말은 딱 들어맞는다. 그의 설명을 더 들어보자. "사실, 페이스북에 등록하는 친구의 수는 평균 120~130명 정도입니다. 나머지 20명 정도는 할머니나 그와 비슷하게 온라인 활동을 하지 않는 사람들이거든요."

그러니 150명으로 구성된 여러분의 네트워크에서는 최대한 손실을 피하면서 망나니처럼 작정하고 노는 것을 목표로 세우면 된다. 이 목표를 위해서는 함께 놀기 딱 알맞은 친구를 고르는 것이 핵심이다. 교수는 "인구가 밀집된 지역에서는 사람들이 스스로 순찰을 합니다."라고 말하는데, 그 대표적인 예로 아미시Amish나 후터파Hutterite, 둘 다 현대 기술 문명을 거부하고 소박한 농경생활을 영위하는 미국의 종교 공동체 공동체 지역을 꼽을 수 있다. 이런 곳에서는 "당신이 무언가 공격적인 행동을 하면, 커뮤니티 내의 모든 사람을 공격하는 것이며, 따라서 결국 당신은 왕따가 됩니다." 하지만 교수는 더욱 발전된, 더욱 세분화된 형태의 네트워크를 보여줄 수 있다고 한다. "이제, 당신이 샌프란시스코에서 태어나 학교는 뉴욕에서 다녔고 직장은 플로리다에서 잡았다고 해봅시다." 다시 말해, 여러분의 네트워크가 하나에 약 30명으로 구성되어 있는 독립적인 집단으로 나뉜다는 말이다. 자, 그러니 딱 맞는 작은 집단을 골라 함께 신나게 놀면 다른 집단에서는 전혀 모르도록 완전범죄를 달성할 수 있다는 것이다.

그런데 주의할 점이 있다. 만일, 바지 위에 팬티를 입은 여러분의 사진을 그룹 중 누군가가 자신의 페이스북에 올린다면 어떻게 되겠는가? 파티에 안 온 다른 친구들도 모두 볼

세상 사람들이 6단계만 건너면 서로 연결되어 있다는 '케빈 베이컨의 6단계 이론'으로 유명한 영화배우 케빈 베이컨. @Featureflash

수 있을지 모르지 않나. 그러니 다음을 한 번 확인해 볼 필요가 있다. 여러분의 네트워크에 속한 여러 집단 중에서 동시에 하나 이상의 집단에 속할 수 있는 사람이 있는지 살펴보라. 가령, 대학 친구 중에 현재 직장 동료인 사람도 있는가? 그렇다면 여러분이 작정하고 망가진 모습이 여러분의 150명 네트워크로 퍼져 나가는 것은 시간문제일지도 모른다. 따라서 결론은 대학 친구들과 그렇게 망가지는 파티를 해서는 안 된다는 것이다.

여러분의 그룹 목록을 다음의 벤 다이어그램처럼 그려보자.

그런 다음, 다른 집합과 교집합이 최소인(또는 없는) 원을 찾아보자. 친구 그룹이 너무 많아서 교집합이 안 생길 수가 없다면 교집합이 가장 작은 것을 찾는다.

이제 이 책에서 정체성경제학을 다룬 부분을 찾아 읽으면서 여러분

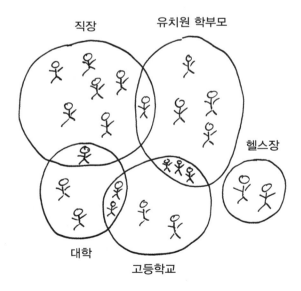

이 작정하고 저지를 행동 때문에 각 그룹에서 잃게 되는 가치에 대해 살펴보자.(기대 정체성과 반대로 행동하면 "개인적 효용"에 손실을 입을 수 있다. 그리고 여러분은 다양한 그룹에 따라 서로 다른 정체성을 갖고 있을 수 있다.) 어떤 그룹에서의 정체성 가치를 각 그룹의 사람 수와 곱해보자. 망가진 행동을 하는 데 어떤 대가를 치러야 하는가?

그 대가가 가장 적은 집단이 바로 〈핀볼 마법사〉 노래를 함께 불러야 하는 집단이다.

●● 던바는 최근의 연구에서 소셜 네트워크가 복잡한 사람들은 그룹 구성원들의 대부분과 심리적 관계가 깊지 않다는 사실을 알아냈다. 그렇다 함은, 즉 소셜 네트워크 규모는 150명이라는 숫자 자체보다는 한정된 심리적 에너지의 양에 얽매여 있으며, 사람은 자신의 심리적 에너지를 자신이 적절하다고 느끼는 대로 분산하게 되어 있다는 뜻이다.

●● 맥아더 지니어스 수상자이자 코넬 대학교 컴퓨터학과 교수인 존 클라인버그John Kleinberg가 질문을 던진다. "나와 내 친구의 의견이나 관심사가 왜 비슷할까?'라는 질문은 사회학에서 고전적인 질문입니다. 친구의 영향을 받아 자신의 취미도 친구와 비슷해진 걸까요? 아니면 내가 내 성향과 비슷한 친구를 찾은 걸까요?" 그는 위키피디아를 이용해서 거기에 대답한다. 위키피디아에서는 내용을 수정하는 사람들 사이의 편집 행동에 유사성이 있는지를 수치로 파악할 수 있다. 교수는 위키피디아의 과거 기록을 모두 저장한 엄청난 용량의 파일을 내려받아서 "편집 방식의 유사성이 서로 대화를 하기 전에 생긴 것인지, 아니면 후에 생긴 것인지"를 알아볼 수 있었다. 그가 분석해낸 결론은 이렇다. "온라인상에서 서로 가까워지게 되면 서로의 편집 방식은 더욱 비슷해집니다. 하지만 오프라인에서 만난 후에 편집 방식이 비슷해지는 경향은 아주 조금밖에 보이지 않습니다." 그러니 고전적인 사회학 질문에 대한 답은 바로 여러분이 비슷한 사람을 찾아 나섰다는 것이다!

친구 합계

나와 관계된 그룹이 초등학교, 고등학교, 여름 캠프, 대학교, 첫 직장, 대학원, 학부모 모임, 온라인 판타지 미식축구 리그, 현재 직장까지 총 9개가 있다. 그룹마다 13, 15, 17, 32명으로 구성될 수 있으며, 지금 순서에서 뒤에 나오는 그룹은 앞에 나오는 그룹의 구성원 숫자와 똑같거나 더 커야 한다. 친구가 정확히 150명이 되려면 그룹마다 인원수는 몇 명으로 구성되어야 할까?

044

백주 대낮에 완전범죄 저지르기

대니얼 사이먼스(Daniel Simons), 크리스토퍼 채브리스(Christopher Chabris),
일리노이 대학교 어바나–샴페인캠퍼스, 유니언 대학교, 심리학

최근 갑자기 열심히 살고 싶은 기분이 들어서 피트니스 클럽에 가입했다. 그런데 내가 등록을 하던 날, 경찰이 클럽 로비에서 한창 조사에 열중하는 모습이 눈에 띄었다. 궁금증이 들어 등록 담당자에게 무슨 일인지 물어보았더니, 그저께 스피닝 바이크(spinning bike, 영화 〈프린세스 브라이드〉에 나온 생명력을 쪽쪽 빨아먹는 기계)를 도둑맞았다고 했다. 오후 다섯 시 반 수업에서는 있었는데 일곱 시 수업이 시작되자 감쪽같이 사라진 것이었다. 화재경보기가 작동하지 않는 출구가 딱 하나 있었는데, 이 출구는 운동하러 온 사람들로 북적이는 피트니스 클럽으로 통하고, 계단을 지나 직원이 있는 접수계로 연결되었다.

다시 말하면, 누군가가 최소한 10~50명의 사람들이 훤히 보는 앞에서 45킬로그램은 족히 나가는 자전거를 들고 유유히 문으로 빠져나갔다는 말이다. 뭐, 커다란 방수포 같은 무언가로 덮었을 수도 있다. 그래도…… 나라면 분명히 눈치챌 수 있었을 것 같다고?

글쎄, 그럴까 안 그럴까. 한번 알아보자.

대니얼 사이먼스(현재 일리노이 대학교)와 크리스토퍼 채브리스(현재 유니언 대학교) 교수는 하버드에 있을 때, 여섯 명의 사람들이 농구공을 주고받는 장면을 비디오로 찍었다. 세 명은 흰색 티셔츠를, 나머지 세 명은 검은색 티셔츠를 입었다. 동영상에서는 선수들이 서툴게 공을 튀기고 서로에게 패스했다. 두 교수는 피험자에게 이 동영상을 보여주면서 각 팀의 선수들이 패스를 몇 번 하는지 세어보라고 시켰다. 동영상을 다 보여준 후, 피험자들에게 혹시 이상한 점이나 예기치 않은 점은 없었는지 물었다.

절반이 '없었다'고 대답했다.

고릴라 복장을 한 여성이 화면 중앙에 떡 하니 들어갔는데? 게다가 고릴라는 카메라를 쳐다보려고 걸음을 멈추기까지 했고, 화면에서 사라지기 전에는 가슴을 쾅쾅 두드리기까지 했는데도?

그렇다. 그럼에도 사람들은 고릴라 복장의 여성을 보지 못했던 것이다. 인터넷 검색창에서 "보이지 않는 고릴라"라고 치면 관련 동영상은 물론, 철저한 연구와 날카로운 필치로 빛나는 두 교수의 흥미진진한 동명의 저서까지 같이 검색될 것이다.

첫째, 이 실험은 지금까지 실험 중 가장 구성이 뛰어난 실험이다. 둘째, 다시 말하지만 고릴라 복장이라니까! 어떻게 그게 안 보일 수가 있지!

하지만, 이 멋진 실험은 '고릴라 복장' 한 번으로 끝나지 않았다. 사이먼스 교수와 동료인 대니얼 레빈Daniel Levin은 연구원과 함께 낯선 사람에게 길을 물어보는 또 다른 실험을 했다. 두 명이 한창 이야기를 하고 있는데, 대화 중간에 커다란 문짝을 나르는 두 사람이 그들 쪽으로 온다. 잠시 어수선한 가운데, 연구원이 문짝을 잡으면서 짐꾼 중 한 명과 자리를 바꾼다. 문이 지나가고 나서, 이제는 연구원과 자리를 맞바꾼 짐꾼이 연구원을 대신하여 대화를 이어나간다.

자, 이 상황에서 대체 어떤 생각이 들겠는가? 누군가 이야기를 하는 도중에 갑자기 대화 상대가 다른 사람으로 변신했으니 참으로 머리가 띵한 일 아닌가. 물론 여러분이 어떻게든 알아차린다고 생각하면 말이다. 그러나 인터넷으로 그 동영상을 찾아보라. 놀랍게도 그 자리에 있었던 사람 중에 절반 가량은 변신을 알아차리지 못한다. 대화 상대가 바뀐 것을 모르는 것이다.

엄밀히 말하면 처음 실험은 선택적 주의selective attention에 관한 것이고, 이번 실험은 주의맹注意盲, change blindness에 관한 것이어서 두 실험이 다르기는 하지만, 둘 다 쉽게 알아차릴 것 같은 사실도 간과할 수 있다는 점을 적나라하게 보여준다.

그러니 사람들로 북적이는 피트니스 클럽에서 아무도 모르게 자전거를 훔쳐 달아나는 일이 충분히 가능하다는 이야기다. 이것은 사람들이 방관자의 무관심bystander apathy, 주위에 사람들이 많을수록 아무도 나서서 어려움에 처한 사람을 돕지 않게 되는 현상으로 방관자 효과라고도 한다. 즉 분명히 목격하고서도 위험, 보상, 관련성 등 행동에 뒤따르는 경제적 이득에 따라 상대를 도울지 말지를 결정하는 것과는 매우 다르다는 점을 주의하자(이 책에서 이타주의에 관한 글을 찾아보라). 지금 우리가 하는 이야기는 방관자의 무관심과는 완전히 다르다. 여기서 방관자는 범죄를 전혀 인식하지 못한다.

자, 그러면 이 현상을 어떻게 이용할 수 있을까?

예전에 이들은 고릴라 실험으로 이그 노벨상Ig Nobel Prize, 미국 하버드 대학교의 유머 과학 잡지인 《기상천외한 연구 연감Annals of Improbable Research》이 과학에 대한 관심을 불러일으키기 위해 1991년에 제정한 상을 수상했다. 시먼스와 채브리스는 이를 살짝 응용해 피험자들에게 특정 팀의 공 패스 횟수를 세는 것은 물론, 바운스 패스 또는 체스트 패스 숫자도 세라고 했다. 채브리스는 그 결과를 이렇게 말한다. "인지 부하cognitive load가 높을수록 고릴라를 못 알아차리기가 훨씬 쉽습니다."

사이먼스가 설명을 이어나간다. "사람들의 주의용량에는 한계가 있습니다. 무언가에 깊게 주의를 기울이고 있으면 다른 것에 신경을 쓸 여력이 없죠. 이 덕분에 우리는 중요한 것에 몰두하고, 중요하지 않은 것을 걸러낼 수 있게 됩니다. 하지만 동시에 우리가 원하는 것까지 놓치게 될 때도 있다는 거죠."

그렇다. 마치 고릴라도 못 보고, 대화 상대가 바뀐 사실을 모르는 것처럼. 또, 피트니스 클럽의 접수계 앞에서 누군가가 버젓이 자전거를 가지고 사라져도 모르는 것처럼 말이다.

그러니 무언가를 훔치고 싶으면 다른 일에 몰두 중인 사람들 앞에서 하라. 이 목적에는 〈파이널 제퍼디〉Final Jeopardy, 미국의 퀴즈 쇼가 안성맞춤이다. 아니라면, 공범을 시켜 사람들의 주의를 딴 데로 돌리게 하는 고전적인 수법도 좋다. 그렇게 방관자들의 주의력이 한계에 달해 있을 때는 여러분이 그들의 눈길을 피할 필요조차 없으니까. 어쩌면 공범자들이 어려운 문제를 내게 하는 것도 괜찮지 않을까?

또한 사이먼스는 "은행 강도가 총을 가지고 있을 경우, 방관자들은 그의 얼굴을 기억하지 못할 확률이 높습니다."라고 덧붙였다. 온 신경이 총에 집중되어 있으니 얼굴까지 기억할 여유가 없는 것이다. 이는 제대로 평가받지 못한 1990년 영화 〈도망자〉에 등장하는 빌 머레이의 번쩍이는 투명인간 이론과 유사하다. 영화에서 머레이는 은행을 털고 나서 도망칠 때는 광대 복장으로 당당하게 공항을 향한다. 정확한 실험실 조건은 아니지만, 광대 복장에만 시선이 집중되면서 정작 그 사람은 놓치게 되는 격이다.

영화 〈도망자〉에서 광대 복장을 한 은행강도로 등장한 빌 머레이. 한 곳에 신경이 집중시키면 다른 곳에서 주의를 쏟지 못하게 할 수 있다.

참, 클럽의 자전거가 궁금하지 않은가? 나도 궁금했으나 안타깝게도 영원한 수수께끼로 남았다.

● ● 채브리스는 1986년부터 체스 챔피언이었고 《체스 호라이즌Chess Horizons》의 편집장이자 《아메리칸 체스 저널American Chess Journal》의 창간자이기도 하다. 채브리스 뿐 아니라 사이먼스 교수도 체스에 아주 능하다. 체스에서는 순위가 선정되므로 연구자들에게는 아주 무궁무진한 분야다. 사람들의 실력을 정량화할 수 있다는 점에서. 두 교수는 이 연구를 이용해서 아주 재미있는 것을 발견했다. 순위가 낮은 선수들은 자신들의 능력을 심하게 과대평가한 반면, 순위가 높은 선수들은 실제 결과에 아주 근접하게 평가했다. (이 책에서 데이비드 더닝이 쓴 글을 보라.)

045

무인도에서 식수 확보하기

미라 올슨(Mira Olson),
드렉셀 대학교, 도시공학

아마겟돈의 시대가 도래했다고 해보자. 다만 영화처럼 드라마틱한 종말은 아니다. 그러니까, 강력한 소행성이 지구를 날려버리거나, 핵겨울이 와서 태양빛을 차단해 모든 생명체가 지하 깊숙한 곳에서 우라늄 반감기의 10배나 되는 기간을 보내야 한다거나, 또는 노르웨이 신화에 나오는 늑대신이 갇혀 있던 땅 밑 지옥을 탈출해 신들을 잡아 먹으려고 하는 그런 것이 아니다. 이런 극적인 방식 말고 조금 약하게, 가령 기반시설이 완전히 붕괴되거나 화석연료 공급이 끊기는 상황을 생각해보자.

이럴 경우에는, 슈퍼마켓을 완전히 탈탈 턴 후에도, 사람들은 최소한 한 달, 어쩌면 그보다 더 오랫동안 음식 없이 생존할 수 있다(돌림병처럼 번진 비만 덕택에!). 그렇지만 최대 10일 안에 물을 마시지 않으면 바로 저세상 행이다. 그리고 대다수 지역에서는 연간 식수 공급량을 충분히 확보하기가 쉽지가 않다(가장 깨끗해 보이는 계곡이라 할지라도 마르모트가

@Steve Allen

오줌을 쌀 테니까!). 간단히 말해, 내가 마실 생수를 확보하지 못하면 생존에 큰 위협을 받게 된다.

마실 물을 확보하려면 지붕을 이용하는 방법도 있다. 드렉셀 대학교 도시공학과 교수인 미라 올슨의 말에 따르면 빗물을 재활용하고 지붕을 이용해 물을 받는 것은 새로운 발상이 아니다. 비잔틴 제국에서는 가정용으로, 로마인들은 산업용으로 그 방법을 이용했다고 한다. 우선, 양철 지붕이나 테라코타 지붕이 좋고, 아스팔트와 판자는 좋지 않다. 교수의 말을 빌리면 새가 꼬일 수 있기 때문이다.(닭·새가 올라앉는 홰 아래에 차를 주차시키지 말라는 것과 똑같은 이유이기도 하다.) 그리고 첫 빗물에는 오염물질이 상당수 포함되어 있으니 건기 후에 내리는 첫 빗물은 그냥 흘려보내야 한다.

그러나 정화 방법이 있으니 다행이다. 염소chlorine 정제가 없는 경우에는 게딱지를 넣어라. 딱지의 키토산이 박테리아, 조류藻類, 심지어 마르모트의 오줌과 같은 유기 오염물질을 잡을 것이다. 그 게딱지를 먹지 않는 이상, 별 문제는 안 생긴다.

교수는 "깨끗한 튜브를 통해서 물을 정화시킬 수 있으면 햇빛으로 박테리아를 비활성화시키는 방법"도 있다고 귀띔한다. 자외선은 박테리아를 죽이는 것이 아니라 복제를 막는 역할을 한다. 처음에는 박테리아를 조금 마시긴 하겠지만, 몸 안에 들어간 박테리아가 위에서 개체 수를 잔뜩 늘리지는 못할 것이다. 사실, 하이킹이나 캠핑용으로 사용되는 자외선 살균 펜은 이미 출시되어 있다. 그러나 빗물을 받아 2~4시간 동안 직사광선을 쪼이면서 깨끗한 튜브를 천천히 통과시켜도 같은 효과가 난다.

자, 이 사실을 알고 있으면 진화론적으로 최고의 선물이 주어진다. 바로 지구를 여러분의 후손으로 다시 채우는 것이다!

●● 미라 올슨 교수는 '국경 없는 공학자EWB, Engineers Without Borders' 협회에서 일하면서 제3 세계가 지속적으로 사용하고 유지할 수 있는, 빗물받이를 비롯한 관개 시스템을 만든다. 그러고 보면 제3 세계 공학은 세계 멸망 이후를 영화 〈매드 맥스〉를 연상시키는 면이 없잖아 있다.

046

이성과 감정의 줄다리기를 통해
궁극의 투자자 되는 법

앙투안 베카라(Antoine Bechara),
남가주 대학교(USC), 신경학

인터넷으로 잠깐만 검색해도 4살짜리 아이들에게 눈앞에 놓인 테이블에 있는 마시멜로를 당장 먹을 것인가, 아니면 20분을 기다려서 원래의 마시멜로에다 덤으로 하나를 더 받아서 먹을까를 선택하게 하는 재미있는 동영상이 엄청나게 쏟아진다. 아이들이 과연 기다릴 수 있을까? 아이들은 몸을 비비 꼬고 눈을 가린다. 천사같이 예쁜 여자아이 하나가 마시멜로 중간을 파내서 먹고, 그 끈적거리는 껍질을 천연덕스럽게 테이블 위에 다시 놓는 것도 볼 수 있다. 백문이 불여일견이니 진짜로 한 번 찾아서 직접 보시라.

하지만 이 실험은 단순한 흥밋거리가 아니다. 유명한 마시멜로 실험은 아이들의 성공 여부를 잘 예측해주는 지표나 다름없었다. 참을성을 발휘한 아이들은 SAT

점수도 높고 결혼생활도 더 행복했으니까.

여러분은 치과에 가는가? 배우자가 아닌 이성의 유혹을 거절할 수 있는가? 외과수술을 받겠는가? 학교를 열심히 다니겠는가? 뇌물을 거절할 수 있는가? 일주일간 크루즈 여행을 갈 수 있는 자금을 써버리지 않고 묶어두겠는가?

USC 신경학 교수인 앙투안 베카라는 이런 욕구/통제력이 두뇌 구조 사이를 저울의 추처럼 왔다 갔다 한다고 말한다.(이 책에서 브라이언 너트슨이 등장하는 '우와/으헉' 글을 찾아보라.) "마약이든 마시멜로든 뇌물이든, 즉각적인 보상은 두뇌의 본능과 관련된 영역에서 처리되죠." 즉각적인 보상이 강할수록 도마뱀의 뇌는 더 많이 원한다. 하지만 그 후, 복내측 전전두피질이 그 결과를 평가한다. "전두피질은 뇌물 때문에 구속당하거나, 마약 때문에 인생이 저당 잡힐 수도 있다는 신호를 보냅니다."

이쯤이야 쉽다. 여러분의 두뇌는 욕구와 통제력 사이를 움직이는 저울이다.

그런데 이 저울에 영향을 미치는 요소들이 있다. 이 부분이 각별히 흥미로운 부분이다. 피니스 게이지Phineas Gage라는 사람은 1848년에 뜻밖의 사고를 당하는 바람에 유명해졌는데 그 사건은 이렇다. 유가 폭약으로 큰 바위를 제거할 때 사용하던 약 90센티미터 길이의 쇠막대기가 있었는데, 잘못하여 폭약이 예정보다 빨리 터지는 바람에 이 쇠막대기가 그의 얼굴과 왼쪽 눈 뒤를 지나 이마로 관통하면서 이 "통제력" 부분을 손상시킨 것이다. 그런데 놀랍게도, 게이지는 생명을 잃지 않았을 뿐만 아니라 지능지수와 인지능력도 그대로였다. 하지만 두뇌에서 집행을 담당하는 영역이 손상되는 바람에 성미가 매우 급해져 업무를 제대로 수행하지 못할 정도였다. (이 책에 실린 스티브 슐로즈먼의, 전두엽의 퇴화와 좀비화에 관한 익살맞은 글을 보라.)

성마른 성격으로 바뀌는 데에는 이런 부상 외에 유전적인 요소도 작용할 수 있다. 또는 교수의 설명대로 "어릴 때의 고통스러운 경험 때문에 두뇌의 전두엽과 선조체線條體에 큰 변화가 생겨서 병변이 있는 사람과

쇠막대기로 뇌를 관통당하고도 천수를 누린 피니스 게이지

똑같은 행동을 보이기도 합니다."

논리는 완전 무시하고 오로지 감정만으로 행동하는 이런 성격은 무엇보다 투자 분야에서는 최악의 요소로 작용한다. 베카라 교수는 동료 연구자인 바바 시브Baba Shiv, 조지 로윈스타인George Loewenstein, 한나Hanna와 안토니오 다마지오Antonio Damasio와 함께 감정/이성의 저울이 제대로 작동하지 않는 투자자들에 대한 연구를 했다. 즉 두뇌에서 감정을 관장하는 곳에 손상을 입은 투자자들은 어떻게 행동할까? 하는 물음이었다.

연구진은 참가자들에게 20라운드의 도박 게임을 시키고 시작하기 전

에 20달러씩 주었다. 한 판 시작할 때마다 참가자에게는 1달러를 걸고 2.5달러를 얻을 수 있는 동전 게임이 주어졌다. 기대치가 1달러 대 1.25달러니까 판마다 놓치지 않고 해볼 만한 내기라는 생각이 들 것이다. 하지만 결과가 어떠했을까? 건강한 피험자들은 평균 22.80달러를, 반면, 감정 영역에 손상이 간 피험자들은 평균 25.70달러를 들고 돌아갔다.

다른 연구에서도 월가에서 이와 유사한 결과가 나타난다고 했다. 감정이 없는 거래자들이 더 많은 이득을 취한 것이다. 교수는 이렇게 설명한다. "월가에 있는 모든 사람들이 업무 시에 감정을 제거해버리는, 이른바 기능적 사이코패스는 아닙니다. 감정 조절법을 배울 수 있으니까요. 하지만 최고의 투자자 중에 상당수가 기능적 사이코패스들이나 할 법한 일들을 하는 것은 사실입니다." 그러니 만약 피니스 게이지(그리고 좀비도)에게서 편도체가 전두엽보다 우세하다면, 궁극의 투자자는 그 반대로 해야 한다. 즉 감정의 영향을 전혀 안 받도록 100퍼센트 이성만 작용해야 한다는 의미다. 앞서 마시멜로 이야기로 다시 돌아가면, 여러분이 마시멜로를 먹지 않는 연습을 통해 이성적 뇌를 훈련시킬 수 있다는 것이다. 만족을 늦추는 것은 두뇌의 감정 영역보다 이성 영역에 힘을 실어주면서 "욕망"보다 "절제"를, 즉 편도체보다 전두엽을 앞세우는 훈련이다. 연습을 할수록 이득도 높아진다. 금전적 이득뿐만이 아니라 미래의 목표에 대한 성공 또한 충분히 예측된다.

안타깝게도 피니스 게이지는 급한 성격으로 인생을 망치고 말았다. 그러나 그와 반대로, 드라마 〈스타트렉〉에 나오는, 오로지 이성으로만 이루어진 스포크 선장처럼 굴어도 실패하기는 사실 매한가지다. 궁극의 투자자가 되는 두뇌 훈련을 하되, 퇴근 시에는 여러분 안의 기능적 사이코패스를 일터에 두고 귀가하는 것을 잊지 말자.

• • 베카라 교수의 최고 업적으로 꼽히는 연구에는 그 유명한 아이오와 겜블링 과제IGT가 있다. 여기서는 피험자들이 앞면을 엎어놓은 카드 더미 세 개 중에서 카드를 각각 한 장씩 선택했다. 각 더미마다 보상이 다르기 때문에, 피험자들은 시간이 지나면 가장 이득이 되는 더미에서만 카드를 골라야 한다는 사실을 학습한다. 사실 여기서는 "학습"이라는 단어보다 "직관적 깨달음"이 더 정확한 단어일 것이다. IGT 과제에서는 인지보다는 직관을 통해 더 빨리 배우기 때문이다. 다른 아이들보다 학교교육을 더 많이 받거나 SAT 점수가 높은 학생들은 이 실험에서 더 낮은 점수를 받았다. 똑똑한 사람들은 '감'을 믿기보다는 '이성'으로 분석하는 경우가 많기 때문이다.

타임 디스카운트

심리학자들과 경제학자들은 즉각적인 보상이 아무리 미미하다 하더라도 미래에 받는 보상보다는 가치가 크다는 사실을 알고 있다. 자, 여러분 앞에 마시멜로가 하나 놓여 있다고 치자. 당장 먹는 것, 아니면 먹고 싶은 마음을 참은 뒤 나중에 먹는 것 두 가지 중 하나를 택할 수 있다. 단 그 나중이 언제인지는 정해져 있지 않지만, 나중을 선택하면 마시멜로 네 개를 더 받을 수 있다. 또, 마시멜로 보상의 가치는 방사능 물질처럼 감소해서 3분이 지날 때마다 원래 가치의 4분의 1을 잃는다고 한다. 마시멜로 하나를 당장 먹는 것이 더 가치가 큰 시점은 언제일까?

047

오늘의 선택 기준을 미래에 둬라

캐서린 밀크먼(Katherine Milkman),
펜실베이니아 대학교 와튼 스쿨, 행동경제학

다들 곤히 자고 있는 이른 아침, 즉석 시리얼을 흡입하려고 부엌으로 향하는 중에 문제가 생겼다. 냉장고 위에 있는 할로윈 초콜릿 두 상자가 나를 부르고 있다는 것. 시리얼 대신 그냥 스니커즈 바나 먹을까. '설마 애들이 내가 먹은 걸 알겠어?'

자, 다시 2층으로 올라왔다. 환상적인 맛이었다. 어쨌거나 시리얼을 먹느라 전자레인지를 돌렸으면 가족들의 잠을 방해했을 테니 오히려 잘한 게 아닐까. 아, 그런데 느낌이 안 좋다. 당분을 너무 많이 먹은 것 같다. 잇새에도 끼고, 남아도는 당이 두뇌에서 타는 소리가 들리는 듯하다.

에잇! 오트밀을 먹을걸! 대체 내가 왜 그랬을까?

문제는 사실, 어떤 것이 바람직한 행동인지를 스스로 잘 알고 있다는 것이다. 솔직히, 어제도 똑같은 짓을 했고 이에 낀 꺼끌꺼끌한 당분을 느끼며 후회를 했다. 하지만, 단 것이 눈앞에 보이면 난 마법이라도 걸린 사람 같다. 늑대인간이라도 된 양 아주 순식간에 게걸스레 해치워버리니까.

그런데 이런 것은 비단 나뿐만이 아니다.

와튼 스쿨의 행동경제학자인 캐서린 밀크먼의 연구를 보자. 교수는 사람들의 인터넷 장보기 행동을 연구했는데, 익일 배달을 시키는 경우, 3일 전에 미리 주문할 때와 사는 상품이 어떻게 다른지 보았다. 연구 결과, 시간적 여유 없이 장을 볼 때 지출비가 훨씬 많았고, 전체 주문 중에서 정크 푸드가 차지하는 비율도 높았다.

그러니 초콜릿을 원하는 현재 자아를 뒤로 하고, 2~3일 후의 미래의 자아에 선택을 맡기자. 그래서 불가*bulgur, 쪘다 말린 밀을 가루내어 만든 음식*와 근대를 비롯해 몸에 좋은 식품을 사도록 하자. (이런 젠장, 또 초콜릿이 마구 당기네!)

밀크컨은 실험을 통해서 언제 정크 푸드가 당기는지 알아보았다. 피험자들을 불러 모아, 다음 날 다시 와서 간식을 먹으며 영화를 볼 계획이라고 했다. 그중 절반에게는 어떤 영화를 보게 될 것인지 알려주고, 나머지 절반에게는 알려주지 않았다. 그리고는 영화를 보면서 먹고 싶은 간식을 고르게 하자, 어떤 영화를 보는지 모르는 피험자들은 정크 푸드를 골랐다.

이 두 실험을 종합해보면 확실한 미래의 자신의 영향력을 볼 수 있다. 즉 이 책을 읽고 있는 현재의 여러분보다 미래의 자아가 더 합리적이고 차분하다는 것이다.(인정하라. 여러분이 나였어도 그 초콜릿을 먹었을 것이다. 아, 난 또 부엌으로 가봐야겠다.)

문제는 '어떻게 확실한 미래의 자아에 책임을 맡길 것인가'이다.

우선, 미래가 확실할수록 그 힘은 더 세다. 그러니 목록을 만들고, 우선순위를 정하고 내일과 모레가 더 명확해지도록 계획을 세우자. 둘째, 밀크먼은 행동장치commitment device, 제약을 가하는 도구를 이용하라고 권했다. 미래의 자아에게 통제력을 발휘하게 하려면 어느 정도 힘을 실어주어야 한다는 것이다. 밀크먼은 예일대학교의 이언 에어즈Ian Ayres와 딘 칼런Dean Karlan 총장의 연구를 예로 들었다. 이들은 미래의 자아가 현재의 자아를 죽이도록 한다. 스틱K www.stickk.com를 들러보자. 이 사이트에서 여러분은 목표를 정하고 그걸 달성한다는 데 돈을 건다. 그런 후, 진척 상황을 모니터링하는 이메일을 받게 되고, 목표 달성에 실패하면 건 돈을 잃게 된다.

행동장치로는 여러분의 사회적 평판을 걸게 하는 방법도 있고(이 책에서 B. J. 포그 관련 항목을 찾아보자.) 다른 사람이 내 상황이라면 어땠을까를 생각해서 그것을 따르는 방법도 있다. 슈퍼에 들어가면서 미래의 자신에 대해 생각해보라. 여러분의 미래의 자신은 치킨 통구이나 초콜릿 아이스크림을 정말 먹고 싶어 할까? 미래의 여러분이라면 스스로를 위해 어떤 결정을 내리겠는가? 유혹을 뿌리칠 수 있다면 바람직한 결과를 얻는다. 내 개인적으로는, 미래의 자아가 지

@Monika Adamczyk

금보다 조금 더 매력이 있었으면 좋겠다. 그런 의미에서 나는 이 지면을 할애하여 내 미래의 자아에게 집에 있는 할로윈 초콜릿을 훔쳐서 태우고 재를 묻을 권리를 주는 바이다.

● ● 밀크먼 교수는 사람들이 우연히 받게 된 10달러짜리 온라인 쇼핑 쿠폰을 어떻게 쓰는지도 관찰했다. 전통적인 경제 이론에서는 횡재한 금액이 적을 경우에는 여러분의 선택에 영향을 미치지 않는다고 한다. 필요없었던 것이 필요하게 느껴지거나 살 생각이 없었던 것을 사게 되지는 않는다는 것이다. 하지만 밀크먼의 생각은 다르다. "심리학자들은 이 쿠폰으로 여러분이 부자가 된 것처럼 느낄 거라고 생각합니다." 아니나 다를까, 사람들은 이 쿠폰으로 싱싱한 해산물이나 신선한 과일 같은, 평소에는 사지 않는 상품을 주로 샀다. 즉 돈이 많을 때 살 만한 상품들을 구입한 것이다.

048

운동 없이 더 크게, 더 강하게, 더 빠르게

로널드 에번스(Ronald Evans),
솔크 연구소, 분자생물학

솔크 연구소와 하워드휴스 의학연구소Howard Hughes Medical Institute 소속 분자생물학자인 로널드 에번스가 말문을 연다. "오랜 학문인 근생리학에서는 운동을 더 잘하려면 훈련밖에 방법이 없다고 하죠. 다시 말해, 최고의 수영 선수가 될 만한 선천적 능력이 있을 수는 있지만, 열심히 훈련하지 않으면 여러분 다음으로 빠른 선수에게 밀리기 마련입니다."

실망이다. 이러한 논리라면 피트니스 클럽에서 장시간 땀을 쏟아내고, 달콤한 아이스크림을 앞에 놓고서도 자기부정을 해야 한다는 말 아닌가.

하지만 운동과 근발달 사이에는 중요한 단계가 있다. 이야기가 이어진다. "관제센터는 세포핵이죠. 요령만 알면 핵이 실제로 운동을 하지 않고서도 운동을 한 듯

@Cammeraydave

한 효과를 내게 할 수 있답니다."

야호!

불행히도 세포의 이 교묘한 수법은 에너지 음료를 마시면서 뛰는 것을 상상하거나 에어로빅 스타인 리처드 시먼스Richard Simmons의 비디오를 보는 것처럼 간단하지 않다. 대신, 이야기는 신체의 화학적 에너지 형태인 ATP로 시작한다. 운동을 할 때 세포 내 미토콘드리아는 지방, 탄수화물, 아니면 여러분의 복부에서 떠돌아다니는 이름 모를 물질을 ATP로 전환시킨다. 그리하여 전환된 ATP는 분해되어 에너지를 발생시키고 부산물로 AMP를 만들어낸다. 운동을 더 한다는 말은 ATP를 더 많이 사용한다는 뜻이며, 따라서 AMP 역시 늘어난다는 말이다. 그러니 신체가 AMP를 감지하면 신체는 우리가 운동 중이라는 사실을 알게 되어 더 많은 지방, 탄수화물, 복부의 물질을 연소시켜서 앞으로 사용에 대비하려고 한다. 그러니 AMP를 감지하자마자, 여러분의 신체는 근육을 만드는 비율도 증가시키며, 따라서 운동으로 인한 피로도 줄이고 앞으로 필요할 때에 대비해서 근육 보유량도 늘린다.

아이카AICAR라는 약은 이런 AMP를 모방한다.

이 약을 투여하면, 신체는 여러분이 운동하고 있다고 생각한다. 당연소도 늘고, 근육도 늘어난다. 하지만 교수는 "실제로 제공된 것은 운동의 신호뿐입니다."라고 말한다. 실험실에서 쥐에게 아이카를 투여하자 쥐는 고열량 식단에도 아랑곳없이 몸무게가 빠지고 지구력이 향상되었다.

그러니 단순히 아이카를 처방받으면 여러분은 트랜스지방이 가득한 온갖 아이스크림과 도넛을 마구 먹으면서도 보스턴 마라톤에 출전할 자격이 되는 것이다.

그런데 문제가 있다. 교수의 말을 들어보자.

"이 약에는 두 가지 문제점이 있습니다. 주사로 놓을 수밖에 없으며, 나온 지 오래되었다는 거죠." 간단히 말해, 사람들이 약을 개발하는 목적은 병을 치료하거나 건강을 증진시키는 것이 아니다. 돈을 벌기 위해서다. 그런데 사람들은 주사를 맞는 것을 싫어한다. 또한 이 약은 만들어진 지 오래되어서 특허기간이 끝났기 때문에 어떤 제약회사든 제조할 수 있다. 그래

@Andi Berger

서 어떤 회사가 연구개발비로 1억 달러를 쏟아부어 사람들이 쓸 수 있도록 FDA 승인을 받아낸다 해도, 그 즉각 시장에서 복제약들과 경쟁을 할 수밖에 없는 형편이다.

그러니 조만간에 아이카가 나오겠지 하는 기대는 금물이다.

그렇다고 낙담하기에는 이르다. 또 다른 희소식이 있다.

PPR 델타는 핵수용체로, 핵의 벽에 붙어서 자신이 원하는 분자를 찾을 때까지 말미잘처럼 춤을 춘다. 그러다가 분자를 찾으면, 잡은 정보를 핵 안으로 전달한다. PPR 델타가 잡는 것은 지방이다. 신체는 PPR 델타가 지방과 결합하면 그 수를 늘린다. 그래서 더 많은 양이 혈액 속에 떠다니면서 지방을 더 빨리 연소시킨다. 에반스와 동료 연구자들은 이런 효과를 모방하는 분자를 합성했다. 향후 몇 년 안에 약이 출시되는지 계속 주시하시라.

단 그때까지는 포화지방을 반드시 멀리할 것.

포화지방은 지방 연소율을 높이라는 신호를 신체에 보내지 않고 곧장 저장된다. PPR 델타는 포화지방에는 관심이 없는 반면, 단일 불포화지방과 고도 불포화지방은 사랑한다. PPR 델타는 혈액에 있는 이 불포화지방과 결합하여 신체에 서둘러 태우라는 신호를 보낸다. 오메가 3(생선)나 레스베라트롤(적포도주!)이 풍부한 식품은 PPR이 불포화지방산과 결합하여 연소율이 높아지게 돕는다. 포화지방 비율은 유제품이 단연 선두이고, 호두가 가장 낮다. 오일 중에서는 코코넛유와 팜유는 피하고 옥수수유나 아마씨유를 이용하자.

● ● 에번스 교수의 연구는 줄기세포가 두뇌의 두 영역에 계속해서 새로운 신경세포를 만든다는 사실을 보여준다. 그 두 영역은 바로 해마와 후각신경 구이다. 성인이 되고 나면 새로운 신경세포가 생성된 후 바로 죽는 경우가 많지만, 그중 일부는 뇌 구조를 형성하는 데 이용된다. 실험용 쥐를 이용한 테스트에서 증명된 것처럼, 여러분이 새로운 기억을 계속 부호화하고 처음 접하는 것을 학습할 수 있는 것은 해마의 새 신경세포 덕분이다. 한편, 후각 신경구의 새 신경세포 덕분에 다음 생에는 (이를테면) 냄새를 더 잘 맡게 될지도 모른다. 교수는 신체 운동은 물론 두뇌 운동을 통해서도 신경줄기세포가 새로운 신경세포로 분화되는 속도가 빨라진다는 사실을 발견했다.

● ● 맥매스터 대학교의 연구진은 가벼운 웨이트 트레이닝을 힘들 때까지 하면 무거운 웨이트 트레이닝을 하는 것과 똑같이 근육을 만들 수 있다는 사실을 알아냈다. 여기에서 핵심은 운동 피로도였다. 무거운 것을 들면 금방 피로도에 도달하는 반면, 가벼운 것을 들되 더 많이 반복하면 그와 똑같은 근육을 만들 수 있다.

049

섹시한 목소리는 섹시한 몸매의 징표

고든 갤럽(Gordon Gallup),
앨버니 대학교, 심리학

몸매 바꾸기는 운동과 다이어트도 해야 하는, 시간이 아주 많이 걸리고 노력도 필요한 작업이다(이 책을 잘 읽어보지 않는 한은). 하지만 목소리를 섹시하게 바꾸는 것은 어떨까? 앨버니 대학교의 심리학 교수인 고든 갤럽 덕분에 여러분은 오늘 당장 섹시한 목소리의 소유자로 거듭날 수 있다.

갤럽 교수는 대학생들에게 녹음기에 1에서 10까지 세라고 한 뒤, 이를 그 학생들의 친구들에게 다시 들려주었다. 성적인 내용이나 우울한 내용이 없었는데도 어느 목소리가 섹시하고 또 섹시하지 않은지에 관해 친구들의 의견은 거의 비슷했다. 그리고 교수는 이런 섹시한 목소리가 섹시한 몸매를 예측하게 하는 강력한 지표라는 사실을 밝혔다. 즉 목소리가 섹시한 남성들은 어깨/엉덩이 비율이 더 높고, 목소리가 섹시한 여성들은 허리/엉덩이 비율이 더 낮았던 것이다. 이뿐만이 아니다. 이들은 성경험을 시작한 연령도 낮았으며 사귄 상대도 더 많았다.

독일 출신의 미국 영화배우이자 가수인 마를레네 디트리히
(1901∼1992). 디트리히는 허스키한 목소리를 지녔지만
그녀의 성적 매력은 꼭 목소리의 도움을 받을 필요는 없었
을지도 모른다.

간단히 말해, 목소리가 섹시하
면 실제로 그 사람이 섹시하다
고 생각해도 크게 틀리지 않는
다는 이야기다.

그러면 이런 섹시한 목소리
를 가진 사람들의 특징은 무엇
일까.

영화 〈토이스토리〉를 보았다
면, 어떤 남성들의 목소리가 섹
시한지 잘 알 것이다. 버즈 라
이트이어를 맡은 팀 앨런이 우
디 목소리를 맡은 톰 행크스보
다 섹시했다. 남성은 목소리가
저음일수록 더 섹시하다는 아
주 분명한 증거가 있다. 갤럽
교수는 이렇게 저음인 목소리는 사춘기 때 본격적으로 분비되는 테스
토스테론 때문이라고 추측한다. 이 호르몬의 영향으로 남성들의 바람
직한 어깨/엉덩이 비율이 만들어진다.

하지만 여성의 경우 섹시한 목소리를 정의하는 것이 쉽지 않고 섹시
함과 음조의 높낮이는 서로 무관하다. 대신 가장 결정적 요인은 성대의
틈새로 공기가 새어나오는 기식성breathiness이다. 사람에게는 한 쌍의 성
대가 있고 그 사이에는 공간이 약간 있다. 여성이 남성보다 공간이 조
금 더 넓어서 공기가 섞인 소리가 나온다. 공간이 넓을수록 더욱 공기

가 섞인, 이른바 허스키한 소리가 나오는데, 이는 사춘기 때 에스트로겐이 더 분비되었기 때문인 듯하다.

여기서 중요한 점은 바로 목소리가 몸매에 대한 평가에도 영향을 미친다는 것이다. 가령, 아직 만나기 전에 남성의 상대 여성의 목소리를 들었는데 섹시했다고 가정해보자. 그러면 남성은 여성의 목소리 때문에 몸매까지 섹시할 거라고 기대한다. 이 말은, 실제 만남에서 똑같은 몸매라도 목소리가 매력 없는 여성에 비해 점수를 더 후하게 받는다는 의미다. 여러분은 한 달 속성 단기 다이어트에 고강도의 웨이트 운동을 병행하려고 생각 중인가? 그냥 섹시하게 말하면 더 예뻐 보일 수 있는데도?

● ● 고든 갤럽 교수는 키스에 대해서도 말한다. "키스하는 동안, 아주 많은 양의 복잡한 정보가 교환되죠. 아마도 그것을 통해 신체가 건강과 생존에 대해 평가를 내릴 수 있고, 그래서 결국 이 사람이 내 동반자로 적합한지 유전적으로 판단할 수 있는 게 아닌가 싶습니다."

하지만 자손의 수를 성공의 기준으로 볼 때에는 성별에 따라 목표가 크게 달라진다. 남성의 경우는 섹스 자체에 최선을 다하는 반면, "여성의 경우 섹스는 그저 시작에 불과합니다. 상당기간의 임신기간과 수유기간을 거쳐 몇 년의 양육기간이 앞으로 펼쳐지죠."

갤럽 교수는 이렇게 다른 진화론적 목표 때문에 성별에 따라 키스의 목적도 다르다는 사실을 알아냈다. "남성은 입을 열고 혀로 키스하고 싶어 합니다." 이는 성적인 키스이며 말하자면 비행 전에 점검목록을 확인하는 셈이다. 반면 "여성은 상대의 마음을 끌고 남성을 판단할 뿐만 아니라 관계를 오래 지속할 수 있는지를 봅니다." 그러니 여성에게 키스는 다른 방법으로는 알기 어려운 정보를 얻는 방법이다.

050

진실성 간파하기 :
천천히 말하는 "예스"는 "노"

콜린 캐머러(Colin Camerer),
캘리포니아 공과대학교, 신경경제학

괜찮았다고 생각한 첫 데이트의 마지막 작별 시간이다. 여러분이 상대 남자에게 묻는다. "나중에 전화 줄래요?" 그러자 남자는 "……그럼 요!"라고 대답한다. 자, 진짜로 전화를 할까?

칼텍의 경제학자이자 신경과학자인 콜린 캐머러는 "뜸들이면서 '네'라고 말하면 '아니요'라는 의미"라고 말한다. 그리고 소비자 조사, 정치 투표, 또 질문을 받은 사람이 물어본 사람의 의중을 아는 여러 상황에서, 대화 중에 보이는 긍정적 반응은 그때뿐이라고 설명한다. 영업 사원에게서 온 전화를 받았다고 해보자. 여러분은 어떤 사근사근한 사람이 전화상으로 끝내주는 제품이라며 딱 2분 동안 설명한 제품을 사겠는가? (쉬었다가) 네. 전화를 건 사람이 적극적으로 지지하는 후보자를 뽑겠는가? (쉬었다가) 네. 여러분은 데이트 상대가 곧 다시 연락을 하리라 생각하는가? (쉬었다가) 네, 당연하죠!

'예스 편향'이라고 알려진 이 경향은 자고로 여론 조사에서 매우 골치 아픈 문제이다.

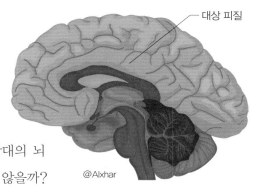

대상 피질

@Alxhar

사람들의 입에서는 진실과는 다른 말이 얼마든지 나올 수 있는 법이다. 그러니 말 대신, 소비자, 유권자, 데이트 상대의 뇌를 보고 파악할 수 있으면 좋지 않을까?

이것이 바로 캐머러 교수가 한 일이다. "우리가 발견한 사실은 이렇습니다. 머릿속에서 하는 가상의 선택은 진짜 선택보다 5분의 1초만큼 빠르다는 것이죠." 사람들은 (가정적으로) 누구에게 투표를 할지, 물건을 살지, 혹은 전화를 걸지 어떨지를 매우 빨리 결정한다. 그러니 가정의 질문에 대해 빠른 응답은 진실된 응답이다. 5분의 1초 뒤늦게 대답한다면 예의상 진짜 반응을 숨기려고 하기 때문이다. 그저 임시방편으로 상대를 즐겁게 해주려는 것이다. 거짓말에는 그만큼의 시간이 걸린다.

하지만 진짜 결정을 내릴 때는 두뇌에서 또 다른 영역인 대상피질帶狀皮質이 활성화된다. 교수는 이것을 일컬어 "2차 확인 단계"라고 말한다. 예를 들어, 여러분이 데이트 상대에게 나와 키스를 하고 싶으냐는 아주 현실적인 질문(현실적 결과가 따라나오는)을 하면, 질문을 받은 사람이 진짜 자신의 마음을 다시 확인하느라 5분의 1초가 걸린다. 그래서 진짜 선택에서는 대답이 늦게 나오는 게 당연하며, 그렇게 나온 대답은 믿어야 한다.

그러니 진실성을 간파하려면 물어보고 싶은 질문의 종류부터 먼저 알아야 한다. 현실적인 질문이라면 오히려 대답이 조금 늦게 나올 수 있음을 예상해야 한다. 그 대답은 진심일 것이다. 하지만 반대로, 가상적인 미래에 대한 네/아니오 대답을 물어볼 때에는(가령, 그가 전화를 할까?) 대답이 재빨리 나와야 진심이 된다. 늦어지는지 지켜보라. "네"가 늦게 나오면 예의상 하는 말이며 본심을 숨기고 있다는 뜻이다. "네"는 빈말이며 마음에서는 "아니요"라고 대답하고 있는 것이다.

자, 이렇게 하면 그 5분의 1초 안에 여러분은 두뇌의 진짜 의도를 읽을 수 있다.

051

선택 마비에 안 걸리는 법

조나 버거(Jonah Berger),
펜실베이니아 대학교 와튼 스쿨, 의사결정학

슈퍼에 시리얼을 사러 가면 어떤가. 시리얼 코너를 찾았더니 선반 길이가 거의 30미터나 되는 데다 자체 브랜드 제품까지 포함해서 목록이 끝이 없다. 입이 떡 벌어질 만큼 많은 시리얼 상자 앞에 선 여러분은 그저 선반을 멍하니 쳐다보며 서 있다. 그러다가 머리가 지끈거리기 시작한다! 가벼운 마음으로 시리얼을 사러 왔는데 도대체 고르는 게 쉽지가 않다. 선택할 것이 너무 많다 보니 마치 최면에 걸린 듯 옴짝달싹 못하게 된다. 일명 선택 마비에 걸린 것이다.

여러분은 어젯밤에도 인터넷으로 비행기 표를 구하느라 똑같은 마비 증세를 경험했다. 게다가 지난달에는 부엌의 벽지를 고르느라 꼬박 12시간을 허비했다.

와튼 스쿨의 조나 버거 교수에 따르면 일반적으로 중요한 결정을 내리는 데는 시간이 걸린다고 한다. 뭐, 좋다. 그런 문제에 시간이 걸릴 거라는 사실은 우리도 충분히 예상할 수 있다. 그러니까 대학이나 직업을 정할 때나 집을 살 때에 시간이 걸리고 결정하기 어려워도 그러려니 하고 낙담하지도 않는 것 아닌가.

그런데 교수는 사소한 결정이 예상과는 달리 어려울 때 생기는 흥미로운 점을 관찰했다. "처음에는 시간이 더 걸린다는 사실로 미루어 그 문제가 중요하다고 생각하게 되죠. 그런 다음에는 이제 중요해 보인다는 이유로, 일부러 시간을 더 들여서 결정을 내리려고 한다는 겁니다."

니로 시바나탄 교수가 말한 소비 유사를 떠올려보자. 채무가 있는 사람들은 자존감이 낮았고, 그 이유 때문에 사치품을 사면서 빚이 늘고 또다시 자존감은 더 낮아지고 과소비가 심해지는 악순환에 빠지지 않던가. 여기서도 이와 비슷한 악순환 고리가 만들어진다. 즉 사소한 일로 시간을 허비하면서 그 일에 중요도를 부여하는 덫에 걸려드는 것이

비슷비슷한 선택지가 너무 많으면 선택 마비 증세를 겪을 수 있다. @Grigor Atanasov

다. 결정에 시간이 걸릴수록 시간은 더 필요해지며 결국에는 시리얼 코너에서 침만 흘리게 되고 만다.

어쩌면 뭔가 다른 게 있을 거라며 영양평가표를 비교해야 할까? 아니면 슈퍼를 찾은 다른 고객들에게 물어봐야 할까? 집에 전화해서 물어볼까?

버거 교수는 선택 마비에 걸리지 않는 두 가지 비결을 말한다. 첫째, 미리 방지해서 아예 안 일어나게 하기. 둘째, 마비가 왔을 경우에는 초기에 잡아서 소위 '멘탈 붕괴'에 이르지 않도록 하기. 그러니 중요하지 않은 문제인데도 결정이 쉽지 않아 시간을 낭비하게 될 것 같으면 시간 제한을 둘 것. 20분 후에는 그때까지 본 것 중 가장 좋은 가격의 좌석을 산다. 5분 후에는 여러분 블로그 제일 앞에 어떤 대표 이미지를 올릴지 결정한다. 아니면 30초 후에는 시리얼 코너에서 걸어나온다.

여러분이 사소하지만 어려운 결정 앞에 놓였다고 생각해보자. 가령, '플라크 제거에 사각 칫솔모가 좋을까, 아니면 원형이 좋을까' 같은 고민 말이다. 그럴 때에는 우선 그것이 사소하지만 어려운 결정의 문제임을 인식하고 시간 제한을 매기자. 당장 하자. 너무 늦어 선택 마비에 빠지기 전에.

●● 무플보다 악플이 낫다

다음 목록의 공통점은 무엇일까? "쌍무지개," "동생이 손가락을 물었어요!" 의 주인공, 놀란 새끼 고양이, 롤러스케이트 타는 아기들, 오디션 프로그램에서 레이디 가가의 〈파파라치〉를 부른 소년, 브리티시 페트롤리엄 사의 멕시코 만 원유 유출 사건을 풍자한 'BP, 커피를 쏟다'라는 동영상, 2010 남아공월드컵 공식 주제가였던 샤키라의 〈와카와카〉에 맞춰서 노래 부르는 아기. 그렇다. 모두가 "순식간에 선풍적인 인기를 끈" 동영상이다.

조나 버거 교수는 인기를 휩쓰는 방법도 알고 있다.

《뉴욕 타임스》의 기사들을 이용해 많은 사람이 공유한 기사의 특징을 살펴본 교수는 이렇게 말한다. "일반적으로 사람들은 상대의 기분을 좋게 하고 싶어 해요." 그래서 우리는 놀라운 요소나 유머가 있는, 또는 그 둘이 복합적으로 들어 있는 소식을 널리 퍼뜨린다(이 점이야 놀랍지도, 또 재미있지도 않은 사실일 것이다). 그런데 교수의 말에 의하면 부정적인 감정 역시 쉽게 널리 퍼진다고 한다. 가령 보고 나면 불안해지고 화가 나거나 분노를 일으키는 기사나 비디오 같은 것들 말이다. 한 방을 터뜨리는 결정적 요소는 바로 '자극'이다. 만족/놀라움/재미의 측면에서도, 퍼뜨리는 내용이 기쁘고/놀랍고/재미있는 것과 화나고/분노를 일으키는 것 모두라는 점이 흥미롭다. 간단히 말해서, 대박이 나든가, 아니면 그냥 그대로 사장된다는 것이다. 다른 말로 《이코노미스트》에서 교수의 연구결과를 두고 말한 것처럼, "무플보다는 악플이 낫다."

052

게으름뱅이가 성공하는 법

돌로레스 알바라신(Dolores Albarracin),
일리노이 대학교 어바나-샴페인캠퍼스, 사회심리학

이 세상 사람들은 게으름뱅이와 성공한 사람, 이렇게 두 종류로 나뉜다. 성공한 사람들은 게으름뱅이를 알아본다. 라커룸을 어슬렁거리고, 옷깃은 세우고, 피어싱을 여러 개 한 귀를 자랑스럽게 내보이고, 웃을 때는 한쪽 입꼬리가 올라가고, 최신 로큰롤 음악을 듣고 있다. 반대로 게으름뱅이들도 성공한 사람들을 알아본다. 늘 제시간에 맞춰오고 긴장을 늦추지 않으며 잘 깎은 연필 여러 자루를 준비해서 선생님의 말씀을 열심히 받아 적는다.

그렇다면 여러분은 어느 쪽인가? 고故 데이비드 맥클랜드David Mclelland 하버드대 교수는 고리 던지기 실험을 통해서 차이점을 보았다. 그는 피험자들에게 고리를 던질 기둥을 선택하라고 했다. 성공지향적인 사람들은 자신의 기술을 연마할 수 있는, 어렵지만 불가능하지 않은 거리를 선택했다. 재미로 하는 사람들은 매번 성공할 수 있는 짧은 거리를 선택하거나, 성공하면 으쓱해지긴 하겠지만 운이 좋아야 하는 불가능할 정도로 먼 거리를 선택했다. 여러분 자신을 보라. 피트니스 클럽에서는 웨이트 무게 늘리기에 집중하거나, 아니면 아침마다 신문에 실린 십자 말풀이를 하느라 정신없는가? 그렇다면 여러분은 흥미보다는 성취감에서 동기를 찾는 사람이다.

사실, 일리노이 대학교의 돌로레스 알바라신 심리학과 교수는 둘의 차이가 크지 않다고 한다. 즉, 재미 때문이든 성취감 때문이든 이 둘은 연속선상에 있을 경우에는 두 목표를 다 이룰 수 있다는 것이다. 가령, 재미는 6만큼, 성취감은 8만큼 있을 수도 있지 않은가. 그러나 둘 중 하나에 치중하는 경우에는 둘 사이에 큰 차이가 있었다.

교수가 진행한 실험을 보자. 교수가 흥미/성취 동기를 테스트한 후, 피험자들에게 노력, 성공, 승리, 마스터, 완성 등 성취와 관련된 단어를 나눠주었다. 그러자 성취지향적인 사람들의 성취 욕구는 더욱 강해졌다. 하지만 흥미지향적인 사람들은 그 단어에 저항하면서 더욱 흥밋거리를 찾고자 했다.

@Madmaxer

후속 연구에서 교수는 이런 자극제가 태도만이 아니라 행동까지 바꾼다는 사실을 알아냈다. 다시금 흥미/성취 동기 테스트를 한 후에 사람들에게 성취와 관련한 단어를 제시했다. 그런 후에, 교수는 단어능력을 테스트할 목적이라고 말하고 피험자들에게 다시 단어 찾기 과제를 주었다. 그리고 도중에 컴퓨터에 문제가 생겼다고 핑계를 대며 그 과제를 하는 걸 방해했다. 그리고 몇 분 후, 피험자들에게 다시 실험 과제(성취)를 처음부터 할지 만화 등급 매기기 과제(흥미)를 할지 선택하라고 했다. 성취지향적인 피험자들 중에서도 처음에 성취 관련 단어로 자극을 받은 이들은, 그런 자극을 받지 않은 이들보다 단어 찾기 과제로 돌아가는 사람이 많았다. 대조적으로, 흥미지향적인 피험자들 중에서 처음에 성취 관련 단어로 자극을 받은 이들은 그 과제를 그만두고 상당수가 만화 과제로 넘어갔다.

그러니 흥미를 중시하는 사람들에게 성취욕을 일깨우면 더욱 역효과만 유발된다. 다시 말해, 게으른 사람들을 억지로 성취지향적인 사람이 되도록 만들 수는 없다.

그 반대도 사실이다. "흥미에 초점을 맞춘 과제를 주면 성취자들은 오히려 더 못합니다."

여기서 시사하는 의미는 분명하다. 동기가 흥미에 있는 학생이나 직원(게으름뱅이!)들이 뭔가 해내기를 바라면 활동의 초점을 승패나 노력이 아닌 "폭발적인 재미!"에 두어라. 똑같은 원리로, 여러분이 이런 부류에 속하는데 큰 프로젝트가 코앞에 닥쳤다면 프로젝트를 재미있는 활동으로 생각하라. 만약 그 과제가 재미로 눈가림하기에는 너무 끔찍하다면, 교수는 "빨리 과제를 끝내고 놀자"라는 자세를 가져보라고 권한다. 그러면 여전히 흥미가 목표가 되면서 과제도 끝낼 수 있게 된다.

아, 요즈음은 참 아름답고 상쾌한 가을이다. 이럴 때 시내를 거닐며

헌책방도 들르고 아이스크림도 사 먹으면 얼마나 좋을까. 딱 500단어만 더 쓰고 바로 문밖으로 나서야지.

● ● 알바라신 교수는 자신이 가진 어떤 의견을 공방으로부터 지켜낼 수 있다는 믿음이 더 강한 사람일수록, 전혀 상반되는 증거가 나타날 경우 자신의 의견을 쉽게 바꾼다는 것을 알아냈다. 교수는 "방어 자신감"이 강한 사람들은 이러한 자신의 논거를 그들이 약하다고 알고 있는 곳 주변에 마치 벽처럼 쌓아 올리는 경향이 있다고 생각한다.

053

이성과의 대화에서 성공적으로 밀당하기

폴 이스트윅(Paul Eastwick), 엘리 핀켈(Eli Finkel),
텍사스A&M 대학교, 노스웨스턴 대학교, 사회심리학

앞서 스피드데이팅에 관한 이스트윅과 핀켈의 글을 기억하는가? 그런데 이번에는 두 사람이 느린 작용에 대해서 조언할 참이다. 구체적으로 처음에 가졌던 좋은 감정이 어떻게 자연스럽게 발전하고, 또 어떻게 해서 어색해지는 것일까?

이 물음에 대한 답을 찾기 위해서 두 교수와 그들의 동료인 시머 세이걸Seema Saigal은 노스웨스턴 대학교 학생들을 대상으로 연구를 진행했다. 우선 대학생들은 호감이 있는 상대와의 첫 대화 장면을 4분짜리 테이프에 담았다. 대화는 자연스러울 수도, 어색할 수도 있었다. 연구진은 개별 평가가 된 이 녹화 테이프를 모아서 그들이 본 행동을 코드화했다. 익히 예상했겠지만, 따뜻해 보이고 자신보다 상대방에게 더 집중하는 사람들이 대화도 더 자연스럽게 진행했다.

하지만 흥미로운 점이 발견되었다. 이렇게 분명한 도구를 넘어 가장 중요한 것은 미래의 로미오와 줄리엣의 행동 방법이 아니라 반응 방법에 있다는 점이었다. 줄리엣(또는 로미오)이 이야기를 할 때 로미오(또는 줄리엣)가 어떻게 반응하는가. 앞서 말했듯 자상하고 상대방에 집중하는 것 외에, 최상의 반응은 지나친 수동적 태도와 적극적 태도 사이에서 균형을 잡는 것이다. 예를 들어, 로미오가 마치 여자같이 호들갑을 떨면서 줄리엣이 어떤 말을 해도 무조건 받아주고 동의하는 것은 지나치게 수동적인 태도다. 반대로 줄리엣이 로미오의 말에 중간에 끼어들어 자신이 원하는 대로 완전히 새로운 방향으로 대화를 이끌고 가버리는 것은 지나치게 적극적인 태도다. (물론 최악의 경우는 반응이 없다거나 잘못 반응을 해서 아예 대화를 끊어버리는 것이겠지만.)

교수들이 말하는 팁은 극단으로 치우치지 말라는 것이다. 상대방의 길을 받아들이고, 방향을 살짝만 틀고 다시 대화의 주도권을 주라는 의미이다. 물론 여전히 자상하고 상대에게 순수한 마음으로.

이러한 공감 표시와 방향을 바꾸는 기술이 이성 간의 자연스러운 대화를 이끌어내는 밀고 당기기 기술이다.

@Carla F. Castagno

● ● 사람들의 성관계를 다룬 종교적, 과학적, 대중적인 자료가 아주 많다. 정확히 말하면 《카마수트라》에는 총 10장에 걸쳐서 64종류의 체위가 묘사되고, 기능자기공명영상을 이용하면 성적 충동을 일으킬 때 두뇌의 작용을 알수 있으며, 인터넷 검색을 하면 섹스 동영상들이 수없이 많이 검색된다. 하지만 텍사스 오스틴 대학교의 심리학 교수이자 《왜 여자들은 섹스를 하는가Why Women Have Sex》의 저자인 신디 메스턴Cindy Meston은 이런 일화도 들려준다. 동료인 데이비드 버스David Buss와 대화를 하던 중 자신이 이렇게 소리를 질렀다는 것이었다. "섹스를 하는 '이유'에 대해서는 아무도 관심이 없어!"

두 교수는 이를 바로잡았다. 대학생 1549명을 대상으로 '섹스를 하는 237가지 이유'를 찾아낸 것이다. 여성들이 꼽은 1위에서 10위까지의 이유는 다음과 같다. ① 상대에게 끌려서, ② 육체적 만족을 위해서, ③ 좋아서, ④ 상대에게 내 마음을 보여주려고, ⑤ 상대에게 사랑을 표현하려고, ⑥ 성적으로 흥분되어서 해소하려고, ⑦ 재미로, ⑧ 흥분해서, ⑨ 상대를 사랑한다는 것을 깨달아서, ⑩ 그냥 순간적인 충동으로.

남성의 경우, 2위와 3위의 순서가 바뀌긴 했지만 1위에서 3위까지의 이유는 여성들과 같았다. 한편 10위 중 하위권에는 "오르가슴을 느끼고 싶어서"와 "상대를 기쁘게 해주려고"가 같이 꼽혔다.

메스턴 교수는 "남성들은 쾌락, 여성들은 사랑 때문에 섹스를 한다는 전통적인 견해는 근거가 없습니다."라고 전한다. 하지만 남성과 여성 각자의 10위까지의 이유 중에는 일치하는 것이 많았고, 차이점은 하위권에서 나타났다. 교수는 이어서 이렇게 말한다. "여성들은 사랑한다는 이유로 섹스를 하지는 습니다. 하지만 사랑을 지키고, 사랑을 빼앗고, 사랑을 시작하기 위해, 또는 의무감에서 섹스를 하죠."

참가자 중 한 명은 엄마가 섹스란 남편과만 하는 것이라고 가르쳤다고 했고, 또 다른 참가자는 섹스를 하고 싶어서 미치겠다고 징징대며 불만을 토로하는 소리를 이틀 동안 듣느니 차라리 5분간 관계를 가지겠다고 말했다.

● ● 이에 관한 첫 논문은 놀라울 정도로 쉽게 읽히고 진정 읽을 만한 가치가 있다. "핀켈, 이스트윅, 세이걸Finkel, Eastwick, Saigal"이라고 검색하기만 하면 된다.

054

로봇 같은 충성 만점 부하 만들기

엘리 버먼(Eli Berman),
캘리포니아 대학교 샌디에이고 캠퍼스(UCSD), 경제학

슈퍼 악당의 힘을 손에 넣었다면 이제는 충성스런 군대가 필요할 터다. 없다고? 걱정하지 마시라! 과학으로 만들 수 있으니까.

여러분은 충성심을 제대로 심어주기만 하면 된다.

사람들을 계속 확보하려고 고군분투하는 것은 어느 조직이나 마찬가지다. 여러분이 어떤 직원이 회사에서 경험을 쌓도록 도와주었는데, 그 직원은 다른 회사의 아주 솔깃한 제안을 받고 하루아침에 이직을 한다. 회사는 이직하려는 직원에게 또 다른 제안과 승진을 던지며 맞불을 놓는다. 하지만 솔직히 인정하라. 일개 부대를 거느리기에는 여러분의 능력이 한참 모자라지 않는가. 그렇다고 마피아가 하듯이 여러분의 차 트렁크에 이런 변절자들을 처넣을 수는 없다. 여러분의 차 트렁크는 장을 보는 데 써야 하니까.

자, 그래서 부하들을 잡아두려면 어떻게 하는 것이 가장 좋을까? 하마스Hamas, 헤즈볼라, 탈레반, 알카에다가 증명한 방법을 보면 정답이

나온다. UCSD 경제학 교수인 엘리 버먼은 "오늘날 성공한 모든 테러 조직은 어떤 식으로든 충성을 보여주어야 합니다."라고 이야기한다.

선불로 보여주어야 하는 충성 의식은 나중에 이탈해서 얻는 소득보다 더 크게 느껴져야 한다. 예를 들어 폭주족의 신고식 중에는 신입회원이 입고 있는 재킷에 나머지 갱단원이 오줌을 갈긴 다음 그 재킷을 한 달 내내 입고 다니게 하는 것이 있다. 여러분이 한 달 동안 덩치 큰 털북숭이 남자들의 오줌으로 뒤덮인 옷을 입고 다녔다고 생각해보자. 그게 억울해서라도 웬만한 보상이 아니고서는 이탈할 생각을 안 하지 않겠는가.

멋진 공식이다. '신고식의 비용은 배신으로 인한 이득보다 커야 한다.'

하지만 여러분이 맨 처음 부하를 확보하는 방법은 뭘까? 대표적인 예로 최고의 테러 조직인 하마스, 헤즈볼라, 탈레반, 알카에다를 살펴보자. 이들 네 조직은 또 다른 공통점이 있다. 교수는 "이 조직들이 상부상조로부터 시작"한다는 점을 지적한다. 서로에게 없는 서비스를 주고받는 것이다. 자원이 한정되어 있으니 배제는 불가피했다. 그래서 그들은 충

검거된 토론토 18의 단원들

직성을 시험하는 신고식을 치르고 사회, 가족, 그리고 문화 속에 소속감을 깊이 뿌리내리게 했다.

이를 캐나다 자생 테러조직인 토론토18Toronto 18과 비교해보자. 그들은 축구를 함께 즐겼고, 또 캐나다 수상을 살해하려는 음모도 꾸몄다. 이 음모론이 조직 밖으로 새어나오면서 얼마 안 있어 무빈 샤이크라는 새 조직원이 들어왔다. 그러나 사실 그는 이들을 체포하기에 충분한 증거를 찾으려고 신분을 숨기고 들어온 위장경찰이었다.

그런데 토론토18이 왜 몰락했냐고? 그들은 충성의 징표를 요구하지 않았다. 게다가 그들은 조직 문화 속 깊이 뿌리 내린 형제애로 뭉친 것이 아니라 일시적인 목표를 위해 뭉친 것이었다.

자, 이 교훈을 여러분의 부하 만들기에 적용시켜 보면, 우선, 여러분 자신이 조직에서 꼭 필요한 사람이 되어야 하고, 아무나 받아들여서는 안 된다. 그리고 그룹의 일원이 되면 얻을 수 있는 특별한 혜택이 있어야 한다. 그런 후, 대담한 신고식을 요구하라.

그런 다음에야, 여러분은 비로소 여러분의 계획을 비밀리에 수행할 수 있는 믿음직한 부하 군단을 얻을 수 있다.

● ● 엘리 버먼 교수는 테러조직 타파를 위해 어떤 방법을 추천할까? 바로 "정부가 사회복지를 보장할 능력이 있어야 한다"는 것이다. 그래야 나중에 폭력 조직으로 둔갑할 우려가 있는 독립적인 구호조직의 필요성을 제거할 수 있다. 교수는 국제갈등 및 협력 연구소Institute for Global Conflict and Cooperation 소장이자 《급진적인, 종교적인, 폭력적인Radical, Religious, and Violent》이라는 아주 흥미로운 책을 펴내기도 했다.

● ● 크리켓, 월드 오브 워크래프트 게임을 하고, 광둥어를 하는 친구의 친구를 찾고 싶은가? 그렇다면, 페이스북 같은 온라인 소셜 네트워크에서 정보를 수집하는 알고리즘을 만든 메릴랜드 대학교의 서브라마니안V. S. Subrahmanian 교수에게 방법을 물어보시라. 아니면 테러리스트 집단에 들어가고 싶은가? 그렇다면 독일 연구진이 대형 온라인 소셜 네트워크에서 테러리스트의 가능성이 있는 사람들의 수학적 특징을 정의했다는 희소식이 있다. 그러니 이제 서브라마니안 교수도 이들을 찾는 법을 아는 셈이다.

즐거운 생활도 과학이면 통한다

하늘을 나는 소형 사이보그 풍뎅이

미셸 마하르비즈(Michel Maharbiz),
캘리포니아 대학교 버클리 캠퍼스, 전자공학

"인간은 자율적으로 비행하는 소형 물체를 만들 수 없습니다." 캘리포니아 대학교 버클리 캠퍼스의 전자공학과와 컴퓨터학과 교수로 유명한 미셸 마하르비즈가 단호하게 잘라 말한다. "크기를 작게 줄이다 보면 몇 가지 문제점이 나타나죠." 그중 첫째로 공기 흐름(기류)에 대해서 교수는 이렇게 설명한다. "비행기와 소형 비행물체는 최적으로 비행할 수 있는 기류도, 날개구조도 서로 다릅니다. 소형 물체는 수평으로 날갯짓을 하며 마치 날개가 두 개인 헬리콥터처럼 날죠." 교수와의 대화는 아주 즐거웠다. "캘리포니아 공과대학교의 마이크 디킨슨Mike Dickinson은 천재지만 개자식이에요!"라든가 "아주 죽이는 것을 만드는 게 제 꿈이죠."처럼 꾸밈없이 말하는 사람과의 대화이니 그야 즐거울 수밖에.

둘째 문제로 동력에 대해서 교수는 이렇게 말했다. "연소기관을 충분히 작게 만들 수 없습니다. 게다가 리튬이온 전지는 탄화수소를 연소시켜 에너지를 얻는 것보다 10배에서 40배나 더 비효율적이죠." 소형 비행물체에 동력을 공급하려면 그 동력의 크기가 엔진 무게를 감당해야 한다. 현재로서는 불가능한 이야기다.

마지막 문제는 움직이는 데 필요한 작동장치에 있다. 교수의 표현대로 "조그만 근육과 뼈대"를 만들 수 없는 것이다. 앞서와 마찬가지로, 동력을 무게만큼 출력하기에는 역부족인 셈이다.

자, 그래서 우리가 하늘을 나는 소형 정찰 로봇을 만들 수 없다는 말인가? 그렇다. 아직은 불가능하다.

하지만 자연은 할 수 있다. 교수의 말을 들어보자.

"우리 주변에 이렇게 작은 물체들이 얼마나 많이 날아다니나요. 음식을 에너지원으로 사용하고, 비행시스템은 아주 훌륭하게 소형화되어 있지요."

이 물체가 바로 곤충이다. 인간은 소형 비행로봇을 만들 수 없지만, 자연과 협력해서 소형 비행물체를 만드는 기술을 발전시키고 있다.

정확한 용어는 '사이보그 녹색풍뎅이green june beetle, 라틴명 Cotinis nitida로 녹색왕풍뎅이의 일종'이다. 여러분도 이제 알게 되겠지만 얼마나 멋진 녀석인지 모른다. 이 풍뎅이가 교수를 비롯해 사람들에게 인기가 많은 이유는 몇 가지 장치를 얹을 수 있을 정도로 크면서, 무너진 건물 더미에 떼를 지어 들어가서 생존자를 수색한다거나 또는 전쟁터를 날아다니면서도 폭파되지 않고 정보를 수집할 수 있을 정도로 작다는 것이다.

원리는 다음과 같다.

사이보그 녹색풍뎅이

우선, 교수는 풍뎅이의 눈 바로 뒤에 가느다란 은색 전선을 심어서 뇌에 있는 비행 제어 중추로 연결했다. 그런 후 원래 달팽이관 이식용으로 만들어진 조그만 배터리를 그 자리에 부착했다. 풍뎅이의 날개는 약 −1.5볼트의 전압이 흐르자 움직이기 시작했고, 양전압이 똑같은 크기에 이르자 멈추었다. (전압을 높이면 풍뎅이가 반딧불로 변신할지는 여러분의 상상에 맡긴다.)

이제는 조종이 핵심이다.

교수는 이렇게 설명했다. "근섬유에는 지구력이 강한 것과 단시간에 강한 힘을 내고 쉽게 피로해지는 것, 이렇게 두 종류가 있습니다. 즉 근육은 힘과 속도 중 하나만 택할 수 있지, 동시에 힘도 좋고 속도도 빠르게는 할 수 없다는 말입니다." 그래서 나는 데 필요한 (강한) 동력에서 (빠른) 속도로 날갯짓을 할 수 있도록, 풍뎅이는 작고 귀여운 진동기를 가지고 태어난다. 그 진동기 덕분에 풍뎅이는 비행근을 한 번 세게 치면 근육의 반동을 이용해서 날개가 4박 동안 떨게 할 수 있다. 드럼채로 드럼을 치면 채가 반동으로 튀어 오르는 것과 마찬가지 원리다. 한 번씩 쳐서 5박을, 비행에 필요한 횟수만큼 반복하는 것이다.

이 말의 의미는 풍뎅이의 날갯짓 속도가 일정할 수밖에 없다는 뜻이다. 진동기는 일정한 속도로 되튀므로, 단순히 추진력에 따라 풍뎅이 날갯짓의 속도를 조정할 수는 없다. 그러나 교수는 이 울림통에 전압을 전달하는 전선을 통해 날갯짓 박자의 진폭을 조정할 수 있다는 사실을 발견했다. 3초간 초당 10비트에서 양전선의 전압을 10헤르츠로 유지하자 날개의 진폭도 커지고 높이 날아올랐다. 똑같은 전압을 오른쪽 날개에만 주면 왼쪽으로 돌았다. 보트에서 오른쪽 노를 더 젓는 것과 같은 이치다. 날개의 진폭을 똑같이 천천히 줄이면 땅에 착지시킬 수 있다.

여기서 아주 좋은 점은 정확한 조종이 필요 없다는 것이다. "우리는 풍뎅이를 날게 만들려는 것이 아니라, 방향을 지시하려는 겁니다." 착지하고 동력을 넣고, 또 현재 인간 엔지니어들에게는 오리무중인 그 외 다른 복잡한 사항을 진정으로 조종하는 주체는 여전히 자연이다.

인터넷 검색을 해보면 사이보그 풍뎅이가 날아다니는 동영상과 여러분이 직접 만들 수 있도록 전체 사양을 담은 PDF 파일도 금방 찾을 수 있을 것이다. 정말이다.

●●● 교수는 이렇게 썼다. "미래에 대해서 떠올릴 때면 우리는 일명 '살아 있는 것들'이라고 부르는 것들로 만들어진 기계를 머릿속에 그립니다. 사무실 공기를 정화시켜주고, 주변의 빛을 에너지원으로 이용해 고장난 부분을 스스로 고친다거나 새로운 부분이 자라도록 에너지를 주는, 식물 세포주▪로 만들어진 테이블. 벽이 살아 숨쉬고 자체 기반시설을 통해 생태계가 자라며 세세한 일과 거창한 일 모두를 수행할 수 있는 집. 또, 세포와 칩의 경계를 완전히 없애는 전산 요소 같은 것들을요."

▪ 실험실 환경에서 적절한 영양을 제공하여 성장시킬 수 있는 동물이나 식물의 배양세포

056

세계 최고의 카드 트릭

이언 스튜어트(Ian Stewart),
워릭 대학교, 수학

수학자이자 다양한 퍼즐 작가인 이언 스튜어트 교수는 아주 재치 만점이어서 같이 대화를 나누는 게 얼마나 즐거웠는지 모른다. 교수가 보여준 내 생애 최고의 카드 트릭은 하비 머드 대학에서 수학을 가르치는 아트 벤저민Art Benjamin이 처음 발명한 것이었다.

우선, 1, 6, 11, 16번 숫자가 에이스가 되는 16장짜리 카드를 준비한다. 이 카드를 4행 4열로 늘어놓되 앞면이 바닥을 향하게 한다. 단, 옆장에 나오는 그림의 배치와 일치하도록 3, 8, 9, 14번 카드는 앞면이 위로 향하게 놓는다.

그러면 준비 작업은 끝이다. 이제는 트릭을 시작할 차례다. 상대에게 그 4열 4행 카드배치를 한 장의 종이라고 생각하고 (옆장에 보이는 대로) 카드 사이에 일직선으로 된 수직 또는 수평선을 따라서 아무렇게나 "접으라"고 한다.

16장이 한 더미로 쌓일 때까지 선을 따라 "접기"를 계속한다. 제대로

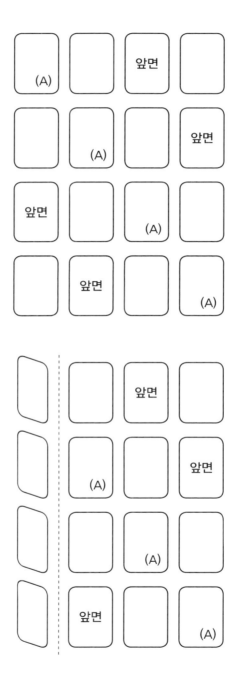

마쳤다면, 앞면이 아래로 향한 카드는 12장(또는 4장), 앞면이 위로 향한 카드는 4장(또는 12장)이 있어야 한다. 물론 여기서 트릭은 애초에 앞면을 위로 하고 있던 그 네 장이 여전히 앞면을 위로 하고 있다는 것일 듯하다. 그렇게 된다면 꽤 신기할 것이다. 하지만 실제 결과는 그보다 더 신기한데, 뭔지 알겠는가? 여러분이 어떻게 그 16장의 카드를 접든, 다른 카드와 다른 면을 보고 있는 그 네 장의 카드는…… 기대하시라…… 기대하시라…… 바로 그 네 장의 에이스라는 것이다!

　나는 실제로 그렇게 된다는 것을 믿기 위해 이 트릭을 세 번이나 반복해야만 했다. (결과는 똑같았다.) 교수의 설명을 제대로 들었더라면 굳이 그럴 필요가 없었을 텐데.

　교수는 "숫자 2가 매우 중요하다"고 했다. 이 트릭에서는 수학의 기본적 성질인 홀짝 개념을 이용한다. 카드를 짝수 번 뒤집으면 결국 처음 방향으로 돌아오고, 홀수 번을 뒤집으면 처음 방향과는 반대가 되는 것이다. 이 16장 카드 트릭을 254쪽과 같이 체스판 패턴으로 놓는다고 생각해보자.

여러분이 체스판을 어떤 식으로 접든, 흰색 칸은 검은색 칸보다 정확히 한 번 더, 또는 한 번 덜 뒤집힌다(한쪽은 짝수 번, 한쪽은 홀수 번). 그러니 어떤 방식으로 접든 관계없이 결국은 16장의 카드가 모두 검은 색은 검은 색끼리, 흰 색은 흰 색끼리 같은 면을 보도록 차곡차곡 쌓일 것이다. 직접 해보시라. 그렇지만 아까 우리는 이런 식으로 카드들을 배치하지 않았다. 그렇지 않은가? 그렇다. 처음의 배치는 이 체스판 배치와 정확히 네 장의 카드가 달랐다. 그리하여 이 네 장의 카드가 여러분의 접힌 카드 더미에서 다른 면을 가리키고 있는 것이다.

물론, 여기서 말하는 이 네 장의 카드는 에이스다.

●‧‧ 이언 스튜어트 교수는 동물들의 걸음에 관해 연구한 결과, 고양이가 거꾸로 떨어져도 항상 네 발로 착지하는 이유를 알아냈다. 그가 던진 질문은 '회전하지 않고 거꾸로 있던 고양이가 여전히 회전하지 않는, 그러나 똑바로 선 고양이로 갑자기 변해버린다면 역학법칙을 거스르는 것 아닌가?'라는 아주 흥미로운 질문이었다. 사람들에게 착각을 일으킨 '거짓 회전'은 실제로 어떤 움직임에서 시작되었을까?

"우리가 처음으로 기른 고양이는 네 발로 착지를 못했어요. 그래서 제 아내가 쿠션 위에서 고양이를 거꾸로 잡고 훈련시키려고 했었죠." 나는 교수가 품은 의문이 뜬금없는 순수한 호기심이 아니라 고양이의 안전이 걱정되어 나온 것이라고 추측했다. 나중에 내 원고를 본 교수는 내 말이 맞다고, 생각해 보니 애초에 그게 자기 의도였다고 했다. 회전 장애가 있는 교수의 고양이가 아닌 다른 고양이의 경우는 회전목마의 물리법칙을 이용한다. 뒷다리를 한 방향으로 틀고 앞다리를 반대방향으로 비틀어서 균형을 맞춘다. 반대방향으로 작용하는 똑같은 힘에 의해 결국 전체 회전량이 제로가 되는 원리다!

하지만 여기에도 트릭이 숨어 있다. 고양이가 착지할 때 회전목마의 원리를 이용한다는 것이다. 즉 회전할 때 기구 밖으로 몸을 내밀면서, 또는 몸을 안으로 넣으면서 돌면 회전 속도가 달라지는 이치와 같다. 우선, 고양이는 앞다리를 당기고 뒷다리를 쭉 펴서 앞다리가 회전이 더 잘 되게 한다. 그 다음에는 반대로 앞다리는 쭉 펴고 뒷다리는 오므린다. 이때 앞다리는 짧아진 뒷다리가 회전할 수 있게 돕는 회전축 역할을 한다.

아하! 고양이가 항상 발로 착지할 수 있는 비밀은 여기에 있었다! 이제 뉴턴이 무덤속에서 돌아눕지 않아도 되겠다. 거꾸로 자유 낙하하는 고양이의 착지법을 직접 보고 싶은가? 그렇다면 내셔널지오그래픽 웹사이트에 가서 "고양이의 아홉 목숨cat's nine lives"을 검색하시라. 그러면 느린 화면으로 착지 과정을 감상할 수 있다.

너무도 섹시한 수학

여러분도 알겠지만 수학은 매우 스타일리시하다. 널리 알려진 물리 등식을 사용하여 "mat=hematic"을 "G=uccci"로 바꾸어 보자.

057

행텐하는 법

폴 도허티(Paul Doherty),
샌프란시스코 과학관, 물리학

나는 캘리포니아 남부에 거주하던 3년 동안 서핑을 딱 세 번 갔다. 그 세 번 다 친구들이 찾아왔을 때인데, 그 용감한 친구들의 목적은 파도를 타는 자신의 모습을 사진으로 찍고 그 사진을 페이스북에 올려서 맨날 비가 오는 서부나 항상 추운 북동부에 사는 친구들이 그걸 보며 더욱 우울해하게 만드는 것이었다. 그리고 서핑을 통해 깨달은 사실들은 늘 나를 놀라게 했다. 예를 들어 '사람의 코에는 짠 바닷물이 도대체 얼마나 들어갈 수 있을까?' 같은 것이었다. 정말이지 며칠이나 지난 다음에도, 내가 신발 끈을 묶으려고 몸을 구부리기만 하면 코에서 물이 한 바가지는 쏟아지곤 했다. 이제는 시애틀이나 뉴욕의 사무실로 돌아간 내 친구들 역시 나와 마찬가지일까? 그리고 그것을 계기로 삼아 다른 사람들에게 남부 캘리포니아 해변에서 사나운 파도를 시원하게 갈랐던 이야기를 시작하곤 할까? 비나 눈이 오는 지역에서는 코에 수도꼭지가 달린 듯 물이 쏟아지는 이야기가 데이트할 때 재미있는 이야깃거리가

거친 파도에 휩쓸리지 않고 파도를 타는 데는 수많은 복잡한 계산이 필요하다. @Alex Hinds

될까, 아니면 다른 곳에서와 마찬가지로 빈축이나 살까?

어쨌든, 이렇게 길게 늘어놓고는 있지만 핵심은 행텐_{서핑에서 보드의 가장자}리에 10개의 발가락을 모두 걸쳐서 타는 자세을 하기 전에 거쳐야 할 단계가 많다는 것이다. 일단은 파도를 잡아야 한다. 사실은 딱 맞는 파도에 딱 맞는 지점을 찾아야 하지만, 그 이야기를 하려면 복잡해지니 그만 접고 본론만 설명하겠다. 파도 잡기. 보기에는 쉽다. 파도가 밀려오면 파도에 보드를 싣고, 두 발을 딛고 올라서면 끝 아닌가. 하지만 MIT에서 물리학 박사학위를 취득하고 오클랜드 대학에서 가르치다 지금은 샌프란시스코 과학관 교육센터에 있는 폴 도허티 교수는 "파도를 잘 잡는 데는 사실 상상도 못할 정도로 복잡한 계산이 필요하다"며 혀를 내두른다. 초보 서퍼들은 패들링_{paddling, 양손으로 물을 젓는 것}과 발차기를 아주 격렬하게 한다. 그러나 숙련된 서퍼들은 파도를 알고 자신의 몸을 알며 두 번 정도만 스트로크를 해도 파도와 속도를 맞춘다고 한다. 너무 느리면 파도에 밀리고 너무 빠르면 파도가 뒤처지고, 힘이 빠지거나 파도와 속도를 맞추려고 속도를 늦추면 속도가 너무 느려져서 파도가 쓸고 지나갈 것이다.

그러니 해변에서부터 파도가 다가오는 모습을 지켜보라. 최고의 서퍼들이 파도 속도와 동작을 맞추려면 어느 정도의 패들링을 얼마나 세게 해야 할까? 한두 번 정도, 파도가 지나간 후에 그것을 따라잡는 연습을 해보라. 그러면 여러분이 파도를 따라잡기 위해 얼마나 힘차게 패들링을 해야 하는지 감을 잡을 수 있을 것이다.

그런 다음 문제는 이것이다. 바로 보드에 올라서는 방법. 내가 그렇게 소금물을 코로 들이마시게 된 이유도 이것 때문이었다.

교수는 "모든 서핑보드에는 부력의 중심이 있습니다."라고 설명한다. 여러분이 보드를 물에 띄워놓고 어떤 한 지점을 주먹으로 아래로 눌렀을 때, 보드 전체가 물에 잠기면 그 지점이 바로 부력의 중심이다. 서퍼에게는 무게중심이 있는데, 이는 서퍼의 무게를 수직으로 잡아당기는 지점이다. "서퍼의 무게중심이 부력의 중심보다 뒤에 있으면 보드의 뒤쪽이 가라앉고 앞쪽이 위로 들립니다."라고 교수는 설명한다. 그러면 보드가 느려져 파도를 놓친다. 그런데 내 경우는 이와 정반대였다. 즉 내 무게중심이 부력의 중심보다 앞쪽에 있어서 보드 앞쪽이 기울고 내 몸이 흔들렸던 것이다. 그러니 결국 코로 물을 잔뜩 먹을 수밖에.

그렇지만 여러분이 속도를 맞추고 무게중심과 부력의 중심을 딱 맞췄다고 생각해 보자. 여러분은 보드에 두 발로 선 기쁨을 만끽한다! "이때 여러분의 상태는 마치 상향 에스컬레이터를 보드를 타고 미끄러져 내려가는 것과 마찬가지입니다. 게다가 그 에스컬레이터 자체는 좌우로 흔들리는 동시에 앞으로 움직이고 있고요." 전진하자마자 파도면에서 바로 미끄러진 후에, 만약 운이 좋아서 보드 머리가 파도 골에 안 빠지면, 가속도 때문에 보드가 파도보다 훨씬 앞으로 나간다. 그러고는 다시 속도가 떨어지고 가라앉기 시작하다가 다시 파도가 오면서 몸이 앞으로 쏠린다.

이런 이유로 파도를 가로질러 턴을 해야 한다. 지금 당장 하라. 너무 늦기 전에. 최고의 서퍼들은 파도 면을 가로질러가기 시작할 때 이미 파도를 잡은 것처럼 보인다. 중급 서퍼들은 파도 아래쪽 가까이에서 방향을 바꾸고 컷백cut back, 파도가 부서지는 부분으로 되돌아가는 것을 한다. 초급이면 그냥 짠물과 인사나 할 테고.

턴을 하면 계속 물에 떠 있는 것 말고도 장점이 또 있다. 바로 파도 속도보다 빨라지도록 가속도를 붙여준다는 것이다. 턴 밑둥에서 여러분은 중력뿐만이 아니라 턴 자체의 구심력에도 맞서서 밀어붙이게 된다. (이 책에서 코너 돌기에 관한 글을 보라.) 턴 최하점에서 자세를 낮추고 턴을 하는 동안에는 일어서면 마치 하프파이프 halfpipe, 굵은 파이프를 길이를 따라 반 자른 모양의 스케이트보드장 위의 스케이트 보더와 마찬가지로 다리의 힘이 이 구심력에 반대로 작용한다. 에너지가 증가하므로, 이 경우 속도도 증가한다.

자, 곡선도 그리고 지그재그 패턴도 그리게 된 지금, 이제 남은 거라고는 행텐뿐이다. 행텐은 일부러 서퍼의 무게중심을 앞으로 가도록, 롱보드 맨 앞머리에 두 발을 가져가서 발가락 전부가 마치 자살이라도 할 듯 절벽에서 뛰어내리는 자세를 취하는 것이다. 분명히 이 자세를 유지하는 것은 물리 법칙을 거부한다는 말이겠지?

행텐에서 중요한 것은 발을 갖다댄 롱보드 맨 앞머리가 아니다. 교수는 행텐에서는 보드 뒤쪽이 핵심이라고 설명한다. 서퍼가 행텐을 하면 보드의 꼬리쪽이 더 이상 바다 표면에 안 뜨게 된다. 대신, 앞머리에 쏠린 서퍼의 무게와 균형을 맞추기 위해, 마치 무거운 물체 아래에 쇠지레를 갖다 대는 것처럼 부서지는 파도 쪽으로 되밀게 된다. 자, 행텐을 왜 롱보드에서 해야 하는지 궁금한가? 그야 지레 효과를 얻으려면 긴 지레가 필요하기 때문이다.

글을 읽고, 머릿속으로 그려보고 배워보시라. 참, 그래서 나는 어떻게 되었냐고? 콜로라도로 이사왔다.

● ● '폴 도허티'로 검색하면 그가 몸담고 있는 샌프란시스코 과학관 홈페이지가 나온다. 교수는 이 홈페이지에서 라바 램프▪ 만드는 법, 스케이트보딩에서 알리▪▪하는 법을 비롯해 250가지의 매우 흥미로운 체험 과학 실험을 소개하고 있다.

▪ lava lamp, 유색 액체가 들어 있는 장식용 전기 램프
▪ ▪ ollie, 보드 뒷부분을 한 발로 세게 눌러서 하는 점프

● ● 내가 만일, 2010년 《산타바버라 인디펜던트》지에 실린, 백상어에게 카약 보트를 먹힌 카약 선수에 관한 기사를 안 읽었으면 어땠을까? 아마도 서핑을 계속 배우지 않았을까 싶다. 그런데 내 보드가 상어 떼로부터 나를 보호해 줄 수 있다면 이야기는 또 달라졌으리라. 발명가인 게리 그뤼이 특허 출원한 보드는 위치 추적 장치와 경보기가 내장되어 있어서 사용자에게 "대형 수중동물" 경고 메시지를 보낸다. 또 "수중동물의 자기장 감지 능력 시스템을 방해하는 신호를 보내는 신호발생기"도 있다. 이거야 원, 정말 기막히지 않은가!

058

과연 어떤 복권을 골라야 당첨 될까?

스키프 가리발디(Skip Garibaldi),
에머리 대학교, 통계학

꿈 같은 일이 일어난다고 상상해보자. 여러분이 어느 날, 시럽을 듬뿍 넣은 헤이즐넛 에스프레소와 육포를 들고 편의점 계산대에 서 있는데, 그 다음 순간, 여러분이 억만장자가 되어 버린다! 코트 다쥐르 해변의 호화 저택이여, 내게로 오라!

그렇다. 복권은 대박의 꿈이다.

하지만 또 달리 보면 복권은 1달러짜리 휴짓조각 더미로, 결국 여러분은 그것 때문에 육포도 못 사고, 자판기 커피조차 못 마실 처지가 될지도 모른다.

복권 추첨이 실제로 무작위적이라면 과학 이론은 당첨에 전혀 도움이 안 된다. 하지만 다시 생각해보면, 매우 간단한 통계치가 여러분이 투입한 1달러로부터 그 이상의 높은 이익을 얻어다줄 수 있다는 말이다. 방법은 다음과 같다.

에머리 대학 통계학과의 스키프 가리발디 교수는 상금액이 어느 정도 되면서 사람들이 많이 몰리지 않은 복권을 고르라고 조언한다. 2007년 3월 6일, 메가밀리언 복권의 당첨금이 역대 최고액인 3억 9,000만 달러에 이르렀던 적이 있다. 무려 2억 1,200만 장이 팔린 이 복권의 상금은 뉴저지 주에 사는 부부 일레인과 배리 메스너, 또 조지아 주 달턴에 사는 트럭 운전수인 에디 네이버스가 반씩 나누어 가졌다. 에디는 당첨금으로 하고 싶은 것이 무엇이냐는 질문에 "낚시하러 가고 싶다"고 대답해 유명해졌다.

하지만 사실, 이 복권의 조건은 좋지 않았다고 볼 수 있다.

비록 당첨금은 천문학적이었지만 복권을 산 사람의 수가 너무 많아서, 투자 금액이 1달러라고 가정할 때 돌아오는 것은 0.74달러밖에 안 되었던 것이다.(룰렛의 경우는 0.95달러다.) 사실, 메가밀리언과 파워볼은 한 번도 대박이었던 적이 없다. 당첨금이 많으면 그만큼 엄청나게 팔리면서 당첨금이 잘게 나뉠 확률도 증가하니까. 1달러짜리 메가밀리언 복권의 수익은 알고 보면 고작 0.55달러밖에 안 된다.

하지만 교수는 주에서 발행한 복권의 경우는 경쟁률이 그렇게 높지 않다고 말한다. 아주 드물기는 해도 그중에는 당첨자가 안 나와서 당첨금이 이월되고 복권을 구입한 사람도 많지 않을 때가 있다.

복권 당첨 확률을 높이는 공식은 바로 이것이다. 가령 여러분이 1달러를 투자했을 때 세금을 공제하고 손에 쥐는 돈이 0.8달러 이상이고, 복권의 판매 매수가 이 잭팟의 5분의 1보다 적은 것을 선택할 것. 이 계산이 전혀 이해가 안 되거나 옆에 계산기가 없으면 공식을 어림잡아 이용하는 법을 알려드릴 테니 잘 들으시길. 복권을 살 때, 최소 5번 이상 이월되면서 당첨금이 4,000만 달러 이하인 것을 선택하시라. 놓치지 말

@Zentili

아야 할 복권이다. 사기에 안전하다
는 말은 기대 수익률이 플러스가
된다는 것이다. 즉 시간이 지나
면 투자한 1달러에 대해서 1달
러 또는 그 이상의 수익을 낸
다는 말이다. 더 정확한 예를
들어 보자. 기대 수익률이 1.3달
러였던 2007년 3월 7일자 1달러짜리
텍사스 주 복권. 아주 좋은 경우다!

잠시 짬을 내서 온라인 복권을 훑어보면서 좋은 승산이 있는 복권의
기준을 충족하는 게 있는지 찾아보시라.

좋다, 좋다. 하나 찾았다고? 그럼 이제는 어떻게 해야 할까?

바로 사람들이 가장 선택하지 않는 번호를 고르는 것! 어떤 수를 고
르든 당첨될 확률이 높아지거나 낮아지지는 않지만, 복수 당첨자가 생
길 확률은 낮출 수 있으니까. 숫자 1은 고르지 말라. 15퍼센트의 복권
에 나오기 때문이다. 또한, 행운의 수 7, 13, 23, 32, 42도 피하라. 26,
34, 44, 45가 더 좋고, 특히 눈길이 안 가는 46번이 좋다. 눈에 띄는 패
턴은 무조건 피하되, 복권의 모서리에 있는 숫자는 선택하는 사람이 많
지 않으니까 조금 가산점을 주자. 수학적으로 말하자면, 독특한 복권을
고르는 것은 배당금이 더 커보이게 만든다.

1995년 영국 복권에서 당첨자들이 인기가 없는 숫자를 골랐다면
1,600만 파운드(약 280억 원)나 되었던 당첨금을 133명이서 나눠갖지 않
아도 되었을 것이다. 그렇다. 133명의 사람들이 모두 7, 17, 23, 32,

38, 42, 48을, 그것도 모두 복권 중간에서 일자로 이어지는 숫자들을 골랐다. 그래서 결국 개인에게 돌아간 금액은 12만 파운드(약 2억 원)에 불과했다. 머리를 굴려서 현명하게 선택하면 결국 돈을 따게 될 것이다. 물론, 복권을 살 돈이 남아 있는 한은 말이다.

● ● 복권에 대해 더 알고 싶다면 가리발디 교수의 홈페이지를 방문하여 링크된 글을 참고하시라.

● ● 복권에 당첨이 되었다면, 이제는 여유가 생겼으니까 여러분이 대화하는 상대의 눈을 더 깊이 들여다보고 상대방의 진짜 기분을 더 잘 알게 될 기회도 생길 것이다. 안 그런가? 말도 안 되는 소리. 캘리포니아 대학교 샌프란시스코 캠퍼스 UCSF에서 진행한 일련의 연구에 따르면, 사회경제적 지위가 낮은 사람들이 부유층보다 눈을 찍은 사진을 통해 감정 예측하기 등 상대방 감정을 인지하는 능력이 더 탁월하다고 한다.

059

고무밴드로 끝내주는 암벽 등반가 되기

휴 헤르(Hugh Herr),
MIT, 바이오 메커트로닉스(biomechatronics)

믿기 어려울 수도 있지만, 휴 헤르는 이 책에서 스포츠와 관련해 유일하게 등장하는 인물이다. 암벽 등반의 신동으로 불렸던 헤르는 워싱턴 산을 등반하던 도중 눈보라로 섭씨 영하 29도에서 사흘 밤을 보낸 후 동상에 걸려 두 다리를 종아리 밑으로 절단했다. 하지만 그는 재활기간을 거친 후 의족을 하고서 다시 산으로 달려갔다. 단순히 '이제는 불가능하지만 그래도 산을 타고 싶어'라는 심정으로 간 것이 아니었다. 자신이 멈추었던 곳에서 마저 정상을 정복하겠다는 의도로, 미국에서 가장 등반하기 어렵기로 소문난 워싱턴 산에 덤벼든 것이었다. 그는 금속 튜브에다 강철에 고무를 씌운 조그만 굽을 붙여 만든 의족을 하고 워싱턴주 인덱스의 깎아지른 듯한 화강암 절벽에 모습을 드러냈다. 그 굽은 불쑥 튀어나온 절벽으로 악명 높은 시티 파크에서 "두 발" 역할을 하기 위해 만들어졌다. 시티 파크는 그 수많은 비장애인 암벽등반가 중에서도 등반에 성공한 사람이 단 한 명밖에 없었다.

3일 후, 헤르는 자기 식으로 목표를 이루었다. 그리고 그렇게 해낼 수 있었던 데는, 의족이 비장애인들은 할 수 없는 것을 할 수 있게 해준 덕분도 있었다. 지독히 좁은 틈에 "발가락"을 집어넣어 팔이 지탱하는 무게를 줄일 수 있었던 것이다.

헤르는 의족 덕분에 다른 이들처럼 움직이는 정도를 넘어 이른바 슈퍼맨이 될 수 있었다. 단순히 '사람처럼 움직이는 것'은 헤르의 목표가 아니었다. MIT 랩에서의 목표도 바로 이런 인간 능력을 넘어서려는 데 있었다. "우리가 하는 일의 반정도는 보완적인 것"이라고 교수는

스스로 만든 장비를 이용해 장애를 극복하고 등반을 하고 있는 휴 헤르.

말한다. 이 말은, 그가 세계 최고의 의족을 디자인하는 동시에 비장애인들도 착용할 수 있는 기구들을 디자인한다는 말이다. 이런 외골격에 대한 아이디어의 기원을 찾으려면 적어도 1963년으로 거슬러 올라가야 한다. 《테일스 오브 서스펜스》미국 만화잡지 39호에 아이언 맨이 처음 등장한 그 해 이후로, 그것은 줄곧 미래주의 학자들과 공상과학 애호가들의 상상 속에 있었다. 50킬로그램의 가방을 메고 몇 킬로미터나 뛰어다니거나 2층 건물에서 뛰어내리는 모습을 상상해보라. 헤르의 외골격으로

는 이 둘 모두가 가능할 수도 있다.

그러나 이것보다 우리를 더 사로잡는 것은 결국 교수의 처음 관심사로 돌아오는 프로젝트에 있었다. 교수는 "우리 팀이 인간의 등반능력을 최고로 끌어올리기 위한 스파이더 의상을 만드는 중"이라고 알렸다. 기본적으로, 이 옷은 관절 부위가 강한 라텍스 거미줄로 된, 몸에 딱 달라붙는 부드럽고 유연한 재킷이 될 것이다. 이 거미줄의 잡아당기는 힘 때문에 팔과 손, 손가락은 마치 턱걸이에서 정점에 있을 때처럼 완전히 움츠린 상태다. "동력이 전혀 필요하지 않다는 점이 매우 흥미롭습니다."라고 헤르는 설명한다. 대신, 이 옷은 오르기를 할 때 보통은 사용하지 않는 근력, 즉 미는 근육을 사용하게 한다. 머리 위로 팔을 뻗으려면 라텍스 웹을 늘이기 위해 밀어야 하고, 팔을 내리면 밴드는 수축한다. 헤르는 이렇게 말한다. "자전거가 발명된 후로, 이제 우리는 사이클이라는 스포츠를 즐깁니다. 이와 똑같이, 우리는 언젠가 파워 클라이밍이나 파워 러닝augmented running 같은 새로운 스포츠를 즐길지도 모릅니다. 보조공학기술은 현재로서는 상상도 못한 일들을 가능하게 해줄 거예요."

여러분이 나처럼 미리 알기를 원한다면 이렇게 한번 해보시라. 짧은 길이의 외과용 고탄력 튜브를 양 어깨에서 양손으로 연결해서 힘을 주어야 팔을 올릴 수 있게 하라. 그리고 그림에서처럼 각 손톱에서 손가락 밑둥으로 강력 고무밴드를 당긴다. 어려운 부분은 고무밴드의 위치를 그대로 유지해야 한다는 것인데, 나는 순간접

착제의 도움을 받아서 했다. (과학을 위하여!) 원시적인 형태에 꽤 크고 무거운 장치였지만, 고무밴드 덕분에 나는 즉각 실내 암벽장에서 엄청난 다이노^{멀리 있는 다음 홀드를 향해 빠르게 몸을 날리는 동작}를 할 수 있었다.

적어도 내 주위에 모여들었던 그 근육질에 머리가 좀 모자라 보였던 대학교 남학생들은 내가 꽤 멋지다고 생각했을 거라고 믿는다.

● ● 자연사박물관에 가면 가로 1.2미터, 세로 3.3.미터짜리 거미 실크 견본이 있다. 이 실은 강철만큼 견고하지만 훨씬 질기다. 100만 마리가 넘는 암컷 거미에게서 실을 뽑아, 마다가스카르에서 사람들이 수작업으로 완성했다. 그런데 거미 실크의 문제점은, 거미는 고치실을 만들지 않고, 살아 있는 먹이만 먹기 때문에 거미를 길러서 실크를 얻기가 거의 불가능하다는 점이다. 그래서 노트르담 대학과 와이오밍 대학 과학자들이 누에에게 거미 유전자를 집어넣는 데 성공한 것은 대단히 특별한 일이었다. 누에는 이미 이전의 누에보다 더 강하고 더 부드러운 실크를 생산하고 있다. 방탄조끼를 포함해 의복에 활용하는 것은 물론, 연구자들은 이 새로운 종류의 실크로 언젠가 사체에서 떼어내서 만드는 인공 힘줄을 대체할 수 있기를 희망하고 있다.

060

마이클 조던도 부러워하는 농구 비법

존 폰타넬라(John Fontanella),
미국 해군 사관학교, 물리학

불멸의 래퍼 스키로의 곡 〈아이 위시I wish〉의 가사를 찾아보라. 여러분 도 그 노래 가사처럼 키가 조금 더 컸으면 좋겠다고 바란 적이 있었는 가? 농구선수도 되고 싶었다고? 예쁜 여자 친구가 있어서 전화로 이야 기를 했으면 좋겠다고? 방망이를 들고 모자를 쓴 토끼에, 64년형 임팔 라까지도?

욕심이 너무 많은 건 아닌지.

그래도 미국 해군 사관학교 물리학과의 존 폰타넬라 교수라면 그중 둘째 소원인 '농구선수 되기'에 도움을 줄 수 있 다. 교수는 농구에 관한, 아니 적어도 《농구 의 물리학Physics of Basketball》에 관한 책을 썼다. 키가 크든 안 크든, 임팔라를 가졌든 못 가졌 든, 최소한 농구 득점에는 도움이 될 것이다. 우선, 기본은 이렇다. 농구를 탄도 비행으로 생

@Zentili

각해보라. 수평으로 움직이면서 위로 올라가다 아래로 내려오는, 이상
적으로는 여러분 손에서 림까지 포물선 운동을 하는 물체를 발사하는
것이다. 여러분도 분명히 알고 있겠지만, 농구에서는 포물선이 높을수
록 공이 림에 가까워지면서 더욱 직선 운동을 하고, 따라서 림이 공을
받을 수 있는 공간이 넓어진다. 하지만 최단거리로 두 지점 사이를 긋
는 것은 직선이며, 포물선이 높으면 결국 공이 이동하는 총 길이도 길
다는 의미이다. 이동 거리가 길수록 실수도 증가하므로 공이 손에서 떠
날 때 한층 정확해야만 한다.

그래서 슛을 던질 때 최적의 각도는 림에서 직각으로 떨어지면서 동
시에 전체 이동 거리도 짧아야 한다. 자, 이 두 요소를 모두 만족시킬
만한 방법은 무엇일까? 브루클린 대학의 물리학 교수인 피터 브랑카지
오Peter Brancazio는 삼각법을 잘 이용해 공 크기와 림 표면적 때문에 각도가

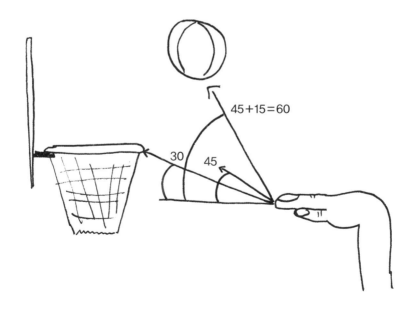

32도보다 작으면 림 뒤를 맞힌다는 것을 보여주었다. 각의 최대 오차범위는 45도에 선수의 손가락 끝에서 림까지 각도의 절반을 더한 값이다.

숏을 하려고 팔을 쭉 뻗으면서 점프한다고 할 때, 손가락에서 림까지 직선을 그려보라. 이제 이런 숏을 림 가까이서 재빨리 한다고 해 보자. 손이 가까이 갈수록 각도는 더 가팔라지고, 3점 라인을 지나면 손가락과 림을 연결한 그 각도도 완만해진다. 그래서 이상적인 숏 각도는 림 바로 아래에서는 거의 직각, 장거리 숏은 거의 정확하게 45도가 되어야 한다. 또한, 림 위에서 던지는 숏은 균형각도인 45도에서 림과 손가락 사이의 각도의 반을 빼서 더 완만히 해야 한다는 뜻이다.

다양한 거리에서 연습을 해보시라. 더 멀리서 완만한 숏을 던지되, 림 바로 밑에서 던질 때는 절대로 45도보다 작으면 안 된다.

고각숏과 관련해서 교수가 지적한 또 다른 문제점은 속도다. "훌륭한 슈터는 림에서 공의 속도를 최소화시킵니다. 그래야 잘 들어가죠." 그럴 리는 없겠지만 여러분이 완벽한 각도로 던진 공이 골대에 맞고 튕겨 나올 경우, 마치 그린에 올라가는 골프공처럼 잡아서 들어가기 가장 좋은 자리인 바스켓 위, 조그맣고 한정된 원통 위에서 돌게 해야 한다.

골프에서와 마찬가지로, 그렇게 하는 가장 쉬운 방법은 공의 역회전이다. 역회전은 간단히 말해, 공의 속도를 떨어뜨리고 공이 실린더 안에 머무르게 한다.

마지막으로, 여러분이 360도 중에서 1도에 해당하는 방향으로 공을 던지기 때문에 여러분은 정확히 던져야 한다. 어떤 식으로든 매번 다른 움직임이 많아지면 숏이 들어갈 확률만 낮아질 뿐이다. 교수는 진짜 훌륭한 선수들은 매번 똑같이 숏을 던진다고 말한다. 훌륭한 선수는 뛰어

오른 자리에 그대로 착지하고, 점프의 정점에서 공을 손에서 떠나보낸다. 즉 그들의 손에서 공이 떠나는 그 순간에 양옆으로도, 또 위아래로도 움직이지 않는다는 말이다. 그 순간에는 완전히 정지 상태이며 미동조차 없을 정도로 움직이지 않는다. 점프 없이 공을 던지는데 움직임이 많은 경우가 궁금하면 샤킬 오닐의 자유투를 보라. 팔이 똑같은 경로로 움직이는 사례를 찾기가 대단히 어려우니까.

그와 정반대로 안정된 자세는 어떤 것일까? 레지 밀러가 팔을 50도로 뻗고 추처럼 공중에서 공을 던지는 모습이 기억나지 않으면 인터넷에서 그 장면을 찾아보시라.

농구선수가 되는 길은 여기에 있다.

트램펄린 넣기

기하학 이야기가 나온 김에 다음 딜레마를 한번 생각해보시라. 크리스마스 이브에 인척이 여러분에게 선물로 트램펄린▪을 보내왔다. 하지만 안타깝게도 연휴 선물의 주역이 될 이 선물은 너무 커서 집 현관을 통과할 수 없었다. 차고의 중간에 있는 망할 지지대만 없었더라도 쉽게 집어넣을 수 있었을 텐데. 정말 안 되는 걸까? 그래도 머리를 잘 쓰면 들어갈 수도 있을 법도 하니까 아직 포기는 금물이다. 자, 어떻게 하면 지름이 12피트인 트램펄린을 차 두 대가 들어가는 다음의 차고에 넣을 수 있을까? 트램펄린을 타면서 즐거운 크리스마스를 보낼 수 있는 방법은 무엇일까?

▪ 용수철로 받친 망 위에서 뛰며 놀 수 있는 장난감

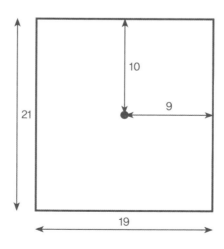

061

카 레이서처럼 코너 도는 법

찰스 에드먼슨(Charles Edmondson),
미국 해군 사관학교, 물리학

결국 자동차 경주란 엔진 성능으로 결정되는 것이 아닐까? 그러나 항상 그런 것만은 아니다. 내가 미국 해군 사관학교, 물리학 교수이자 《빠른 차 물리학Fast Car Physics》의 저자인 찰스 에드먼슨과 이야기를 나눴을 때는 그가 막 경기장에서 돌아온 뒤였다. 그의 경주용 차를 실은 트럭이 시동이 안 걸리는 바람에, 어쩔 수 없이 친구의 네온Neon, 미국 크라이슬러사의 소형 승용차을 빌렸다고 했다. 일반도로에서 주행 가능한 경주용 차의 운전 강사이기도 한 그는 "그 조그만 구닥다리 경차로도 터보 포르쉐를 몰던 남자를 포함해 중급반 전체 학생들을 이길 수 있었습니다."라고 자랑했다.

승리의 이유는 바로 레이싱 경기의 핵심이 직선거리에서의 속도가 아니기 때문이었다. 핵심은 바로, 코너를 도는 방법이었다.

교수는 "마찰력은 한정되어 있습니다."라고 말한다. 차가 도로를 벗어나지 않고 도로에 붙어서 코너를 돌 수 있는 이유는 타이어와 도로

@Alexandre Fagundes De Fagundes

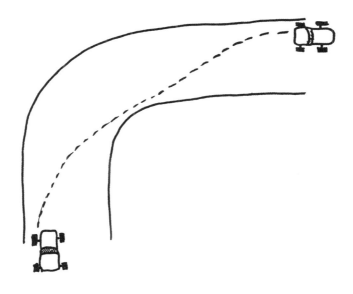

사이의 마찰력 때문이다. 이 한정된 마찰력을 일부라도 브레이크를 밟는 데 써버리면 코너를 도는 데 쓰일 마찰력을 그만큼 **빼앗긴다**는 의미가 된다. 교수의 말에 따르면, 전문가들은 코너를 돌기 전에 속도를 80~90퍼센트 줄인다고 한다. 스키딩skidding, 옆으로 미끄러지는 것 전까지의 모든 가능한 마찰력을 감속 대신 코너를 도는 데에 할당하면 속도는 최대가 된다.

　그리고 타이어 역시 물리학과 살짝 관련이 있다. 타이어 바퀴가 돌아가는 것은 분명하지만, 트레드tread, 노면과 접촉하는 부분의 조그만 패널이 각각 땅에 닿아 밀착할 때마다 도로면에 순간적으로 정지 상태가 된다. 이 정지마찰(어떤 물체가 정지 상태를 유지하기 위하여 버티는 힘)이 타이어의 운동마찰(물체가 움직이고 있을 때에 물체의 운동을 방해하는 힘)보다 훨씬 크기 때문에 조금만 미끄러져도 속도는 아주 빨라진다. 살짝만 미끄러

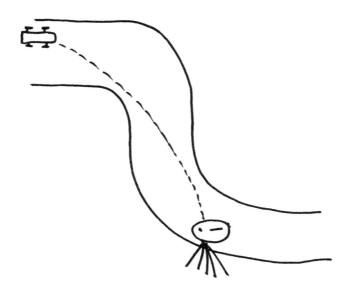

져도 차의 마찰한계가 정지마찰(높음)에서 운동마찰(낮음)로 크게 감소해서, 말 그대로 미끄러지느라 정신없다. 이때부터 엄청난 실패와 불운이 시작된다.

하지만 미리 브레이크를 밟는 것으로 코너 돌기가 끝난 게 아니다. 레이싱 라인을 따라야 하니까. 자, 한 번 그려보자. 커브 안쪽에 바짝 붙는 것과 커브 바깥쪽을 도는 것 중 어느 쪽이 더 나을까? 안쪽을 돌면 속도는 더 줄어들지만 동선은 짧다. 바깥을 돌면 속도는 더 빠를 수 있지만 돌아가므로 동선이 길다. 어느 쪽을 택하든 커브 끝에 도달하는 시간은 거의 같다. 그러니 직선거리를 택하기보다는 "처음에 가능한 한 회전반경을 넓히라"고 교수는 조언한다. 이 말은 처음에 코너 바깥 가장자리를 달리다가 코너 안쪽에 가장자리를 스치듯 지나고, 다시 코너 바깥 가장자리로 달리라는 말이다.

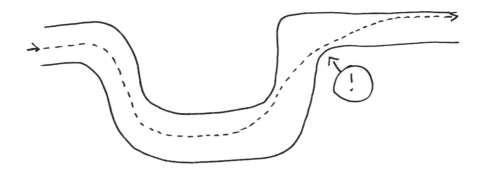

　야구에서도 마찬가지다. 윌리엄스 대학의 수학과 교수인 프랭크 모 건Frank Morgan은 2루타를 칠 것을 알면, 1루로 뛸 때 베이스에서 돌 때 반 경이 늘어나도록 오른쪽으로 붙어 달려야 한다고 말한다.

　한 번만 도는 경우에는 그걸로 끝이다. 코너 전에 브레이크를 밟아서 완만하게 돌면 된다.

　하지만 S자 곡선(또는 코너를 여러 번 도는 경우)을 따라 돌아야 한다고 가정하자. 첫 회전을 크게 하면 둘째는 작아질 수밖에 없다. 좋지 않다. 처음 돌 때 마찰력을 다 써버린 다음에는, 둘째 급커브의 위험을 뒤늦게 깨닫고 브레이크를 밟아봐야 얼마 남지 않은 마찰력을 다 써버릴 뿐이 다. 타이어가 버틸 수 있는 마찰력의 한계치를 넘어 차가 미끄러져서 결 국 가드레일을 들이받을 수밖에 없다. 이 일은 좋지 않은 정도가 아니라 일어나서는 안 되는 일임이 분명하다.

　그러니 코너가 많아서 여러 번 돌아야 할 경우, 가장 급선회하는 것에 우선순위를 두어라. 급커브가 아닌 경우에는 최적이 아닌 선을 그리고, 급커브를 앞두고는 도로 바깥을 따라 회전 반경을 넓혀라.

즉, 마지막 코너를 돈 후에 직선 도로가 나오지 않는 한은 계속 이 법칙을 따르면 된다. 최장거리를 최단시간에 통과하기 위해서는 연속된 코너 중 가장 마지막 코너에 중점을 둬야 하기 때문이다. 그래야 코너를 나올 때의 높은 탈출 속도를, 뒤이은 직선거리 전체로 최대한 끌어올 수 있으니까.

레이스 트랙

구심력 공식은 $F = mv^2 \div r$이다. 그러므로 차의 구심력을 최소로 하려면 가장 큰 반지름을 그려야 한다. 다음 코스에서 구심력이 최소가 되는 레이싱 라인을 그려보자.

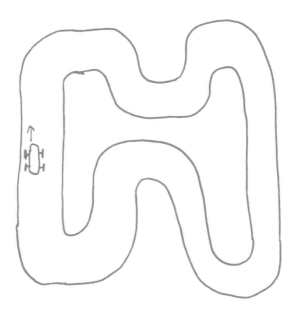

062

견고한 다리를 파괴할 수도 있는
개인의 발걸음!

스티브 스트로가츠(Steve Strogatz),
코넬 대학교, 수학

슈퍼맨이 멋있는가? 아니다. 타이즈 위에 팬티나 입은 모범생이 뭐가 멋있단 말인가. 멋있는 인물은 사실, 악당 조드 사령관이다.

여러분도 그렇게 멋져 보일 수 있다.

맨주먹으로 여러분의 파괴력을 보여주기에 가장 만만한 대상은 다리이다. 흔들거리니까.

2000년 6월 10일, 런던의 밀레니엄 브리지 개통식에는 600명에 이르는 사람들이 몰려들면서 다리에 공진 현상이 나타났는데, 그걸 보면 다리가 파괴력을 보여주기에 만만한 대상이라는 것을 쉽게 이해할 수 있다. 바람이 세게 불었는가? 아니면 사람들이 일부러 발을 맞추어서 걸었던가? 모두 아니다. 그날은 바람도 잠잠했고 사람들도 제각각 걷고 있었다. 적어도 처음에는 말이다.

그런데 인터넷 동영상을 보면 알겠지만, 코넬 대학교 수학과 교수인 스티브 스트로가츠는 이렇게 묘사한다. "마치 텔레비전 코미디 프로그

공진 현상을 일으켜 개통식에 몰려든 사람들을 공포에 떨게 했던 런던의 밀레니엄 브리지.

램 〈이상한 걸음걸이부〉 주인공처럼, 다리를 건너는 사람들의 성큼성큼 걷는 모양새가 얼마나 우스꽝스러웠는지 모릅니다." 자, 여러분이 보트 위에 서 있는데 보트가 흔들리기 시작한다면, 어떻게 행동할 것인가? 발을 납작하게 펴서 힘을 주면서 흔들림에 맞춰 걸을 것이다. "그리고 사람들은 그렇게 흔들림에 맞춰 걸음으로써 실제로 다리의 에너지를 더 증가시켰습니다." 교수의 설명이다. 즉 양성 순환고리positive feedback loop 가 형성된 것이다. 교수는 아주 작은 흔들림만 있어도 계속 흔들림을 더 심하게 만드는 방식으로 발을 맞춰 걷게 된다고 설명한다.(그러면 결국, 더 많은 사람들의 움직임이 하나로 일치된다.)

그리하여 제각각이었던 600명의 사람들의 걸음이 순식간에 맞춰지자 다리는 그네처럼 밀리며 흔들렸고 여왕은 겁에 질린 채 상황을 지켜보았다.

그런데 도대체 제일 처음 흔들림은 어떻게 발생했을까? 여러 가지 설명이 있지만, 교수는 확률 때문이라고 생각한다. 한 다리 위에 600명이 있는데, 어느 순간 그중 301명이 왼발을 디디고 299명은 오른발을 디디는 바람에, 바로 이 순간에 양성 순환 고리가 만들어진 것이다.

여러분이 그 301번째 사람이 될 수 있다.

영국의 코미디 프로그램 〈이상한 걸음걸이부〉의 한 장면

● ● 일명 '질주하는 거티Galloping Gertie'로 불렸던 타코마 내로교는 바람으로 인한 플러터▪ 때문에 1940년 어느 날 붕괴하고 말았다. 물론 바람이 부는 날이어서 다리가 흔들리기는 했지만, 슈퍼맨의 고향인 크립톤이 아닌 한 아무리 강한 바람도 다리를 무너뜨릴 수는 없다. 이뿐만 아니다. 프랑스의 앙제 다리 역시 1850년에 붕괴되었는데, 붕괴 당시 발을 맞춰 걷던 500명의 프랑스 군인들의 행진과 다리의 수직 진동수가 공교롭게도 일치하고 만 탓이었다. 그러나 그 후로 공학자들은 더 현명해져서 사람 발걸음의 수직 진동수와 다리의 자연적인 상하 운동이 일치하는 다리는 건설하지 않았다. 자, 그러니 다리를 파괴하고 싶으면 이제는 다리를 직접 흔들어야 한다.

▪ flutter, 공기력과 탄성력에다 관성력이 추가된 동적인 불안정 현상

063

알리처럼 강력한 펀치 날리는 법

절 워커(Jearl Walker),
클리블랜드 주립대학교, 물리학

클리블랜드 주립대학교의 물리학 교수이자 《물리상식백과The Flying Circus of Physics》의 저자인 절 워커가 이렇게 말을 꺼낸다. "제가 청소년 시절에 태권도를 배울 때, 스승님께서는 마치 상대방의 몸 내부를 가격한다는 마음으로 팔을 쭉 뻗어 펀치를 날리라고 늘 말씀하셨죠." 그는 교수가 된 후 그 이유를 알아보기로 결심했다. 먼저, 펀치를 날리는 자신의 모습을 동영상으로 찍은 후, 프레임마다 손이 뻗은 길이를 재서 속도가 최대였던 시점을 알아보았다. 말할 것도 없이, 펀치는 팔은 길이가 80퍼센트 정도로 뻗었을 때 제일 빨랐다. 그 후에는 팔이 움츠러드느라 이미 속도가 줄어들고 있었으니까. 목표의 표면 뒤에서 펀치가 폭발하는 소리를 상상하면 충격을 주는 최대 속력을 확실히 내는 데 도움이 된다.

하지만 최대 속력은 완벽한 펀치를 날리는 데 필요한 3가지 요소 중 하나일 뿐이다. 손가락을 엄청나게 빨리 튕긴다고 상상해보자. 짜증나긴 하겠지만 진짜 타격을 입히는 일은 극히 드물다. 교수는 "필요한 것은 최대 압력입니다."라고 말한다. 이것은 좁은 표면적에 가해지는 가속도를 높이기 위해서다. 많은 무술에서 손 옆날로, 또는 손가락을 구부려서 네 개의 관절로 격파하는 기술을 가르치는 것도 이 때문이다. 표면적을 작게 만드는 것은 사람을 스니커즈 바닥이 아니라 하이힐로 내려치는 것과 마찬가지다. 이상적으로는 손가락 끝으로 급소를 찌를 수도 있지만, 소림사에서 수십 년간 수련을 하지 않는 한, 여러분이 내미는 한 손가락은 상대의 흉골과 돌진하는 팔 사이에서 부러질 확률이 높다.

속력과 주먹 크기 조절 외에, 펀치를 날릴 때 압력을 높이기 위한 가장 중요한 요소는 중량이다. 속도가 같다는 가정 아래, 헤비급 선수가 펀치를 날렸을 때 플라이급 선수의 펀치보다 더 큰 타격을 주는 이유는 팔의 중량이다. 큰 쇠공이 조그만 쇠공보다 더 손상을 많이 입히는 법 아닌가. 교수는 "하지만 제대로 가격하려면 주먹 이상의 힘을 이용해야 합니다."라고 귀띔한다. 아마 이런 말을 들어본 적 있을 것이다. "몸 전체를 실어라." 그리고 펀치를 날리면 위력은 최고가 된다.

"록키 마르시아노 선수는 극도로 효율적인 권투선수였는데, 그럴 수 있었던 데는 단신인 점도 한몫했습니다."라고 교수는 설명한다. 상대보다 키가 작아서 펀치를 위로 날려야 했는데, 단순히 펀치에 자기 몸무게만 실어 힘껏 날린 것이 아니라, 발을 사용

신체적 단점을 오히려 훌륭하게 역이용한 단신의 복서 록키 마르시아노

해서 힘을 더 실었던 것
이다. 마침 이야기가 나
왔으니 말인데, 다리를
넓게 벌릴수록 수평력이
세진다. 몸을 앞으로 기

@Nicholas Piccillo

울이는 것도 마찬가지다. 바닥을 버티는 힘으로 주먹을 날리는 것이니
까. 이 때문에 교수는 "무술 영화에 많이 나오는, 공중으로 점프하는 자
세는 엄청난 힘이 필요합니다."고 말한다. 점프를 하면 떨어지는 신체
에 작용하는 중력의 힘을 더 얻을 수 있지만, 바닥을 디딤으로써 얻을
수 있는 훨씬 더 큰 힘은 잃는다.

사실, 완벽한 펀치를 보고 싶으면 올림픽 투포환 선수 동영상을 찾아
보라. 상체를 앞으로 기울이고 낮게 숙인 상태에서 몸통을 돌린다. 뻗
은 한쪽 팔을 통해 최대의 힘을 만들어내기 위한 자세이다. 펀치 하나
로 넉다운을 가능케 하는 것은 다리 힘이다.

● ● ● 또 다른 펀치 연구가인 필라델피아 대학교 심리학과의 존 피어스[John
Pierce] 교수는 프로 권투선수들의 글러브 안에 센서를 심어넣어 시합 중 펀치
의 힘을 측정했다. 그 결과, 펀치 한 대로 넉다운 시키는 것도 분명히 가능하
지만, 여러 대를 맞은 것이 축적되어 넉다운 시키는 경우가 훨씬 많다는 사
실을 알았다. "목의 근육이 피로를 느끼면 많은 힘을 흡수할 수 없기 때문에
나중의 펀치는 꼭 더 세게 치지 않아도 됩니다. 상대방에 가해지는 힘이 증
가하는 거죠." 그는 이러한 목 근육의 피로도를 느끼는 시점을 "티핑 포인트
▪"라고 일컫는다.

▪ tipping point, 어떤 것이 균형을 깨고 한순간에 전파되는 극적인 순간

064

거대한 육식 식물 기르기

루이 양(Louie Yang),
캘리포니아 대학교 데이비스캠퍼스(UCD), 생태학

"개 조심"이라는 간판, 한 번쯤은 본 적 있을 것이다. 이때 여러분은 어떤 생각을 했는가? '사나운 개라니, 이런 젠장!' 그런데 육식 식물^{잎으로}
벌레를 잡아 소화 · 흡수하여 양분을 취하는 식물로 벌레잡이 식물이라고도 한다.로 가득한 정원을 떠올려보라. 그때는 정반대의 반응을 보이게 된다. '아, 완전 멋진데!'하며 감탄사를 내뱉을 것이다.

만일 여러분이 육식 식물에 관심이 있다면 UCD 생태학과의 루이 양 교수를 찾으시라. "육식 식물을 기르는 구체적 방법이 있는데, 햇볕과 물이 충분해야 하는 동시에 영양분은 부족해야 합니다."라는 조언을 해 줄 것이다. 울창한 삼림군이 토양으로부터 모든 질소를 빨아들이는 열대 우림이 여기에 아주 제격이다. 질퍽거리고 강렬한 햇빛을 받는 불모의 대지가 있는 시에라 산맥의 고지대 역시 마찬가지다.

이렇게 영양분이 부족한 지역에서 자라는 식물은 필요한 영양분을 섭취하기 위해 육식을 하게 된다. 예를 들어 보르네오 고지대를 중심으

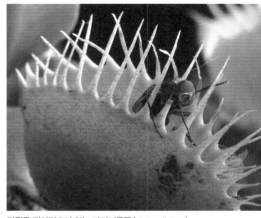

밀웜을 잡아먹으려 하는 파리지옥풀(Venus flytrap).
@Vito Werner

로 자생하는 벌레잡이통풀을 보라. 이 식물은 햇빛과 물은 충분하지만 토양에 영양분이 부족해서 잘 성장하지 못한다. 그래서 쥐 정도 크기의 동물까지 잡아먹을 수 있게, 소화액을 1갤런(약 3.7리터)까지 저장할 수 있는 30센티미터짜리 긴 통 모양으로 진화했다.

작은 포유류를 잡아먹는 식물이라니, 흥미롭고 신기해 보인다! 그러나 먹잇감이 반드시 작은 포유류에서 그쳐야 한다는 법은 없다. 다음을 보자.

벌레잡이통풀이 파리를 잡으면, 그것은 파리를 잡는 부분을 더 확대한다. 진화론적으로 말이 된다. 효과가 있는 곳에 집중하라. 하지만 식물이 낚아채는 도구에 영양분을 집중적으로 보내면, 전체적인 성장은 정지된다. 그러니 여러분의 옆집 사람을 잡아먹을 정도로 커지지는 않는 것이다. 옆집 고양이를 잡아먹을 정도도 되지 못한다.

그러니 여러분만의 오드리2영화 〈흡혈 식물 대소동〉에 등장하는 식인 식물가 싹을 틔울 때, 파리를 잡아주려는 충동을 억누르고, 그 대신 뿌리를 비옥하게 해주도록 하자.

양 교수는 식충식물 군집 중 가장 큰 것은 사슴 똥 근처에서만 자란다는 사실을 알아차림으로써 이 방법을 찾아냈다. 앞서 언급한 것처럼 식물은 효과를 발휘하는 곳에 기능이 집중된다. 뿌리에서 영양분을 빨아들이면서 자연히 뿌리의 크기가 커지면 더욱 유용하다는 신호를 보

〈흡혈식물 대소동〉의 연극 포스터

낸다. 따라서 뿌리가 클수록 식물의 성장에도 좋은 영향을 미친다. 단, 식물이 더욱 크고 튼튼하게 자랄 수 있도록 똥이 계속 존재한다는 전제하에서다.

자, 숨겨둔 핵심은 이것이다. 바로 육식식물은 영양소가 부족하다고 느낄 때 다시 파리를 잡아먹기 시작한다는 것!

그러니 여러분이 거대한 식물의 크기에 맞게끔 뿌리에 영양을 듬뿍 주었다면 다시 먹이를 잡도록 굶기도록 하자. 배고픈 식물은 위험한 식물이 될 테니!

● ● 내가 UCD의 루이 양 교수 실험실을 방문했을 때 그는 담배 모양과 비슷한 포충기捕蟲器가 1만 개나 보관된 냉장고를 바라보면서, 포충기를 잘라서 열고 현미경으로 곤충의 알이나 애벌레가 있는지 확인할 때 가장 효과적인 방법이 무엇인지 고민하고 있었다. 나는 교수에게 대학원생이나 다른 적임자에게 그 일을 시키는 게 낫지 않겠느냐고 물었다. 그런 사람이 있으면 교수의 그 커다란 두뇌가 좀 더 효율적으로 연구를 설계하고 관리하는 일에만 집중할 수 있지 않을까 하는 생각에서였다. 그런데 그는 내가 대화를 나누었던 수많은 과학자와 똑같은 말을 했다. 데이터를 직접 손으로 만지는 것이 고되기는 하지만 바로 거기에서 아이디어가 나온다는 것이었다. 그러니 어쩌랴. 결국 그가 손수 포충기를 여는 수밖에.

065

잘 속는 사람과의 포커에서 이기는 법

조너선 섀퍼(Jonathan Schaeffer),
앨버타 대학교, 컴퓨터과학

앨버타 대학교에서 수학과 컴퓨터 게임을 가르치는 조너선 섀퍼가 체커를 풀었다. 체커의 경우의 수는 모두 1,014가지인데, 10년 동안 컴퓨터 200대를 동시에 가동시켜 그것들을 모두 확인하게 했다. 그리하여 그의 프로그램인 치누크Chinook는 마침내 무조건 승리만 하는 최적의 게임 경로를 발견했다. 교수는 자신의 두뇌와 컴퓨터의 능력을 또 다른 게임인 포커, 구체적으로 말하면 '2인이 하는 리밋 텍사스 홀덤' 게임으로 옮겼다.

리밋 포커에서는 베팅이 한정되어 있으므로 게임은 마치 수학 문제처럼 되기 마련이다. 홀 카드hole card, 1라운드에서 엎어서 주는 패와 커뮤니티 카드community card, 모든 참가자들이 사용할 수 있는, 테이블 중간에

체커는 8×8의 바둑판 위에서 말을 사선 방향으로 움직여 상대의 말을 잡아먹는 게임이다. @Brad Calkins

앞을 위로 해서 놓은 게임용 카드를 바탕으로 이길 확률이 얼마인가? (이 설명이 이해가 안 되면 인터넷으로 텍사스 홀덤 규칙을 찾아서 익혀보시라.) 일반적으로, 이길 확률이 50퍼센트 이상이면 베팅을 하면 된다.

하지만 이렇게 간단한 포커 형식도 "운이 작용하며, 일진이 안 좋은 것이 꽤 오래갈 수도 있기" 때문에 연구하기에는 어려울 수 있다고 교수는 귀띔한다. 운이 안 좋으면 아무리 실력이 뛰어난 선수라도 초보처럼 보일 수 있기 때문에, 연구에서 좋은 패와 좋은 운은 따로 떼어놓기가 어렵다. 교수팀은 흥미로운 해법을 발견했다. 인간 대 컴퓨터로 두 쌍을 만들어서, 각 쌍이 똑같은 카드를 치게 하되, 패는 거꾸로 했다. 그러면 똑같이 운이 좋거나 나쁠 수 있다. 교수팀은 승패율을 비교해서 시간이 지나면 어떤 전략이 이기는지 연구했다.

교수는 "컴퓨터와 대적하는 가장 좋은 방법은 수학적으로 하는 것"이라고 말한다. 공격이냐, 현 상태 유지냐의 문제는 컴퓨터가 인식하고 이용할 수 있는 전략이다.

"하지만 인간을 상대로 시합을 하면 공격이 성공과 상관관계가 높죠. 고액을 걸면 상대방이 어려운 결정을 많이 하게 만들 수 있으니까요." 그리고 상대가 약할 경우, 이런 결정이 곧 실수로 직결될 확률이 높다.

속이기 쉬운 사람과 게임을 하면, 칩을 많이 걸자.

@Du?an Zidar

● ● 〈체커에서 인간의 완벽성Human Perfection at Checkes〉이라는 제목의 매우 흥미로운 논문에서 교수는 그의 치누크 프로그램이 1994년에 인간 체커 챔피언인 매리온 틴슬리와 벌인 대결에 관해 설명했다. 39번의 게임에서 무승부는 33번, 틴슬리는 4승, 치누크는 2승을 거두었다. 틴슬리가 1950년에서 1995년 세상을 떠날 때까지 겨우 다섯 번밖에 지지 않았던 점을 감안하면 치누크의 위대한 승리라 할 만하다. (동료 교수 이력에 링크된 논문을 보라.) 틴슬리가 이렇게 무패행진이 가능했던 까닭은 무엇일까? 교수의 말에 따르면 틴슬리의 무시무시한 기억력 덕분인데, 그는 경험으로 터득한 육감으로 노년에도 1947년까지 이전 게임들을 거슬러 올라가서 자신이 놓았던 수를 기억해냈다. 그렇다. 체커를 둘 때, 틴슬리는 최상의 수를 "그냥 아는 것"이었다. 하지만 교수에 따르면 이는 틴슬리가 수천 시간의 경기와 연구에서 얻은 그 수들을 두뇌 속의 롤로덱스*에 각고의 노력으로 담았기 때문이라고 했다.

■ Rolodex, 자동적으로 검색이 가능한 회전식 명함정리기

● ● 루빅스 큐브의 경우의 수는 43,252,003,274,489,856,000가지다. 켄트 주립대학교의 연구진은 슈퍼컴퓨터로 연산해서, 어떤 경우에든 큐브를 맞추기 위해 돌려야 하는 최대의 횟수는 20회라는 것을 보여주었다. 이 연산은 데스크톱 컴퓨터로 했으면 35년이 걸렸을 테지만, 구글사의 슈퍼컴퓨터는 일주일 만에 해냈다.

066

자투리 시간에 지구 구하기

루이스 폰 안(Luis von Ahn),
카네기멜론 대학교, 컴퓨터

이번에 할 이야기는 그리 새로운 것은 아니다. 피트니스 클럽에서 앞으로 가지도 않는 사이클의 페달을 열심히 밟으며 곧 죽을 듯이 힘차게 지방을 태우는 사람들이 있다. 이들의 에너지를 다른 곳에 써야 하는 것 아닐까? 이 에너지로 피트니스 클럽의 불을 밝히거나, 사우나를 데우거나, 아니면 고대 문서를 전자책으로 옮길 수는 없는 것일까?

한 가지 희소식은 루이스 폰 안 덕분에 마지막 물음이 실제로 이미 진행 중이라는 것이다. 하지만 그가 활용하는 여분의 전력은 다리 근육에서 발생하는 에너지가 아니다. 그것은 수백만 명의 인간 두뇌에서 나오는 계산 능력을 이용한다. 그의 또 다른 프로젝트인 캡차^{Captcha, 아이디 생}성을 자동적으로 하지 못하게 막는 일종의 컴퓨터 보안 프로그램와 함께 시작되었다. 그렇다. 맥아더 펠로상 수상자이자 카네기멜론 대학교의 컴퓨터학과 교수인 루이스 폰 안은 매뉴얼 블럼^{Manuel Blum} 교수와 함께 새로운 사이트에 가입을 하려고 하거나 게시판에 링크를 걸려고 할 때마다 인증을 받아야 하는 조그만 보안문자 확인 상자를 개발한 주인공이다. 이 방법으로 컴퓨터는 여러분이 기계가 아닌 인간이라는 사실을 확인하게 된다. 교수는 불만을 품었다. "매우 성가신 방법이죠. 전 세계적으로 매일 50만 시간이 낭비되고 있는 상황입니다." 그래서 페달을 밟음으로써 자전거의 등을 켤 수 있는 것처럼, 인증받느라 쏟는 매일의 50만 시간을 더 나은 용도로 쓸 수 있을지 궁금해졌다.

여기서 캡차의 핵심을 짚고 넘어가자. '디자인상으로 컴퓨터는 못하고 사람만이 할 수 있는 무언가를 하도록 요구하는 것.' 왜곡된 글자 이미지를 텍스트로 바꾸는 것이다. "여러분의 두뇌는 매우 놀라운 일을 하는 거죠."

구글에 가서 "구글 북스 라이브러리 프로젝트Google Books Library Project"라고 쳐보라. 이미 훼손되고 있는 고대 문서가 세상에서 영영 사라져버릴 운명을 맞기 전에, 구글사는 이 문서들을 디지털로 변환하려 한다. 이 때문에 전 세계 곳곳의 도서관에서 이 낡은 책장들을 직접 스캔하는 작업이 진행 중이다. 그렇게 스캔한 이미지는 문자 인식 소프트웨어에 입력되고 이미지는 문서 파일로 옮겨진다.

그런데 문제는 최고의 OCRoptical character recognition, 광학 문자 인식 소프트웨어도 완벽하지 않다는 점, 그리고 100년이 넘은 문서에서는 OCR의 오류가 30퍼센트도 넘는다는 점이다.

이런 이유 때문에, 단순히 책 스캔을 잘 하는 것만으로는 부족하다. 또, 소프트웨어의 오류 때문에 가령 저 유명한 셰익스피어의 문구 "To be or not to be, that is the question(죽느냐 사느냐 그것이 문제로다)."가 "To be ornut Tope, thatis the truncheon."으로 잘못 인식되어서도 곤란하다. 그래서 구글 북스 라이브러리 프로젝트는 각 스캔 문서를 두 개의 다른 문자 인식 소프트웨어에 집어넣는다. 그리고 만일 두 소프트웨어에서 일치하지 않는 단어가 나오면 공정한 '제3의 중재자'를 부른다. 그 소프트웨어는 문제가 되는 단어의 이미지를 잘라서 캡차 상자(이제는 리캡차ReCaptcha라고 부르는)에 넣어 변환작업을 거친다. 자, 그러니 여러분이 어떤 사이트에 가입할 때, 리캡차 상자 안의 단어를 칠 때마다 어떤 일을 하는 것일까? 고대 문서나 《뉴욕 타임스》 기록보관소의 단어를 변환하거나, 또는 결국 '문화적 망각'이라는 위대한 쓰레기통으로 사라지고 말았을지도 모를, 아직 디지털화되지 않은 수많은 문서를 변환하는 작업을 하는 것이다.

그래서 리캡차 상자에 두 개의 단어가 있는 것이다. 하나는 컴퓨터가 여러분이 인간인지를 확인하기 위한 것이고, 다른 하나는 컴퓨터는 모르는, 여러분이 변환해야 할 단어다. 여러분이 입력한 것은 다른 사람들의 입력 내용과 비교되고, 그리하여 2.5"표"를 얻을 때 정답으로 인식된다(한 사람당 1표의 가치를 지니며, OCR 소프트웨어는 1.5표의 가치를 지닌다). 모든 사람이 동의할 만한 쉬운 단어들은 재활용되어 컴퓨터가 여러분이 인간인지를 확인하는 대조 단어의 역할을 한다.

교수는 "우리는 하루에 7,000만 단어를 작업하고, 1년에는 200~300만 권의 책을 작업하죠. 최소한 한 단어를 디지털화한 사람의 수는 7억 5,000만 명에 이

릅니다."라고 이야기를 마무리 짓는다. 그러니 이미 손상되고 있는 문서를 영원히 존재할 비트들로 바꾸는 데 도움을 주고 있는 사람들은 지구상에 9명당 1명꼴이다.

- ● 폰 교수는 "인간의 가장 위대한 업적인 이집트 피라미드, 만리장성, 파나마 운하는 10만 명이 함께 한 작업"이라면서, 그 이유는 10만 명 이상을 조직하는 것이 불가능하기 때문이라고 말했다. 그러니 앞으로 만들어 낼 수 있는 인간의 업적에도 한계가 있다는 이야기가 된다. 그러나 핵심은 그 다음 말에 있다. "하지만 인터넷이 있는 현재에는 1억 명도 조직할 수 있어요. 10만 명이 한 사람을 달에 보낼 수 있었다면, 1억 명으로는 무얼 이룰 수 있을까요?"

- ● 일명 "컬쳐노믹스culturenomix"라는 신생 분야의 연구자들은 문화적 변화 요소를 찾기 위해 구글 북스 라이브러리 프로젝트에 있는 519만 5,769권(작업하는 서적의 수는 계속 늘고 있다)의 책을 조사하고 있다. 예를 들어, 화가인 마르크 샤갈의 이름이 영어 책과 독일어 책에서 등장하는 빈도수를 보면 독일이 유대인인 그를 억압했다는 점을 엿볼 수 있다. 영어 책에서는 나치 점령 기간에서도 샤갈의 이름이 계속 등장하는 데 반해, 독일어 책에서는 급격하게 줄어든 것이다. 또 생전에는 물론 사망 직후에도 조금씩 유명해지긴 했으나 DNA 구조의 발견을 계기로 폭발적인 명성을 얻으며 뒤늦게 그 이름이 문화적 어휘가 된 다윈의 경우도 흥미롭다.

067

출장 시 최단거리 찾는 법

윌리엄 쿡(William Cook),
조지아 공과대학교, 수학

다음 이야기를 생각해보자. 짧은 시간 동안 아이들을 유치원에 보내고 은행에 들러 입금도 하고, 히피 협동조합 상점에서 철분이 든 유기농 비타민도 사고, 일반 슈퍼에서 변기 뚫는 액체도 사고, 개 사료도 사고, 도서관에 대여기간이 지난 책도 반납하고, 자전거 타이어도 고쳐야 한다.

이 중에서 들러야 할 여섯 군데는 복잡한 도로를 지나 시내에서 꽤 멀리 떨어진 곳에 있다. 영화 〈미션 임파서블〉의 유명한 주제가가 귓전에 울리는가? 자 그럼, 출발!

참, 보너스를 깜빡할 뻔했다. 최단 거리를 찾으면 클레이 수학 연구소Clay Mathematics Institute에서 100만 달러를 받을 수 있을 것이다. 왜냐하면 이런 종류의 문제에 대한 해법(아니면 해법이 존재하지 않는다는 증거)을 찾아낸 이가 지금까지 아무도 없으니까. 일명 "외판원 문제"라고 불리는 이런 종류의 문제에서는 많은 점을 연결하는 거리를 최단으로 줄여야 한다.

응용은 수없이 할 수 있다. 예를 들어 테니스공이 마구 어질러진 구장 한가운데 서 있다고 치자. 테니스공을 전부 줍는 최단 거리는 무엇일까? 아니면 오후에 파리에 있는 유명 관광장소를 모두 도는 방법은?

조지아 공과대학의 수학교수인 윌리엄 쿡은 "들러야 하는 곳이 무한으로 늘면 가능한 경로도 무한으로 가기 때문에" 문제라고 설명한다. 어느 순간이 되면 가능한 경우의 수가 너무 많아서 계산이 불가능한 지점에 도달한다. 그래서 교수는 새로운 방식으로 접근했다. 정답을 찾아내려고 거의 무한에 가까운 경로를 일일이 찾는 어마어마한 양의 계산을 하기보다는 차선책으로 "충분히 근접"하는 방법을 택하는 것이다. 교수는 지점 사이의 최단 거리에 거의 근접할 수 있는 법, 또, 선택한 경로가 괜찮은지 아닌지를 판단하는 법을 탐색한다. "만약 내가 당신에게 10마일의 거리를 가라고 한다면, 당신은 불만을 느낄 수도 있겠지요. 하지만 이보다 더 단거리는 없다는 나의 확신을 듣고 나면 생각이 바뀔지도 모릅니다."

그러면 우리가 IBM의 슈퍼컴퓨터 딥소트Deep Thought가 42마일의

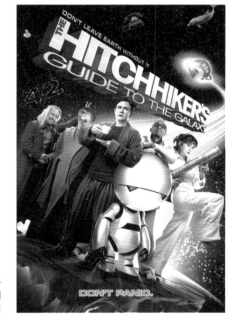

삶의 의미를 42로 규정한 컴퓨터 '딥소트'가 등장하는
영화 〈은하수를 여행하는 히치하이커를 위한 안내서〉의
포스터

최적 경로를 찾아내는 것을 기약 없이 기다리지 않아도 곧바로 여행을 떠날 수 있게 된다. 하하, 만약 여러분이 이 말의 의미를 알 수 있다면 이 책 곳곳에 있는 수많은 유머도 다 이해할 수 있을 텐데. 더글러스 애덤스Douglas Adams의 유명한 SF 소설, 〈은하수를 여행하는 히치하이커를 위한 안내서〉에서 사람들은 '딥소트'라는 슈퍼컴퓨터를 통해 인간의 삶에 대한 정답을 찾으려 하는데, 750만 년 후에 완벽한 계산을 통해 나온 해답은 엉뚱하게도 '42'였다.

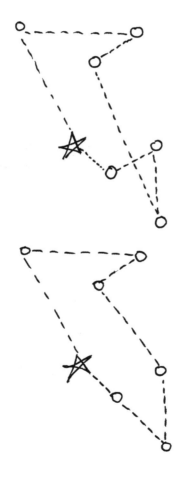

자, 어떻게 하면 정답에 최대한 가까이 갈 수 있을까? 교수의 대답을 들어보자. "매번 가장 가까운 새 지점으로 간다고 가정할 때, 최단거리의 25퍼센트 범위 내로 좁혀지게 됩니다." 그러니 가장 가까운 장소를 찾은 뒤에 그곳으로 가라. 그런 다음, 주변을 보고 다시 가장 가까운 장소로 발길을 돌려라. 이런 식으로 계속 가장 가까운 곳을 찾아가서 모두 다 돌게 되면 수학적으로는 최단거리의 25퍼센트 내에 들게 된다 (단, 여기서 "가장 가까운"이라는 말은 '거리'가 아니라 '시간'을 의미한다는 것을 염두에 둘 것).

여기에 만족한다면, 그것을 더 정교화할 수 있는 방법은 다음과 같다. 아직 들르지 않은 가장 가까운 지점으로 이동하되, 이동 경로에 교차점이 생기지 않도록 한다. 이게 무슨 소린가 하겠지만 위의 그림처럼 직접 그려보면 쉽게 이해할 수 있을 것이다. 그러면 최단거리의 10퍼센트에 들게 된다. 모든 경로를 완성하면 클레이 수학 연구소에서 100만 달러의 상금을 여러분에게 안겨줄 것이다.

●　● 외판원 문제는 응용 수학 대 순수 수학을 잘 대비시켜 주는 문제다. 쿡 교수는 지점이 3만 3,810개 있는 것까지 최단 경로를 풀었다. 현재, 수백만 개의 지점으로 제한했을 때 최단 경로의 1퍼센트 범위에 드는 것까지 알 수 있다. 하지만 그렇다고 그게 답은 아니다. 오늘날까지도 x개의 지점이 있을 때 최단 경로에 대한 일반적인 해답은 발견되지 않았으니까.

3시간 투어?

집에서 시작해 모든 지점을 거쳐 다시 집으로 돌아오는 가장 짧은
경로를 그려라.

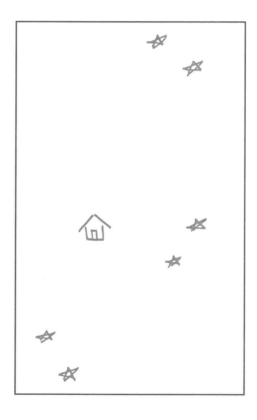

068

오늘 아침, 뉴스에 나온 통계의 진실은?

키스 데블린(Keith Devlin),
스탠퍼드 대학교, 수학

경고: 앞으로 (매우 멋진) 통계와 관련된 기나긴 여정이 펼쳐질 테니 단단히 각오하실 것.

키스 데블린은 미국 국영 라디오 프로그램 〈매스 가이Math Guy〉의 기고자이자, 세계 경제 포럼 회원이며 스탠퍼드 대학교의 교수이다. 그래서 그는 사물을 일반적인 시각과는 다소 다른 관점에서 생각한다. 예를 들어, 매달 기고하는 칼럼, '데블린의 시각Devlin's Angle'에서 그는 원래 퍼즐의 대가인 게리 포시Gary Foshee가 만든 다음 문제를 인용했다. "나는 아이가 둘 있는데, 그들 중 (최소한) 한 명은 화요일에 태어난 아들이다. 내가 아들만 둘일 확률은 얼마일까?"

'아니, 다른 아이도 아들일 확률은 정확히 50대 50 아닌가? 이 당연한 사실을 문제에서 일부러 헷갈리게 하는 거잖아. 한 아이가 분명히 아들일 경우, 두 아이가 모두 아들일 확률이 2분의 1이라는 것은 식은 죽 먹기 같은데, 이것도 문제라고 냈을까?' 혹시 이렇게 생각하고 있는가?

@Cornelius20

그러나 안타깝게도 그렇지 않다.

"화요일"이라는 말이 없으면, 이 문제는 존경받는 수학자이자 퍼즐 선수인 마틴 가드너가 《사이언티픽 아메리칸》에서 처음 선보인 유명한 문제와 똑같다. 두 아이의 출생순서에 따라 다음과 같은 성별이 가능하다. 아들-아들, 아들-딸, 딸-아들, 딸-딸. 그러면, 가드너의 문제에서 최소한 한 아이가 아들이므로 딸-딸의 가능성은 지워야 한다는 것을 알게 된다. 이제 남은 가능성은 아들-아들, 아들-딸, 딸-아들이다. 두 아이가 모두 아들일 확률은 이 세 가지 중 하나뿐이다. 그러니 데블린 같은 수학자는 정상적인 사람이라면 누구나 그렇게 생각할 2분의 1이라는 답을 제시하지 않는다. 대신, 한 명이 아들이라고 가정할 때, 두 명 모두 아들일 확률은 3분의 1이라고 계산한다.

대단하다.

하지만 화요일이라는 조건은 또 뭘까? 아무 상관없는 조건을 괜히 집어넣었다는 생각이 들지 않는가? 다시 생각해보자. 과연 그럴까?

이 질문에 교수는 "그 답은 당신이 수학자에게 물어보는가 아니면 통계학자에게 물어보는가에 따라 다르다"고 대답한다. 수학자들은 단순히 우선 가능한 경우를 모두 생각하고 나서 아닌 경우를 지워나간다. 우리가 한 아이가 화요일에 태어났다는 걸 모를 경우에는, 다음의 경우를 모두 생각해야 한다. 아들-월, 아들-화, 아들-수, 아들-목, 아들-금, 아들-토, 아들-일과 동시에 딸-월, 딸-화, 딸-수, 딸-목, 딸-금, 딸-토, 딸-일.

이 정도쯤은 괜찮다고?

이제, 화요일에 태어난 아이가 첫째인지 둘째인지를 생각해야 한다. 그래서 교수가 이 요소를 추가하면 위의 경우의 수는 다시 이렇게 정리된다.

1) 첫째가 화요일에 태어나고, 둘째 아이가 아들-월, 아들-화, 아들-수, 아들-목, 아들-금, 아들-토, 아들-일, 딸-월, 딸-화, 딸-수, 딸-목, 딸-금, 딸-토, 딸-일.

2) 둘째가 화요일에 태어나고, 첫째 아이가 아들-월, 아들-수, 아들-목, 아들-금, 아들-토, 아들-일, 딸-월, 딸-화, 딸-수, 딸-목, 딸-금, 딸-토, 딸-일.

"두 명의 아들이 화요일에 태어난" 경우는 이미 1)에 포함되어 있으므로, 2)에서는 제외시켜야 한다. 그래서 최소한 한 아이가 화요일에 태어난 아들일 경우, 두 아이의 성별과 태어난 요일을 고려한 총 경우의 수는 28이 아니라 27이 된다. 이 27가지의 경우의 수 중 13가지에서 아들이 나온다. 그러니 둘 다 아들인 경우의 수는 2분의 1도 3분의 1도 아니고, 27분의 13이 된다.

아, 이게 무슨 소리인가? 여러분 머리가 깨지는 소리 아닌가? 내가 위에 적은 글자들을 이해하느라 여러분 두뇌의 신경이 활발하게 움직이는 소리라고 하자. 나야 뭐 미리 경고했으니 내 잘못은 없다. 하지만 아직 끝나려면 멀었으니 더욱 마음을 단단히 먹으시길. 멈추지 말고 계속 읽어보시라. 이 통계 여정을 무사히 완주하시라. 그만 한 가치는 충분하다. 자신을 믿는 거다. 여러분은 할 수 있다.

이제, 완전히 다른 관점으로 바라보는 통계학자의 경우를 보자. 그들에게는 문제에 명시되어 있지 않은 다른 요소와, 또 수학이 추상적 세계에서 실제 세계로 나올 때 생기는 차이를 파악하는 것이 중요하다. 데블린의 설명은 이렇다. "예를 들어, 우리 수학자들은 곱셈에는 순서가 관계 없다고 배우죠. 그래서 3×4와 4×3은 동일합니다. 하지만 실제 세계에서 4개의 사과가 담긴 3개의 주머니와 3개의 주머니가 담긴 4개의 주머니는 사실 별개입니다." 이와 유사하게, 그는 자신의 블로그에서 다음을 지적한다. 슈퍼에 갔더니 햄 4분의 1파운드가 2달러라고 들었는데 3파운드는 얼마냐고 물으면 수학자들은 24달러라고 대답하는 반면, 통계학자들은 이 질문에 답할 충분한 정보가 없다고 말한다는 것이다. 이유가 뭐냐고? 그야 어느 가게에서나 묶음으로 구입하면 할인해 주니까.

화요일 아들 문제로 다시 돌아가 보자. 출제자가 첫 아이에 대해서 먼저 말하고 난 후에야 둘째 아이에 대해서 말하는 문화에서 온 사람일 수도 있지 않을까. 그렇게 되면 첫 아이가 아들이라는 말이므로, 앞에서처럼 딸-딸은 물론이고 딸-아들까지도 제외해야 한다. 그러면 아들-아들과 아들-딸의 경우밖에 안 남고, 두 명이 모두 아들일 경우는 50퍼센트 확률이 된다.

따라서 거의 모든 실제 세계의 숫자 문제를 해결하는 방법에는 크게 두 가지가 있다. 골자만 남긴 수학자들의 방법과 상황에 따라 가변적인 통계학자들의 방식이다. 순수 수학이 실제 세계와 부딪혀서 해석이 여러 가지로 가능해지면서 통계가 잘못 해석될 여지가 생기는 것이다. 예를 들어 1993년에 칼럼니스트인 조지 월이 《워싱턴 포스트》지에 공립학교에서 한 학생당 1년 동안 지출되는 금액, 즉, 학생 1인당 교육비가 가장 적은 10개 주를 실었다. 수학적으로는 문제가 없었다. 좀 더 자세히 살펴보자. 이 중에는 SAT 점수 상위 10개 주에 속하는 노스 다코타, 사우스 다코타, 테네시, 유타 등 4개 주가 포함되었다. 학생 1인당 교육비가 높은 10개 주를 살펴보자, SAT 점수가 높은 곳은 위스콘신뿐이었다. 대망의 1위였던 뉴저지 주는 학생 1인당 교육비가 무려 1만 561달러에 달했는데 SAT 점수는 겨우 39위에 머물렀다.

여기서 잠시 시간을 갖고 순수 수학이 잘못된 통계의 길로 인도했다는 걸 알아차릴 수 있는지 생각해보시길.

나는 《통계 교육 저널Journal of Statistics Education》에서 중요한 점을 지적한 기사를 보았다. 뉴저지 주에서는 대입을 앞둔 모든 학생이 SAT 시험을 치러야 하지만, 노스 다코다, 사우스 다코다, 테네시, 유타 주에서는 다른 주의 대학에 응시하는 학생들만 SAT 시험을 본다. 그리고 다른 주의 대학에 응시하는 학생들 대부분은 아주 성적이 뛰어나다. 이를 '선택 편향selection bias'이라고 하는데, 이는 어디서나 나타난다. 그렇다. 치과의사 10명중 9명이 A치약을 추천하고 또 10명중 9명이 B치약을 추천한다는 것은 이상해 보인다. 하지만 그 10명이 서로 다른 사람들이라면 이상할 것도 없다.

아니면 월드헬스닷넷WorldHealth.net에 게시된 다음 헤드라인을 읽어보자. 대중 과학 작가들이 많이 사용하는 트릭을 알 수 있다. "진심어린 미소는 수명을 연장한다." 아니나 다를까, 원 연구에서 사용된 데이터는 사진에서 진심어린 미소를 빛내고 있는 사람들이 오래 산다는 것을 보여준다. 원래 연구 제목은 "사진 속 웃음의 강도로 수명이 예측 가능하다."였다.

다시 말하지만, 잠시 시간을 내서 여러분이 둘의 차이점을 간파할 수 있는지 보시라.

연구는 상관관계를 보여주는 반면에 기사 제목은 원인관계를 나타내고 있지 않은가. 뒤셴 스마일Duchenne smile, 눈 둘레근이 움직이는 진짜 웃음로 "수명"을 예상할 수 있을까? 그렇다. 그럼 수명을 "연장"할 수 있을까? 꼭 그렇지는 않다. 이렇게 웃는 사람들이 더 행복감을 느끼기 쉽다. 그러니 미소 자체가 아니라, 행복감이 동반하는 다른 요소 때문에 수명이 연장될 가능성이 큰 것은 아닐까? 또, 총기 소유자가 총기를 소유하지 않은 사람보다 살해를 당할 확률이 2.7배 더 높다는 것도 마찬가지다. 수학적으로는 오류가 없는 말이지만 다시 생각해보자. 총을 가지고 있어서 살해를 당하는 것일까, 아니면 총기를 갖고 싶어 하는 사람들의 특징 때문에 일어난 일일까?

이뿐만이 아니다. 의료 개혁 사무소 소장인 낸시앤 드팔Nancy-Ann DeParle이 2010년에 주장한 바에 따르면, 당시 막 통과되었던 의료보험 법안 때문에 평균 연간 의료보험비가 2019년이 되면 1,000달러 감소할 거라고 했다. 액면가로 받아들이면 사실이다. 하지만 이게 사실인 이유는 거의 무료인 의료보험이 현재는 보험에 가입되어 있지 않은 3,200만 미국인들에게 확장되기 때문이다. 즉 2010년에 이미 보험에 가입한 사람들의 보험료가 실제로 새로운 사람들을 충당하기 위해서 올라가는 셈이다.

비교 대상이 될 수 없는 것을 잘못 선택한 것이다. 인플레이션을 감안하지 않고, 1922년 2월에 0.99달러였던 휘발유 1갤런(약 3.8리터)당 평균가가 2011년 2월에 3.38달러로 올랐다고 언성을 높이는 것과 똑같다. 비교 법칙이 바뀌었기 때문에 둘은 비교 대상이 아니다. 정치적 통계의 이면을 보자. 영국의 보수파 정치가인 크리스 그레일링이 2002년부터 "폭력" 범죄가 증가하고 있다며, 그 이유로 자유당의 법 정책이 실패했기 때문이라고 했다. 하지만 2002년에는 "폭력" 범죄라고 지명할 권리가 경찰이 아니라 민간인들에게 맡겨졌다. 그리고 많은 민간인들이 "폭력" 범죄라고 인식했던 것에 경찰들은 동의하지 않았으니, 폭력범죄 "35퍼센트 증가"란 이전과는 그것을 지명하는 주체가 달라졌기 때문에 일어난 현상이었다.

꽤 여러 예시를 들어 설명했다. 이제 마지막 예를 보자. 미국 교통안전청에서 공항의 안전을 시험하려고 위험한 밀수품을 몰래 반입하는 역할을 맡기기 위해 고용한 사람들 중 5퍼센트를 잡지 못하고 놓친다는 데이터가 있다. 세상에! 비행기에서 여러분 주변에 앉은 20명 중 한 명이 신발 폭약 테러범이다!

여기서 오류는 무엇일까?

정답은 표본 채집 과정에 있다. 물론 때로는 누군가 자신을 해치려 든다는 느낌이 들 때도 있겠지만, 모든 사람이 위험한 것은 아니다. 사실, 매일 미국 상공을 나는 200만 명 중 한 사람이라도 심각한 테러리스트인 경우를 생각해보라. 그리고 미국 교통안전청이 이들 중 5퍼센트를 놓친다면, 항공기를 이용하는 4,000만 명 중 한 명이 무시무시한 테러리스트란 말이 된다. 300명을 실을 수 있는 보잉 767기종에서 테러리스트와 함께 탑승하려면 13만 번 이상을 날아야 할 것이다.(좋다. 이것도 틀린 이야기다. 통계학자들에 따르면 13만 번 중에 한 번이라는 기회는 언제라도 테러리스트와 같이 탑승할 가능성이 있다는 말이다. 그저 확률이 매우 낮은 것일 뿐.) 이것과 한 사람이 일생에 자동차 사고로 죽을 확률인 1퍼센트와 비교해보시라. 아니, 그냥 하는 말이 아니라 진짜로 한번 비교해보시라. 왜냐하면 그것도 수학적으로는 성립되지만 오해를 부르는 통계 수치이기 때문이다. 만일 여러분이 운전을 아예 안 하거나, 매우 신중하게 차를 몰거나, 이미 25세를 넘긴 나이라면 어떻겠는가?

지금까지 이 기나긴 여정의 요점은 무엇일까? 그렇다. 수학에서 통계가 나오고, 이 통계에서 신문기사 문구가 만들어지면서 정보가 누락된다는 사실이다. 귀로 속삭여 전달하기 게임에서처럼 전달 과정에서는 본래 의미가 사라지기 쉽다. 선택 편향, 상관관계/인과관계, 표본집단, 모집단 오차 같은 요인들이 있기 마련이니까.

마크 트웨인은 이런 말을 했다. "세상에는 그냥 거짓말이 있고, 터무니없는 거짓말이 있으며, 통계학이 있다." 이 말을 더 쉽게 전달하고자 아론 레벤스타인Aaron Levenstein은 통계란 비키니와 같다고 했다. '다 보여준 것 같지만 정작 중요한 것은 보여주지 않는다.'는 뜻이다. 하지만 여러분에게는 아닐 것이다. 중요한 것을 드러내는 법을 이제는 아니까.

10월에 태어난 아들

내게는 두 아이가 있는데 모두 10월생이다. 그리고 적어도 한 아이는 생일의 숫자에 1이 최소한 하나는 들어간다. 내 아이가 모두 아들일 확률은 얼마인가?

069

승부차기 막는 법

가브리엘 디아즈(Gabriel Diaz),
텍사스 대학교 오스틴 캠퍼스, 인지과학

프리미어 리그 소속 골키퍼들의 평균 수입은 연간 150만 달러에 이른다. 첼시 소속 페트르 체흐는 주당 14만 5,000달러를 번다. 부럽다고? 인지과학자인 가브리엘 디아즈의 도움을 받으면 여러분도 그렇게 벌 수 있다.(아니면 최소한 조기축구 리그를 제패할 수 있다.) 디아즈 박사는 렌셀러 폴리테크닉대학교의 브렛 파젠Brett Fajen 교수의 실험실에 있던 디아즈 박사는 키커kicker와 공에다 센서를 잔뜩 부착해서 연구를 진행했다. 할리우드의 특수효과 제작자 저리가라 할 연구였다. 그의 생각은 이랬다. 만일 왼쪽 슛과 오른쪽 슛이 나오는 움직임을 숫자로 변환시킬 수 있다면, 이 숫자를 통해서 공의 방향을 가장 잘 예측하는 움직임을 알 수 있다는 것이다. 이 움직임을 눈치 챌 수 있으면, 그 방향으로 몸을 날릴 확률도 높일 수 있다. 그러면 요트를 타고 바다를 누빌 수도 있고 돈을 쌓아 침대로 만들어 잘 수도 있을 것이다.(아니면 아까 말했던 것처럼, 조기축구 리그라도 제패하든가.)

그는 "발이 공에 닿는 지점을 보면 좌측인지 우측인지 100퍼센트 예측할 수 있습니다."라고 확신한다. 당구에서 큐로 치는 공이 색공을 맞힌 지점을 보면 공의 방향을 알 수 있는 것과 마찬가지다. 그러면서 디딤발, 허벅지 방향, 엉덩이와 어깨 등 신체를 통해 어느 정도 페널티킥의 방향을 예측할 수 있다는 데에 축구 선수들이 오랫동안 의심의 눈초리를 보냈다고 덧붙인다.

"하지만 더 중요한 것은 키커의 페널티킥 방향을 예측할 때 중요한 신체 부위 세 곳을 알아냈다는 사실입니다." 키커는 페널티킥을 찰 때 디딤발이나 어깨로 거짓 정보를 줄 수 있기 때문에 특정 신체 부위에만 집중해서는 골키퍼가 골을 막을 확률을 높이지 못한다. 그러나 골키퍼는 그러한 정보를 종합적인 시각에서 바라보고 해석해야 한다. 이 점은 키커가 공을 차지 않는 발의 발끝은 왼쪽을 가리키는데 실제로는 오른쪽으로 차는 경우에도 마찬가지로 적용된다. "전체적으로 신체 정보를 통합하면 다른 신체 부위를 통해서도 변화가 연쇄적으로 나타납니다.

@Irontrybex

다시 말해, 분산 정보 네트워크가 계속해서 공의 방향을 예측한다는 거죠." 가령, 여러분이 실제로는 오른쪽으로 찰 거면서, 디딤발은 왼쪽으로 향하게 했다고 치자. 그러면 넘어지지 않고 균형을 잡으면서 공을 제대로 차려면 나머지 신체 부위도 이에 따라 변하기 마련이다. 즉 어깨, 엉덩이, 머리, 차는 발의 손이 전체적으로 훨씬 오른쪽으로 치우쳐야 한다.

골키퍼가 분산 정보 네트워크를 알아차릴 정도로 강력한 포스Force, 스타워즈에 나오는 '포스'의 도움을 받는지 알아보기 위해서 디아즈 교수는 실제 움직이는 네트워크를 비디오로 보여주었다. 광점光點으로 사람 형체를 표현한 이 네트워크는 아주 잘 조직되어 있는 팀 같았는데, 이 광점은 원래 사람에게 부착했던 센서에서 추출한 것이었다. 피험자들에게 이 네트워크를 화면으로 보여주며 실험을 했다. 선수들이 공에 가까이 가고 몸과 다리가 움직이다가 "발"이 "공"에 닿자마자 화면에는 아무것도 나오지 않는다. 그러면 피험자는 그 순간 공의 방향을 예측해서 왼쪽 버튼이나 오른쪽 버튼을 눌러야 했다. 피험자 31명 중 15명은 정답을 빗나갔다. 그러나 16명은 키커가 공에 발을 닿는 순간까지의 전체적인 보디랭귀지를 바탕으로 페널티킥의 방향을 예측하는 데 성공했다.

그러니 프로 골키퍼, 특히 어느 킥이 오른쪽 그물이나 왼쪽 그물에 걸리는지에 거의 자신이 있는 골키퍼들을 위한 교훈은 이것이다. 바로 '포스를 믿어라trust the Force, 스타워즈 대사.' 직감을 훈련하고 디아즈 교수의 분산 정보 네트워크 평가를 믿어라. 믿을수록 페널티킥을 막아낼 확률도 높다.

• • 《뉴욕 타임스》의 괴짜 경제학Freakonomics 블로그에서, 스티븐 더브너Stephen Dubner와 스티븐 레빗Steven Levitt은 페널티 킥이 게임 이론의 덕을 보고 있다고 썼다. 골키퍼들 대부분은 자신의 추측으로 골의 방향을 결정하기 때문에, 키커의 최고의 득점 전략은 골키퍼의 머리를 향해 슛을 날리는 것이다. 다시 말해, 키커의 발이 공에 닿는 순간, 골키퍼는 이미 공을 막으려고 오른쪽이든 왼쪽이든 움직이므로 원래 서 있던 자리에는 없다. 그러나 키커는 이 방법을 택하지 않는다. 두 교수가 지적한 이유는 이렇다. "키커가 오른쪽이나 왼쪽으로 차서 넣지 못할 경우에는 키커의 잘못보다는 골키퍼의 유능함이 더 두드러질 터이기 때문이다." 페널티 킥은 다음의 게임 이론에 따른다.

패널티 킥이 어떻게 평가될 것인가?

	열린 공간	골키퍼가 있는 공간	중앙쪽
미리 몸을 날리기	훌륭한 슛	놀라운 방어	형편없는 골키퍼
기다리다 반응하기	?	?	형편없는 키커

• • "공에서 눈을 떼지 마라!" 이 말은 굳이 리틀 리그▪소속 선수가 아니더라도 어디서나 들을 수 있는 말이다. 프로젝트를 끝내려고 하거나, 파리를 잡으려거나, 강의 도중에 쏟아지는 졸음을 쫓으려고 할 때, 이 말이 마음속에서 메아리치는가? 그러나 가브리엘 디아즈는 한 연구에서 이 방법이 최상의 전략이 아닐지도 모른다는 의견을 제시했다. 마이클 랜드Michael Land와 피터 맥러드Peter McLeod는 크리켓 타자들의 눈 움직임을 추적했는데, 최고의 타자들은 공을 계속 주시하기보다는 공이 날아오는 특정 순간을 포착한 다음에 도달할 위치를 매우 재빠르고 정확하게 예측한다는 사실을 발견했다. 우선 그들은 공이 던져지는 순간에 보고, 그 후에 공이 튈 것으로 예상되는 지점으로 정확하게 눈을 돌리고, 튈 때와 그 후의 0.1~0.2초 동안 공의 궤적을 지켜본다. 그리고는 예상되는 시간과 위치에 맞게 방망이를 휘두른다. 시선이 공보다 먼저 움직일수록(공을 던진 시점부터 튀는 지점까지) 더 잘 쳤다.

▪ Little league. 9~12세의 아동이 출전하는 국제 야구 리그

070

종이비행기로 세계 신기록 세우기

켄 블랙번(Ken Blackburn),
미 공군, 항공공학

종이비행기로 세계 기록을 세운 종이비행기 제작자들은 자신의 미식축구팀을 창단할 수도 있고, 러시아의 정유사 상속녀들과 데이트를 할 수도 있다. 항공공학 엔지니어이자 현 세계기록 보유자이면서《종이비행기 세계기록The World Record Paper Airplane Book》의 저자인 켄 블랙번은 종이비행기 계에서 영광을 얻으려면 다음 세 가지 요소만 터득하면 된다고 한다. 그것은 바로 잘 접기, 잘 던지기, 좋은 디자인이다.

우선 처음 두 요소, 잘 접기와 잘 던지기부터 보자. 잘 접어야 부피가 줄어들고 따라서 항력도 감소하기 때문에 아주 중요하다. 어떻게 잘 던지는 건지는 비행기에 따라 다르겠지만(상세한 설명은 나중에 하겠다.) 세계 기록을 세우려면 야구공을 던지는 방식으로 던져서 비행기가 직선으로, 가능한 한 높게 날도록 해야 한다.www.paperplane.org 사이트에 가면 블랙번이 조지아 돔에서 던진 종이비행기가 27.6초 동안 날아서 세계 기록을 세운 동영상이 있다.

이제, 종이비행기의 진짜 비법이 숨어 있는 디자인을 살펴보자.

"긴 직사각형 날개는 천천히 오랫동안 비행하는 데 적합하죠. 짧고 끝이 뒤로 처진, 일명 후퇴익 날개는 빠르게 날 수 있어서 기동성에 적합하고요." 이 둘의 차이점은 콘도르와 제비에서 잘 볼 수 있다. 콘도르는 천천히 활강하는 데 최적이고, 제비(입에 아무것도 물지 않은 유럽 제비라고 가정할 때)는 재빨리 내려가는 데에 적합하다. 우주선에서도 뒤로 처진 날개를 볼 수 있는데, 이렇게 고속 날개는 느린 속도에서 거의 양력이 없기 때문에 우주선은 착지할 때조차도 빠른 속도로 기수각도를 유지해야 한다. 직선 날개를 한 세스나는 활주로에 거의 평행하게 착지할 수 있었다.

이러한 삼각형 날개는 분명히 종이비행기 디자인 목적에 부합한다. 블랙번은 이렇게 말한다."저는 앞이 뾰족한 비행기를 직접 만들었죠. 그편이 확실히 더 멋있어 보여요. 멀리 안 가고 방안에서만 날아다닐

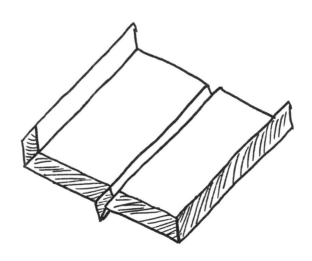

종이비행기라면 모양도 멋진 게 좋잖아요."

하지만 세계 최장 비행시간 기록을 세우려면 발사시에는 다트처럼, 이륙 후에 글라이더처럼 움직일 수 있는 능력이 모두 필요하다. 그러려면 균형을 찾아야 하는데, 쉬운 일이 아니다. "사람들은 제가 얼마나 절박하게 날개를 긴 방향으로 접고 싶어했는지 상상도 못할 거예요." 그리하여 그는 A4용지의 가로가 아닌 세로 길이를 이용해 날개를 접게 되었다. 그러나 아직까지 긴 날개에다가 동시에 발사할 때 거의 시속 60마일의 힘을 견딜 수 있는 날개 디자인은 찾지 못했다.

날개 모양은 디자인의 다른 면에도 영향을 미친다.

"직사각형이나 거의 직사각형 모양의 날개에서는 무게중심이 머리에서 꼬리 사이 4분의 1 지점에 있어야 하죠. 하지만 삼각 날개에서는 무게중심이 딱 중간에 있어야 합니다." 기본적으로, 직사각형 날개에 양력이 더 많아서, 비행기가 고개를 들자마자 뒤집히지 않으려면 앞부분에 무게가 더 실려야 하기 때문이다. "무게중심이 앞으로 쏠릴수록 풍향계처럼 움직일 확률이 높습니다." 그는 설명한다. 그렇다고 비행기 코에 모루_{대장간에서 뜨거운 금속을 올려놓고 두드릴 때 쓰는 쇠로 된 대}를 놓을 수도 없는 일이다. 양력의 효과를 없애는 셈이니까. 그러니 최적의 디자인은 안정성과 양력 사이의 균형을 찾는 것이다.

수학적으로는, 완전한 무게중심을 잡을 수 있으려면 정확히 비행기 무게의 반이 앞쪽 부분에 와야 한다는 말이다. 다음에 그려진 아주 간단한 비행기를 보면, 종이를 정확히 반을 접어 앞코_{leading edge, 날개의 앞 가장자리}를 만들어야 한다.

재미로 만드는 경우라면 무게 중심을 클립으로 조정할 수도 있다. 편

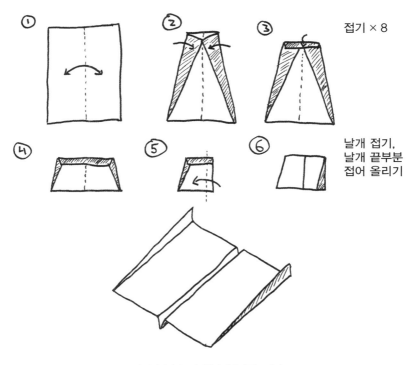

① ② ③ 접기 × 8

④ ⑤ ⑥ 날개 접기,
날개 끝부분
접어 올리기

켄 블랙번의 《종이비행기 세계기록》중에서

법이지만 클립을 사용하면 비행기의 무게중심이 계속 날개 아래, 기체
에 있을 수 있고, 그러면 비행기는 뒤집히지 않고 안정적으로 날아갈
수 있다. 하지만 기네스북에서는 비행기에 어떤 것도 달면 안 되기 때
문에 접는 방법에 창의력을 발휘해야 한다.

공기역학적으로 득이 되는 자갈을 까는 대신, 날개를 살짝 위로 접어
서 비행기 코의 정면에서 바라보았을 때 기체와 날개가 Y자 모양이 되
도록 하자. T자(수평 날개)도 안 되고, 위로 날아가는 화살 모양도, 삼각
형 모양의 크리스마스 트리(아래로 향한 날개)도 안 된다.

블랙번도 날개 뒷전을 살짝 위로 접어서, 던질 때는 다트 같지만 이륙한 후에는 글라이더에 가깝도록 만들었다. 펄럭거리며 올라간다는 것은 공기가 날개 뒷전을 누르면서 비행기가 코를 든 채 무게중심을 중심으로 살짝 돌게 한다는 말이다. 코를 공중으로 치켜들고 착륙해야 하는 우주 비행선처럼, 영각_{날개에 맞는 바람의 방향과 이루는 각도}이 높아지면 이륙 높이도 올라간다(비행기를 뒤집지 않는 한).

여기에 있는 블랙번이 세운 세계기록 종이비행기의 모든 디자인 특징을 눈여겨보자. 하지만 비행기 성능을 더 향상시킬 수 있다는 점도 염두에 두자. 여전히 다트처럼 이륙하면서도 날개 길이를 늘릴 수 있는가? 그렇다면, 종이비행기 세계 기록과 그에 따른 모든 영광은 여러분의 것이 될 수 있다.

퍼즐 **정답** ■

1. 믹스앤매치 멀티태스킹하기

시간(분)	할일#1	할일#2
1	옷입기	신문 헤드라인 확인하기
2		
3		
4		이유없이 불안해하기
5		
6	양치질하기	
7		
8	아침 식사 준비하기	커피 마시기
9		
10		
11		
12		업무 관련 자료 읽기
13	아침먹기	
14		
15		
16		
17		치우기
18		
19		
20		

2. 사랑의 작대기

제이크와 에머는 서로의 매력에 강하게 끌리지만 맺어져서는 안 되는 관계다. 맺어진다면 다른 커플들이 불만을 느끼면서 전체의 행복지수가 최고점을 기록하지 못하게 되니까. 그래서 존–엘라, 제레미–엘리자, 제이크–에바, 저스틴과 (당연히) 매력 덩어리 에머를 짝지어 주면 총 51점을 얻게 되어 전체 행복지수가 가장 높아진다.

3. 뒷말 웹

답은 여러 가지가 될 수 있는데, 그 중 하나는 다음과 같다.

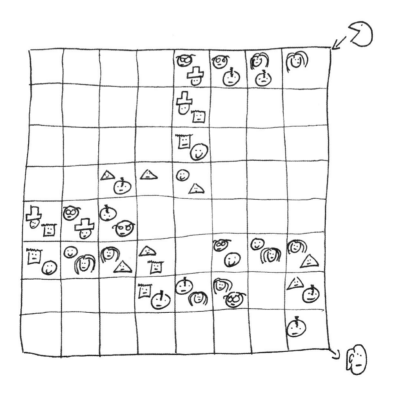

4. 케이크 자르기

배트맨을 공평하게 나누는 방법은 두 가지가 있다. 우선, 케이크를 배트맨의 부피와 합친 "점수"라고 생각한다. B(동생)가 배트맨을 가져가면 케이크 전체는 168점이 되고, A(형)가 가져갔을 경우에는 187점이 된다. 그리고 B = 1.5A가 공평한 크기라고 합의되었다.

첫째 경우에는 A + 1.5A = 168이 된다. 이 방정식으로 케이크 조각 점수를 계산하면 A는 67.2점, 즉 67.2세제곱인치가 나온다. B의 점수는 100.8점인데, 여기에는 배트맨 점수인 8점이 포함되어 있으므로 이를 빼면 92.8세제곱인치가 된다. 따라서 배트맨 없이 케이크의 세로가 3.36인치가 되도록 잘라서 A에게, 배트맨을 포함해서 4.64인치가 되도록 잘라서 B에게 주면 된다.

두 번째 경우에는 A + 1.5A = 187이 된다. A는 74.8점인데, 여기에는 배트맨 점수인 27점이 포함되어 있으므로 이를 빼면 47.8세제곱인치가 된다. B는 112.2점인데, 이는 배트맨이 없는 순수 케이크만의 점수다. 따라서 배트맨을 포함하여 케이크의 세로가 2.29인치가 되도록 자른 조각은 A에게, 배트맨 없이 세로가 5.61인치가 되도록 자른 조각은 B에게 주면 된다.

하지만 이 점을 염두에 두자. A가 그토록 갖고 싶어 하는 배트맨을 A에게 주면 케이크에 대한 전체 만족도는 높아진다. 그러니 만족감을 최대치로 높이는 방법을 찾으려면 A에게 배트맨 부분을 주고, B에게는 케이크를 더 주는 방법을 택하면 된다.

5. 물고기 떼의 교훈

안됐지만 2번 물고기는 방해자다. 2번과 연결된 다리는 많지만 대부분은 가지를 더 치지 못하고 끝나버린다. 대신, 9번과 11번이 영향력이 더 높은데, 그중에서 11번의 친구의 친구의 친구를 보면 11번이 최고가 된다. 11번의 연결성 점수는 약 4점이다.

6. 지도 문제

7. 행복의 가격

포도주의 "가치"는 가격과 공부 시간의 곱에 다시 1.5배를 곱한 값이다. 글보다는 수식이 더 보기 쉬울 테니 해보자. 가치 = 1.5 × 가격 × 시간이다. 일하느라 시간을 보내면 가치는 가격에 시간당 임금을 더해서, 가치 = 가격 + 21.75시간이 된다. 이 둘이 같고, 근무시간/공부시간은 1시간이므로 결국 1.5 × 가격 = 가격 + 21.75라는 말이 된다. 즉, 0.5 × 가격 + 21.75가 되므로 계산하면 가격은 43.50달러가 된다. 이 가격 위의 포도주를 사면 조는 일보다는 공부를 하면서 가치를 높이는 것이 낫다.

8. 부메랑 대 좀비

단위 환산에 관한 문제다. 좀비가 2초간의 지연시간을 합해 영웅에 서 있는 자리까지 도달하는 데에는 6.09초가 걸린다. 부메랑이 되돌아오는 시간은 6.42초가 걸린다. 주인공이 뒤쪽에 있는 나무로 뛰어가서 안전한 지점까지 올라가는 데에는 6.63초가 걸린다. 그래도 헷갈리면, 좀비가 나무까지 더 이동해야 한다는 점을 생각하라. 좀비가 8야드 떨어진 나무까지 가려면 1.09초를 더 움직여야 한다. 주인공이 나무를 향해 뛰어간다면 좀비에게 원치 않게 뇌를 기증하는 사태는 피할 수 있을 것이다.

9. 친구 합계

초등학교 = 13, 고등학교 = 13, 여름 캠프 = 13, 대학교 = 15, 첫 직장 = 15, 대학원 = 15, 자녀의 학부모 모임 = 17, 온라인 판타지 미식축구 리그 = 17, 현재 직장 = 32이다. 3(13) + 3(15) + 2(17) + 32 = 150.

10. 타임 디스카운트

미래의 어느 순간에 마시멜로의 "가치"는 지수함수 형태로 감소한다는 것이 문제 풀이의 핵심이다. 따라서 다음의 식이 성립한다.

(남은 가치) = (원래 가치) e (감소률 × 시간)

마시멜로를 먹지 않고 그대로 두면 3분이 지날 때마다 원래 가치의 4분의 1을 잃게 된다. 따라서 마시멜로 하나는 3분 후에는 원래 가치의 4분의 3밖에 안 남는다. 이 숫자들을 위의 지수함수에 대입하면 $3/4 = 1e^{K3}$가 된다.

이 방정식을 풀면 다음과 같다.

  1) $3/4 = 1e^{K3}$

  2) $\ln 3/4 = 3k$

  3) $k = 0.09589$

자 이제 다섯 개의 마시멜로의 가치가 어느 시점이 되면 마시멜로 한 개의 가치와 똑같아질까? 문제에서 마시멜로 네 개를 더 얻으니까 총 마시멜로의 개수는 다섯 개가 된다는 점에 주의하라. 이를 다시 방정식에 대입하면 1 = 5e^{0.09589}t가 된다.

이 방정식을 풀면 다음과 같다.

1) $1 = 5e^{0.09589}t$

2) $1/5 = e^{0.09589}t$

3) $\ln 5 = 0.09589t$

4) $t = 16.78분$

그러니 마시멜로 한 개를 보자마자 바로 먹는 것은 16분 78초가 지난 후에 다섯 개의 마시멜로를 먹는 가치와 정확히 똑같다. 20분을 기다려야 보상을 받을 수 있다면 앞에 놓인 마시멜로 하나를 바로 먹어치우는 편이 낫다.

11. 너무도 섹시한 수학

1. mat=hematic에서 시작한다.

2. 양변에 있는 mat끼리 약분하면 1=heic이 된다.

3. e=mc² 공식을 이용하여 e에 대입하면 1=H(mc²)IC가 된다.

4. U=mgh 공식을 이용하여 h를 치환하면 1=(u/mg)(mc²)IC가 된다.

5. 우변의 mg를 좌변으로 이항하여 정리하면 mg=umc²IC가 된다.

6. 양변에 있는 m끼리 약분하면 g=uc²IC가 된다.

7. 우변의 c를 모아 정리하면 g=uc³i가 된다.

8. 이를 다시 풀면 G=uccci가 된다.

12. 트램펄린 넣기

차고를 네 부분으로 나누었을 때 가장 큰 부분은 원래 그림에서 왼쪽 아랫부분이 된다. 이 부분을 확대하고 여기에 트램펄린을 그린 그림은 다음과 같다. 문제는 점선이 6피트보다 더 긴가 하는 것이다. 사실, 점선은 양변이 각각 5피트, 4피트인 직각삼각형의 빗변을 나타낸다. 그러니 $5^2 + 4^2 = $ 점선^{2}이고, 따라서 점선의 길이는 6.4피트가 된다. 그렇다! 트램펄린이 들어갈 수 있다! 이제 남은 희망은 집으로 향하는 문이 차고의 왼쪽이 아니라 오른쪽에 있기를 바랄 뿐이다.

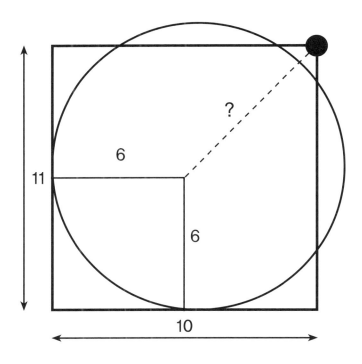

13. 레이스트랙

일직선을 우선하라.

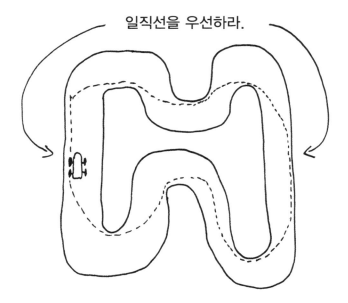

14. 3시간 투어?

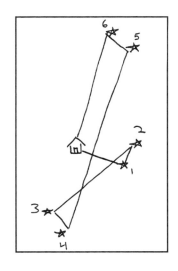
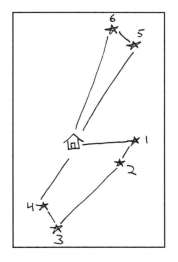

15. 10월에 태어난 아들

이 문제는 마틴 가드너의 유명한 또 다른 성별문제다. 처음에는 똑같은 방법으로 생각하기 시작한다. 아까처럼 두 아이를 출생순서와 성별을 고려하면, 가능한 경우의 수는 아들-아들, 아들-딸, 딸-딸, 딸-아들이다. 여기서 다시 날짜를 가지고 나머지 경우의 수를 따져보자.

① 첫 아이의 생일 날짜에 "1"이 들어 있는 경우: 둘째 아이의 성별은 상관없으므로 아들딸 모두 가능하고, 10월 1일에서 31일까지 어느 날에든 태어날 수 있다. 따라서 전체 경우의 수는 62인데, 아들인 경우는 31가지이므로 아들 둘이 되는 경우의 수도 역시 31이다.

② 둘째 아이의 생일 날짜에 "1"이 들어가 있는 경우: ①의 경우와 마찬가지이다. 전체 경우의 수는 62이며, 아들 둘이 되는 경우의 수도 31이다. 그런데 ①에서 이미 아들-아들의 경우의 수를 헤아렸기 때문에 이중 계산이 되므로 그 13가지 경우를 빼야 한다. 따라서 전체 경우의 수는 62가 아니라 49이며, 이 중에서 아들만 둘인 경우는 18이다.

①과 ②의 결과를 종합하면, 전체 경우의 수는 62 + 49 = 111, 두 아이가 모두 아들인 경우의 수는 31 + 18 = 49이다. 따라서 두 아이가 모두 아들일 확률은 49/111 = 0.44가 된다.

이 책을 집필하는 데 도움을 주신 분들

저자

가스 선뎀 Garth Sundem

재치와 유머가 넘치는 글로 과학을 쉽고 재미있게 전달하여 과학의 대중화에 앞장서고 있다. 미국에서 베스트셀러인 《Brain Candy》를 포함한 6권의 책을 썼으며, GeekDad.com, Science20.com, Psychology Today.com에서 블로거로 활동하고 있다.

이 책을 집필하는 데 도움을 주신 과학자들 중 일부를 소개합니다

데이비드 기브스 David Givens

워싱턴 스포캔의 비언어연구소 소장으로 재직 중이다. 화이자, 엡손, 유니레버 등에서 고문으로 일했고, 현재 곤자가대학에서 신체언어와 의사소통, 리더십을 가르치고 있다. 저서로는 《러브 시그널Love signal》등 이 있다.

로빈 던바 Robin Dunbar

옥스퍼드대학교 진화인류학 교수로 재직하고 있다. 1998년에 영국 왕립학회 회원으로 선출되었고, 세계를 돌아다니며 강연을 하고 있다. 저서로는 《진화 심리학 Evolutionary Psychology》등이 있다.

폴 에크만 Paul Ekman

미국 랭글리포터 정신질환연구소 소장을 지냈고, 2004년까지 캘리포니아대학교 심리학 교수로 있었다. 2009년 미국 〈타임〉지에서 세계에서 가장 영향력 있는 100인에 꼽히기도 했다. 《텔링 라이즈 Telling lies》와 같이 거짓말에 대한 심리학 서적과, 《얼굴의 심리학》등의 다수 심리학 관련 책을 집필했다.

폴 블룸 Paul Bloom

예일대학교 심리학 교수. 발달심리학과 언어심리학 분야에서 세계적 권위자이다. 미국 출판협회가 수여하는 우수 도서상을 받은 《아이들은 단어의 의미를 어떻게 배우는가》를 비롯한 《데카르트의 아기》, 《언어, 논리, 개념》등을 집필했다. 발달심리학 분야에서 영예로운 상으로 꼽히는 엘레노어 맥코비 상, 2002년 스탠턴 상, 2004년 렉스 힉슨 상을 수상하였다. 그의 심리학 개론 강의는 예일대학에서 최고의 강좌로 추천되어 인터넷에 공개되기도 했다.

이언 스튜어트 Ian Nicholas Stewart

캠브리지대학교에서 수학을 전공하고 워릭대학교에서 박사학위를 받았다. 영국 왕립학회 특별회원이며, 현재는 영국 워릭대학교 교수로 있다. 1995년에 영국 왕립학회에서 마이클 페러데이 상을 받았고, 2002년 미국과학진흥회에서 과학대중화공로상을 받았다. 《아름다움은 왜 진리인가》,《미래의 수학자에게》,《위대한 수학문제들》,《자연의 패턴》을 포함한 11권의 책을 집필한 작가이기도 하다.

에릭 매스킨 Eric Maskin

하버드대학교에서 응용수학 박사학위를 받았다. 2007년 노벨 경제학상을 수상했다. 1977년부터 1984년까지 매사추세츠공과대학MIT 교수로 있다가 1985년부터 2000년까지 하버드대학교 교수로 재직했다.

조지 애커로프 George Akerlof

매사추세츠공과대학MIT에서 경제학 박사학위를 받았다. 영국 이코노믹스쿨 경제학 교수로 재직했고, 미국 브루킹스연구소 수석연구원으로 있다가 미국 캘리포니아 버클리대 교수로 일했다. 2001년 노벨 경제학상을 수상했다.

스티븐 핑커 Steven Pinker

미국 하버드대학교, 스탠퍼드대학교 조교수로 재직했고, 매사추세츠공과대학MIT에서 심리학 교수로 있다가 2003년 하버드대학교에서 언어심리학, 진화심리학 교수로 학생들을 가르쳤다. 그 후 매사추세츠 인지과학연구소 교수를 지내다 인지과학연구소 소장으로 재직 중이다. 《마음은 어떻게 작동하는가》, 《사이언스이즈컬쳐》, 《마음의 과학》, 《하버드 교양 강의》등 8권의 책을 집필하였다.

절 워커 Jearl Walker

메사추세츠공과대학MIT 물리학과를 졸업했다. 메릴랜드 대학에서 물리학 박사학위를 받았고, 현재 클리블랜드 주립대학교에서 물리학을 가르치고 있다. 저서로는 《하늘을 나는 물리의 서커스》가 있다.

휴 헤르 Hugh Herr

메사추세츠공과대학MIT에서 기계 공학 석사학위를 받고, 하버드에서 생물물리학 박사학위를 받았다. MIT 미디어랩에서 의공학 교수로 재직하며 인공 팔, 다리를 연구하고 있다. 어릴 때부터 등산 신동으로 이름을 날렸으나 불의의 산악 사고로 두 다리를 절단했다. 그러나 산악 등반에 대한 의지를 잃지 않고 의족으로 등반을 계속해서 많은 사람들에게 용기와 희망을 주고 있다.

외 83인

옮긴이 **이현정**

서강대학교에서 영어영문학과 심리학, 서울대학교 대학원에서 인지과학을 공부하였다.
MBTI와 에니어그램 일반 강사 자격증을 소지하고 있으며 멘사 회원이기도 하다. 다양한
분야에 관심이 많아 미국에서 약학 전문대학원을 다니던 중 번역의 세계에 뛰어들어, 현
재 번역에이전시 엔터스코리아에서 출판기획 및 전문번역가로 활동 중이다.
주요 역서로는《상위 1%가 즐기는 수학창의퍼즐 1000》,《과연 제가 엄마 마음에 들 날이
올까요?》,《비타민 바이블》,《옷이 나를 말한다(가제)》등이 있다

브레인 트러스트

초판 1쇄 발행 | 2014년 2월 12일
초판 2쇄 발행 | 2014년 6월 2일

지은이 | 가스 선뎀
옮긴이 | 이현정
펴낸이 | 박상진
편집 주간 | 이광옥
편집 | 명석호 박근령 박태규
제작 | 오윤제
관리 | 황지원
마케팅 | 김제형
디자인 | 씨오디

펴낸곳 | 진성북스
출판등록 | 2011년 9월 23일
주소 | 서울시 강남구 영동대로85길 38 진성빌딩 10층
전화 | 02) 3452-7762
팩스 | 02) 3452-7761
홈페이지 | www.jinsungbooks.com

ISBN 978-89-97743-117-03400

진성북스는 여러분들의 원고 투고를 환영합니다. 책으로 엮기를 원하는 좋은 아이디어가
있으신 분은 이메일(jinsungbooks@jinsungbooks.com)로 간단한 개요와 취지, 연락처 등을
보내 주십시오. 당사의 출판 컨셉에 적합한 원고는 적극적으로 책을 만들어 드리겠습니다!

진성북스 네이버 카페에 회원으로 가입하는 분들에게 다양한 이벤트와 혜택을 드리고
있습니다. 진성북스 공식카페 http://cafe.naver.com/jinsungbooks/21